U0167056

主　编　张宗亮
副主编　刘兴宁　袁友仁

大国重器

中国超级水电工程·糯扎渡卷

生态环境工程创新技术

张　荣　李　英　尹　涛　张燕春等　编著

中国水利水电出版社
www.waterpub.com.cn
·北京·

内 容 提 要

本书系国家出版基金项目——《大国重器 中国超级水电工程·糯扎渡卷》之《生态环境工程创新技术》分册。全书共10章，介绍了糯扎渡水电站设计并实施的叠梁门分层取水工程、鱼类增殖放流工程、珍稀植物园工程、动物救护站工程、水土保持工程、移民安置环境保护工程、高浓度砂石废水处理工程及生活垃圾处理工程等8项具有鲜明工程特色的生态环境工程的设计方案及创新点；同时，对照当前的技术发展及政策要求，对设计中囿于历史局限性所存在的问题，进行了认真思考和总结，并对未来的工作进行了展望。

本书主要供水利水电工程、生态工程、环境工程及相关领域的技术人员和管理人员在工程规划、设计、实施和管理过程中借鉴参考，也可供相关院校师生学习参考。

图书在版编目（CIP）数据

生态环境工程创新技术 / 张荣等编著. -- 北京 : 中国水利水电出版社, 2021.2
（大国重器 中国超级水电工程. 糯扎渡卷）
ISBN 978-7-5170-9454-8

Ⅰ. ①生… Ⅱ. ①张… Ⅲ. ①水利水电工程－区域生态环境－环境工程－概况－云南 Ⅳ. ①TV752.74

中国版本图书馆CIP数据核字(2021)第040265号

书　　名	大国重器　中国超级水电工程·糯扎渡卷 **生态环境工程创新技术** SHENGTAI HUANJING GONGCHENG CHUANGXIN JISHU
作　　者	张荣　李英　尹涛　张燕春　等 编著
出版发行	中国水利水电出版社 （北京市海淀区玉渊潭南路1号D座　100038） 网址：www.waterpub.com.cn E-mail：sales@waterpub.com.cn 电话：(010) 68367658（营销中心）
经　　售	北京科水图书销售中心（零售） 电话：(010) 88383994、63202643、68545874 全国各地新华书店和相关出版物销售网点
排　　版	中国水利水电出版社微机排版中心
印　　刷	北京印匠彩色印刷有限公司
规　　格	184mm×260mm　16开本　14.5印张　353千字
版　　次	2021年2月第1版　2021年2月第1次印刷
印　　数	0001—1500册
定　　价	**135.00**元

凡购买我社图书，如有缺页、倒页、脱页的，本社营销中心负责调换

《大国重器　中国超级水电工程·糯扎渡卷》编撰委员会

《生态环境工程创新技术》
编　撰　人　员

主　　编　张　荣

副 主 编　李　英　尹　涛　张燕春

参编人员　侯永平　耿相国　张　信　韩　敬　徐天宝
　　　　　　高　升　李丹婷　邓　灿

序 一

土石坝是历史最为悠久的一种坝型，也是应用最为广泛和发展最快的一种坝型。据统计，世界已建的100m以上的高坝中，土石坝占比76%以上；新中国成立70年来，我国建设了约9.8万座大坝，其中土石坝占95%。

20世纪50年代，我国先后建成官厅、密云等土坝；60年代，建成当时亚洲第一高的毛家村土坝；80年代以后，建成碧口（坝高101.8m）、鲁布革（坝高103.8m）、小浪底（坝高160m）、天生桥一级（坝高178m）等土石坝工程；进入21世纪，中国土石坝筑坝技术有了质的飞跃，陆续建成了洪家渡（坝高179.5m）、三板溪（坝高185m）、水布垭（坝高233m）等高土石坝，标志着我国高土石坝工程建设技术已步入世界先进行列。

而糯扎渡心墙堆石坝无疑是我国高土石坝领域的国际里程碑工程。电站总装机容量585万kW，建成时为我国第四大水电站，总库容237亿m^3，坝高261.5m，为中国最高（世界第三）土石坝，比之前最高的小浪底心墙堆石坝提升了100m的台阶。开敞式溢洪道最大泄洪流量31318m^3/s，泄洪功率6694万kW，居世界岸边溢洪道之首。通过参建各方的共同努力和攻关，在特高心墙堆石坝筑坝材料勘察、试验与改性，心墙堆石坝设计准则及安全评价标准，施工质量数字化监控及快速检测技术取得诸多具有我国自主知识产权的创新成果。这其中，最为突出的重大技术创新有两个方面：一是首次揭示了超高心墙堆石坝土料均需改性的规律，系统提出掺人工碎石进行土料改性的成套技术。糯扎渡天然土料黏粒含量偏多，砾石含量偏少，含水率偏高，虽然能满足防渗的要求，但不能满足超高心墙堆石坝强度和变形要求，因此掺加35%的人工级配碎石对天然土料进行改性，提高了心墙土料的强度和变形模量，实现了心墙与堆石料的变形协调。二是研发了高土石坝筑坝数字化质量控制技术，开创了我国水利水电工程数字化智能化建设的先河。过去的土石坝施工质量监控采用人工旁站监理，工作量大，效率低，容易出现疏漏环节。在糯扎渡水电站建设中，成功研发了“数字大坝”信息技术，对大坝填筑碾压全过程进行全天候、精细化、在线实时监控，确保了总体积达3400余万m^3大坝优质施工，是世界大坝建设质量控制技术的重大创新。

糯扎渡提出的高土石坝心墙土料改性和“数字大坝”等核心技术，从根本上保证了大坝变形稳定、渗流稳定、坝坡稳定和抗震安全，工程蓄水至今运行状况良好，渗漏量仅为15L/s，为国内外同类工程最小。系列科技成果大幅度提升了中国土石坝的设计和建设水平，广泛应用于后续建设的特高土石坝，如大渡河长河坝（坝高240m）、双江口（坝高314m），雅砻江两河口（坝高295m）等。糯扎渡水电站科技成果获国家科技进步二等奖6项、省部级科技进步奖10余项，工程获国际堆石坝里程碑工程奖、菲迪克奖、中国土木工程詹天佑奖和全国优秀水利水电工程勘测设计金质奖等诸多国内外工程界大奖，是我国高心墙堆石坝在国际上从并跑到领跑跨越的标志性工程！

糯扎渡水电站不仅在枢纽工程上创新，在机电工程、水库工程、生态工程等方面也进行了大量的技术创新和应用。通过水库调蓄，对缓解下游地区旱灾、洪灾和保障航运通道发挥了重大作用；通过一系列环保措施，实现了水电开发与生态环境保护相得益彰；电站年均提供239亿kW·h绿色清洁能源，是中国实施“西电东送”的重大战略工程之一，在澜沧江流域形成了新的经济发展带，把西部资源优势转化为经济优势，带动了区域经济快速发展。因此，无论从哪方面来看，糯扎渡水电站都是名副其实的大国重器！

本卷丛书系统总结了糯扎渡枢纽、机电、水库移民、生态、工程安全等方面的科研、技术成果，工程案例具体，内容翔实，学术含金量高。我相信，本卷丛书的出版对于推动我国特高土石坝和水电工程建设的发展具有重要理论意义和实践价值，将会给广大水电工程设计、施工和管理人员提供有益的参考和借鉴。本人作为糯扎渡水电站建设方的技术负责人，很高兴看到本卷丛书的编辑出版，也非常愿意将其推荐给广大读者。

是为序。

中国工程院院士 马洪琪

2020年11月

序　二

获悉《大国重器　中国超级水电工程·糯扎渡卷》即将付梓，欣然为之作序。

土石坝由于其具有对地质条件适应性强、能就地取材、建筑物开挖料利用充分、水泥用量少、工程经济效益好等优点，在水电开发中得到了广泛应用和快速发展，尤其是在西南高山峡谷地区，由于受交通及地形地质等条件的制约，土石坝的优势尤为明显。近 30 年来，随着一批高土石坝标志性工程的陆续建成，我国的土石坝建设取得了举世瞩目的成就。

作为我国水电勘察设计领域的排头兵，土石坝工程是中国电建昆明院的传统技术优势，自 20 世纪中叶成功实践了当时被誉为"亚洲第一土坝"的毛家村水库心墙坝（最大坝高 82.5m）起，中国电建昆明院就与土石坝工程结下了不解之缘。80 年代的鲁布革水电站心墙堆石坝（最大坝高 103.8m），工程多项指标达到国内领先水平，接近达到国际同期先进水平，获得国家优秀工程勘察金质奖和设计金质奖；90 年代的天生桥一级水电站混凝土面板堆石坝（最大坝高 178m），为同类坝型亚洲第一、世界第二，使我国面板堆石坝筑坝技术迈上新台阶，工程获国家优秀工程勘察金质奖和设计银质奖。这些工程都代表了我国同时代土石坝建设的最高水平，对推动我国土石坝技术发展起到了重要作用。

而糯扎渡水电站则代表了目前我国土石坝建设的最高水平。该工程在建成前，我国已建超过 100m 高的心墙堆石坝较少，最高为 160m 的小浪底大坝，糯扎渡大坝跨越了 100m 的台阶，超出了我国现行规范的适用范围，已有的筑坝技术和经验已不能满足超高心墙堆石坝建设的需求。"高水头、大体积、大变形"条件下，超高心墙堆石坝在渗流稳定、变形控制、抗滑稳定以及抗震安全方面都面临重大挑战，需开展系统深入研究。以中国电建昆明院总工程师、全国工程勘察设计大师张宗亮为技术总负责的产学研用项目团队开展了十余年的研发和工程实践，在人工碎石掺砾防渗土料成套技术、软岩堆石料在上游坝壳的利用、土石料静动力本构模型、心墙水力劈裂机制、裂缝计算分析方法、成套设计准则、施工质量实时控制技术、安全综合评价体系等方面取得创新成果，均达到国际领先水平，确保了大坝的成功建设。大坝运行良好，渗流量和坝体沉降均远小于国内外已建同类工程，被谭靖夷院士评价为“无瑕疵工程”。

本人主持了糯扎渡水电站高土石坝施工质量实时控制技术的研发工作，建设过程中十余次到现场进行技术攻关，实现了高土石坝质量与安全精细化控制，成功建成我国首个数字大坝工程。

糯扎渡水电站工程践行绿色发展理念，实施环保、水保各项措施，有效地保护了当地鱼类和珍稀植物，节能减排效益显著，抗旱、防洪、通航效益巨大，带动地区经济发展成效显著，这些都是这个工程为我国水电开发留下来的宝贵财富。糯扎渡水电站必将成为我国水电技术发展的里程碑工程！

本卷丛书是作者及其团队对糯扎渡水电站研究和实践的系统总结，内容翔实，是一套体系完整、专业性强的高水平科研工程专著。我相信，本卷丛书可以为广大水利水电行业专业人员提供技术参考，也能为相关科研人员提供更多的创新性思路，具有较高的学术价值。

中国工程院院士 钟登华

2021年1月

前言

我国水能资源丰富，作为一种可再生清洁能源，优先发展水电是我国能源发展的重要方针。但水电开发所带来的环境影响也一直备受社会各界关注。十八大以来，国家更将生态文明建设提升到前所未有的新高度。我国《国民经济和社会发展第十三个五年规划纲要》提出“统筹水电开发与生态保护，坚持生态优先，以重要流域龙头水电站建设为重点，科学开发西南水电资源”，突出强调了做好生态保护工作对于水电可持续发展的重要性，这是我国今后一段时期做好水电开发生态环境保护工作应遵循的重要指导思想。

糯扎渡水电站是澜沧江中下游河段水电规划“两库八级”开发方案中的第二库第五级，其上游为大朝山水电站，下游与景洪水电站相衔接。糯扎渡水电站的库容、装机规模及年发电量等在8个梯级水电站中均为最大，和小湾水电站同属澜沧江中下游河段重要的控制性工程。由于糯扎渡水电站涉及的生态环境问题相对比较敏感和复杂，其生态环境保护工作一直备受各级生态环境主管部门、行业主管部门、电站参建各方以及社会各界的高度重视。

糯扎渡水电站从2000年可行性研究及项目环境影响评价启动直至2017年竣工环境保护验收期间，开展了项目环境影响评价、水土保持方案编制、环境保护总体设计和“两站一园”等大量的专项设计和专题研究工作。本书根据这些成果，结合工程特点及实施情况，系统总结了糯扎渡水电站中几项重要的生态环境保护工程的专项设计及其创新性成果，主要包括叠梁门分层取水、鱼类增殖放流、珍稀植物园、动物救护站、水土保持、移民安置环境保护、高浓度砂石废水处理及生活垃圾处理等工程。同时根据生态环境保护要求的变化、技术的进步以及措施实施效果的评估，对当时环境保护设计中尚不完善和有待改进的地方进行了自我剖析，提出了今后优化和努力的方向，以期为我国绿色水电和可持续水电的研究，以及水电水利行业环境保护设计水平的提高，提供有益的参考和借鉴。

本书第1章和第10章由张荣编写，第2章由徐天宝编写，第3章由张信编写，第4章由侯永平编写，第5章和第9章由张燕春编写，第6章由尹涛、耿相国编写，第7章由李英、张燕春、高升、李丹婷编写，第8章由韩敬、邓灿编写，全书由张荣、张燕春统稿，谢强富、赵丹审稿。李丹婷绘制部分图表并负责英文翻译工作。

本书所引用的成果主要来源于糯扎渡水电站可行性研究、招标施工图设计实施阶段完成的各项设计和专题研究成果，其中包括中国水利水电科学研究院、中国科学院昆明动物研究所、云南大学、云南省环境科学研究院、天津大学等合作单位的合作成果，各项成果的形成均得到各级生态环境主管部门、水电水利规划设计总院以及电站建设单位华能澜沧江水电股份有限公司等单位的大力支持和帮助，在此谨对以上单位表示诚挚的感谢！

本书在编写过程中得到了中国电建昆明院各级领导和同事的大力支持和帮助，中国水利水电出版社也为此书出版付出了诸多辛劳，在此一并表示衷心感谢！

限于作者水平，谬误和不足之处在所难免，恳请读者批评指正。

编者

2020年5月

目 录

第 1 章

绪论

1.1 工程区域环境特征

糯扎渡水电站坝址位于云南省普洱市思茅区思茅港镇与澜沧拉祜族自治县糯扎渡镇交界处的澜沧江干流上，坝址控制流域面积 14.47 万 km^2，多年平均流量 1730m^3/s，正常蓄水位 812.00m 时水库面积为 320km^2，回水长度为 215km，水库淹没涉及普洱市的思茅、澜沧、景谷、宁洱、镇沅、景东等 6 个县（区）和临沧市的云县、双江、临翔 3 个县（区）。糯扎渡水电站坝址以下至景洪水电站坝址间河段长约 105km；景洪水电站坝址至澜沧江出境处河段长约 100km。

糯扎渡水电站工程涉及的 9 县（区）在澜沧江流域内的国土面积约为 31665km^2，平均森林覆盖率为 61%（2000 年现状水平年资料，下同），水土流失面积占总面积的 25.96%。植被类型主要有热带雨林、热带季雨林、常绿阔叶林、暖性针叶林、竹林和稀树灌草丛等，植物区系由 173 科、649 属、1090 种维管束植物组成。记录到野生哺乳类动物 78 种、鸟类 257 种、两栖爬行类 96 种。工程区河段有土著鱼类 3 目 6 科 31 属 48 种。工程区域澜沧江干流水质良好，达到国家地表水Ⅲ类标准，但部分支流受到工农业废污水的污染。9 县（区）总人口约 252 万人，其中农业人口占 87.5%，有 20 多个民族聚居。受经济、文化水平限制，基础设施薄弱，生产方式落后，生产力水平相对较低，社会经济发展水平相对滞后。

糯扎渡水电站工程规模巨大，影响涉及范围较广。工程建设影响涉及较多的环境敏感目标，其中需要保护的环境敏感区有：枢纽工程区周边的糯扎渡省级自然保护区、水库末端的澜沧江省级自然保护区、威远江支库库尾的威远江省级自然保护区。除此之外，还有水库区域分布的澜沧江防护林带、宽叶苏铁（*Cycas tonkinensis*）等 11 种国家级重点保护植物，大灵猫（*Viverra zibetha*）等 55 种国家级重点保护陆生野生动物，山瑞鳖（*Palea steindachneri*）、小爪水獭（*Amblonyx cinerea*）、水獭（*Lutra lutra*）3 种国家级重点保护水生野生动物，大鳍鱼（*Macrochirichthys macrochirius*）、双孔鱼（*Gyrinocheilus aymonieri*）、长丝鲑（*Pangasius sanitwangsei*）3 种云南省Ⅱ级保护鱼类和红鳍方口鲃（*Cosmochilus cardinalis*）等 18 种澜沧江中下游特有鱼类等。

社会环境方面，糯扎渡水电站建设征地涉及普洱市和临沧市的 9 个县（区）、30 个乡（镇）、113 个村民委员会，共 600 个村民小组。建设征地影响总面积 342.60km^2，需生产安置 48571 人（其中涉及布朗族、拉祜族、佤族等云南特有的世居少数民族），搬迁安置 23925 人，共规划了 57 个集中移民安置点，另有 2 个街场和 1 个非建制镇需迁建；糯扎渡水电站下游有景洪市城区（防洪）、自来水厂（供水）、思茅港、景洪港等保护对象，电站建设和运行需要同时满足下游防洪、供水及航运要求。

糯扎渡水电站涉及的主要环境保护和污染控制目标环境特征及其与工程的位置关系及影响因素见表 1.1-1。

表 1.1-1　　糯扎渡水电站工程主要环境保护和污染控制目标一览表

序号	环境要素或因子	环境保护目标	相对位置	概况或环境特征	影响因素
1	生态环境	糯扎渡省级自然保护区	枢纽工程施工征地线外围、思澜公路改线段K92+000～K96+200段共4.2km将穿越糯扎渡省级自然保护区	保护区位于普洱市思茅区和澜沧县境内，面积为1.95万hm^2。该保护区是以保护热带季雨林和季风常绿阔叶林为主的森林生态类型自然保护区	枢纽工程施工活动，改线公路占地、施工和运营，水上交通便捷
2		澜沧江省级自然保护区	库尾水库淹没线以上，距坝址直线距离约114km	澜沧江省级自然保护区地处临沧市的临翔、凤庆、云县、双江、沧源5县（区）境内，分为9片（该工程仅涉及其中的临沧大雪山、云县大朝山片），总面积14.11万hm^2，保护区主要保护对象为亚热带中山湿性常绿阔叶林、季风常绿阔叶林以及国家重点保护的多种珍稀动植物	水上交通便捷
3		威远江省级自然保护区	威远江支库库尾淹没线以上，距坝址直线距离约54km	威远江省级自然保护区位于普洱市景谷县境内的益智乡，总面积7587.52hm^2。保护区以保护思茅松（*Pinus kesiya*）原始林为主要保护对象	水上交通便捷
4		宽叶苏铁等13种珍稀保护植物	水库淹没区内有分布	淹没区内共有国家级重点保护植物11种，其中国家Ⅰ级保护植物有宽叶苏铁和篦齿苏铁（*Cycas pectinata*）2种，国家Ⅱ级保护植物有金毛狗蕨（*Cibatium barometz*）、中华桫椤（*Alsophila costularis*）、苏铁蕨（*Brainea insignis*）、合果木（*Paramichelia baillonii*）、千果榄仁（*Terminalia myriocarpa*）、勐仑翅子树（*Pterospermum menglunense*）、黑黄檀（*Dalbergia fusca*）、红椿（*Toona ciliata*）、金荞麦（*Fagopyrum dibotrys*）9种，另2种戟叶黑心蕨（*Doryopteris ludens*）和疣粒野生稻（*Oryza granulata*）虽然不属于国家级重点保护植物，但鉴于其重要性仍作为重点保护目标看待	水库淹没与工程施工占地

续表

序号	环境要素或因子	环境保护目标	相对位置	概况或环境特征	影响因素
5	生态环境	大灵猫等55种国家级重点保护陆生野生动物	评价区内有分布	水电站建设将影响55种国家级重点保护陆生野生动物，其中国家Ⅰ级保护动物有蜂猴（*Nycticebus coucang*）、巨蜥（*Varanus salvator*）和蟒蛇（*Python molurus bivittatus*）等11种；国家Ⅱ级保护动物有中国穿山甲（*Manis pentadactyla*）、青鼬（*Martes flavigula*）、小灵猫（*Viverricula indica*）、巨松鼠（*Ratufa bicolor*）、大灵猫、厚嘴绿鸠（*Treron curvirostra*）、红瘰疣螈（*Tylototriton shanjing*）、大壁虎（*Gekko gecko*）等44种	水库淹没与工程施工占地及活动
6	生态环境	水獭等3种国家级保护水生野生动物；大鳍鱼等3种省级保护鱼类和红鳍方口鲃等18种澜沧江中下游特有鱼类	大朝山以下至澜沧江出境口江段393km河段	国家Ⅱ级重点保护水生野生动物3种，即水獭、小爪水獭、山瑞鳖。大鳍鱼、双孔鱼、长丝鲃3种鱼类为云南省Ⅱ级保护鱼类（均分布在澜沧江下游，主要是景洪至出境口江段）和红鳍方口鲃等18种澜沧江中下游特有鱼类	水库淹没、大坝阻隔、水库运行调度导致水文情势改变、下泄低温水影响
7	生态环境	澜沧江防护林建设工程及江边刺葵河滩灌丛等珍稀植被类型	水库两岸淹没区内有分布	按云南省澜沧江防护林体系建设工程划定的范围，澜沧江两岸第一层山脊线以内的森林被划为澜沧江防护林，库区共淹没以上两类林地面积约8480hm^2	水库淹没与施工占地
			工程施工区和水库淹没区内分布	江边刺葵（*Phoenix roebelenii*）河滩灌丛分布海拔较低，水库淹没对其影响较大	水库淹没与施工占地
8	生态环境	水土流失重点预防保护区	工程施工区	糯扎渡水电站项目施工区总面积1415.19hm^2，其中，无明显侵蚀区面积1102.34hm^2，占总用地面积的77.89%；水土流失面积312.85hm^2，占总用地面积的22.11%，其中轻度水土流失面积138.36hm^2，占总流失面积的44.22%，中度水土流失面积174.49hm^2，占总流失面积的55.78%。平均土壤侵蚀模数为945t/(km^2·a)，属轻度土壤侵蚀区。项目施工区为思茅区和澜沧县划定的水土流失重点预防保护区	工程施工及弃渣，占压和扰动地表、破坏植被与土壤
9	社会环境	景洪城（防洪）	位于坝址下游景洪市区，距坝址约110km	景洪市位于糯扎渡坝址下游约110km处，是澜沧江下游最重要的城市，是西双版纳傣族自治州的政治、经济和文化中心，是著名的旅游胜地和我国西南地区重要的对外开放口岸，满足景洪市的城市、农田防洪要求将具有重要的意义	水库调度运行

续表

序号	环境要素或因子	环境保护目标	相对位置	概况或环境特征	影响因素
10	社会环境	景洪自来水厂（供水）	位于坝址下游，景洪老江桥上游约 1km，距坝址约 109km	景洪市自来水厂有两个水厂，即江南水厂（一水厂）和江北水厂（二水厂）。江南水厂：位于连接景洪市南北城区的澜沧江大桥上游约 0.5km 的江右岸，水源全部取自澜沧江，水厂平均日供水量约 1.7 万 m^3，高峰期日供水量为 2.7 万 m^3（4 月）。江北水厂：位于澜沧江大桥上游约 1.0km 的江左岸，水源也全部取自澜沧江。设计规模为日处理 4.0 万 m^3（一期工程日处理 2.0 万 m^3）	流量下泄导致水文情势变化、水质变化及下游河床冲刷
11		思茅港和景洪港的航运	思茅港距坝址约 23km，景洪港距坝址约 112km	思茅港位于思茅区竹林乡澜沧江畔的小橄榄坝，思茅港即原来的小橄榄坝码头，目前，思茅市已将其建成初具规模的对外开放口岸。思茅港的主要功能是承担思茅市及省内部分货物向东南亚的出口运输，以及东南亚诸国进口货物的转运。并为过往船舶提供补给、修理等技术服务和生活服务。思茅港一期工程总占地面积 92.145hm^2，建设有客运港、住宅、汽车站、停车场、宾馆接待处、口岸机构等。景洪港位于景洪水电站坝址下游景洪市城区澜沧江左岸。现港口总占地面积 9.77hm^2。景洪港近期建设规模为：建成客运、货运码头各一个，客运码头年运送旅客 40 万人次；货运码头年吞吐量为 1000 万 t	水库调度运行
12		水库淹没区和施工征地内居民以及移民安置迁入区原住居民	库区和坝区移民	需生产安置人口 48571 人，搬迁安置 23925 人。2 个街场和 1 个非建制镇受淹没影响需要迁建。主要世居少数民族有布朗族、傣族、拉祜族、佤族、彝族、哈尼族等，除彝族外均为云南省特有的民族	水库淹没、施工征地与移民安置
			移民安置迁入区原住居民	集中安置的水库农业移民，共在 9 县（区）的 30 个乡（镇）范围内设立 57 个集中移民安置点进行安置。主要世居少数民族有布朗族、傣族、拉祜族、佤族、彝族、哈尼族等，除彝族外均为云南省特有的民族	移民安置带来的资源再分配和社会、文化、心理问题
13		基本农田	水库淹没区	水库将淹没水田 1872.9hm^2、旱地 3898.2hm^2，其中基本农田 4611.52hm^2	水库淹没
14		昔归遗址等文物古迹	淹没区	库区分布有 22 处“芒怀类型”的原始社会新石器时代遗址、采集点及两处古代傣族小型城址和 1 处明代墓地，填补了这一区域古代文化的空白，为研究这一区域古代民族的分布、迁徙及其文化面貌提供了珍贵的考古资料	水库淹没
15		澜沧江风光等景观旅游资源	工程影响区	受工程影响的主要景区景点为澜沧江风光、虎跳石、小黑江风光、威远江风光等	水库淹没与工程施工

续表

序号	环境要素或因子	环境保护目标	相对位置	概况或环境特征	影响因素
16	大气和声环境	施工区各标的生活区、现场施工人员	施工区	施工区施工人员10000余人	工程施工活动产生“三废一噪”和传染源流动
17		糯扎渡省级自然保护区	施工区外，与工区交界边缘地带	糯扎渡省级自然保护区边缘地带的珍稀动植物	公路建设和运营
18	地表水环境	河流和水库水质、水温、水文泥沙情势	库区及下游江段	按云南省的地表水环境功能区划，澜沧江戛旧到出境口断面为饮用2级保护，执行Ⅲ类水标准	水库蓄水、电站运行调度及施工期废水排放

1.2 工程环境影响特点

1.2.1 有利影响

1. 对实施我国“西电东送”战略意义重大

糯扎渡水电站是澜沧江中下游河段的骨干工程，糯扎渡水电站装机和水库调节库容规模均为澜沧江梯级电站之最。电站建成后，不仅电站本身可向系统提供年发电量239.12亿kW·h，还对云南省水电站群有显著的补偿调节作用，糯扎渡水库加入全省水电站群联合补偿调节后，可使保证出力增加590MW；使枯期电量共增加25.58亿kW·h，电能质量得到极大改善，进一步缓解了云南电力系统长期以来存在的“汛弃、枯紧”的突出矛盾。因此，糯扎渡水电站工程无论是本身的发电效益还是对全省水电站群的补偿效益均是十分显著的。

鉴于糯扎渡水电站装机规模巨大，电站本身发电量多、电能质量好，对云南省水电站群补偿效益显著，并具有向广东、东南亚地区送电的能力和区位优势，是云南省继小湾水电站之后开发条件好、技术经济指标优越的又一具有多年调节性能的水电工程。电站建成后，将成为云南省“西电东送”“云电外送”的主力，并进一步改善云南电力系统丰枯矛盾。糯扎渡水电站工程对实现“西电东送”“云电外送”和云南电网电源结构战略性调整的战略目标是火电和其他水电电源项目都不可替代的。

2. 对云南省经济发展具有巨大的促进作用

糯扎渡水电站全部投产后，每年可为云南省GDP提供约57亿元增加值，占电力工业增加值的18.5%。对云南省经济发展具有巨大的促进作用。

3. 工程防洪效益明显

景洪市位于糯扎渡坝址下游约110km处，该市是西双版纳傣族自治州的政治、经济和文化中心，也是著名的旅游胜地和我国西南地区重要的对外开放口岸，电站建设对满足景洪市的城市、农田防洪要求将具有重要的意义。

糯扎渡水库建成后，通过水库调蓄，达到规划要求的防洪标准：景洪市远景（2030

年）按 100 年一遇洪水标准设防，堤防按 50 年一遇洪水标准设防；农田远景按 10 年一遇洪水标准设防，堤防按 5 年一遇洪水标准设防。

按糯扎渡水电站建成后可减免的洪灾损失和可增加的土地开发利用价值计算，景洪城市防洪标准从 50 年一遇提高到 100 年一遇的年均防洪效益为 238.24 万元，农田防洪标准从 5 年一遇提高到 10 年一遇的年均防洪效益为 71.23 万元，每年可获得新增土地开发利用的收益为 4000 万元（连续 10 年），防洪效益也是十分显著的。若修建一座能同等满足下游防洪要求的纯防洪工程，则防洪工程静态投资接近 26 亿元。

4. 航运效益大幅提高

澜沧江河谷深切且狭窄，滩多水急，是一条典型的山区河流，通航条件较差。糯扎渡水电站建成后，水库回水长约 215km，形成 320km^{2}的库区水域面积，有利于开展库内航运。糯扎渡水库较强的调蓄作用使得下游河道流量的年内分配趋于均匀，枯期流量的增加和汛期流量的减少，对下游河段通航条件有较大的改善作用，有利于促进澜沧江—湄公河国际航运的发展。

5. 经济效益显著

糯扎渡水电站静态总投资约 282.3438 亿元，单位千瓦投资 4826 元。电站上网电价为 0.216 元/(kW・h)（不含增值税），该电价具有很强的竞争力。

按照糯扎渡水电站较低的上网电价 0.216 元/(kW・h) 测算，电站建成后，每年经济收入为 51.65 亿元，发电经济效益极为显著。

6. 减少化石能源消耗

糯扎渡水电站多年平均年发电量 239.12 亿 kW・h，若以火电替代，每年将消耗原煤约 789.1 万 t，可见糯扎渡水电站的兴建可以避免大量不可再生资源的损耗。

7. 有利于当地经济和社会的发展

糯扎渡水电站周边地区属少数民族聚居地，经济发展落后于云南省的平均水平。电站前期工作开展以来，已激活了附近地区的农贸、餐饮。电站工程总工期为 11.5 年，开工建设后所必需的大量原材料、生活物资和劳动力将带动地方建材、农贸产品、交通运输和第三产业等行业的发展，同时可解决大量农村剩余劳动力的就业。

库区淹没公路的改线，将在很大程度上改善路线经过区的交通状况；移民安置大规模的基础设施新建和复建工程，将给地区的水利、电力、交通、通信、文化、卫生等基础设施建设带来革命性的影响。这些基础设施的改善，无疑将对当地经济发展和居民生产生活水平的提高起到很大的促进作用。

8. 有利于促进当地旅游业的发展

糯扎渡水电站建成以后，高峡平湖景观独特，库区气候宜人，两岸风景优美。因地处滇西南旅游片区，与著名的西双版纳景区相毗邻，该区澜沧江风光已被遴选为云南 34 个一级景区之一，水库建成为发展当地旅游业创造了又一景点。同时可与上下游已建、在建和拟建的小湾、漫湾、大朝山、景洪梯级水库连成一条观光旅游热线，具有较高的旅游开发价值，可促进当地旅游业的发展。另外，随着电站建设对工程区交通条件的改善，也有利于促进周边地区的旅游发展。

1.2.2 不利影响

1. 水库淹没影响

水库淹没陆地面积 297.37km^2，其中淹没耕地面积 5816hm^2，淹没园地面积 2613hm^2，淹没林地面积 17994hm^2。淹没区内有人口 14364 人。另外还将淹没损失一些农业、非农业附属建筑物设施和交通、通信等专项设施等。工程建设将使得大量森林、耕地、村庄及基础设施受到直接破坏，大量移民需要安置。

2. 水库蓄水及运行环境影响

水库蓄水及运行后，将改变工程影响河段的水文情势。库区河段水面变宽，水流明显变缓，水体透明度增大，水体从河道急流型转为湖泊缓流型，水温结构呈稳定的分层型。

电站发电运行期下游水位、流量将发生较大变化，改变径流的年内分配，枯期平均流量增大，汛期减小，河道水位也发生相应改变。另外，还会产生低温水下泄问题。

3. 工程建设对库区陆生生态环境造成一定的不利影响

在水库淹没的自然植被中，受影响较大的是河谷季雨林（含季节雨林），面积有 74.73km^2，占评价范围内该类型总面积的 28.75%，因此水库淹没对此类植被造成的影响相对较大，不过库周仍有 70%以上的同类植被得以保留。

淹没区范围内有宽叶苏铁、篦齿苏铁 2 种国家Ⅰ级保护植物和金毛狗、合果木、黑黄檀等 9 种国家Ⅱ级保护植物，还有戟叶黑心蕨和疣粒野生稻 2 种珍稀植物，这些珍稀保护植物中分布高程低于水库正常蓄水位的植株将因水库淹没而损失。但调查表明，受损的只是部分个体，在库区周围还有其他种群分布，水库淹没不会导致这些物种的灭绝。

水库蓄水后，将直接淹没库区内野生动物原有的栖息地，驱逐动物逃往它处。水库沿岸的消落区可能成为湿地、沼泽或池塘，为水禽创造了较好的栖息地。

电站枢纽工程施工对边缘的糯扎渡省级自然保护区存在一定的干扰，但电站施工结束后影响将消失。

4. 对鱼类等水生生物产生较大的影响

糯扎渡坝址上下游区间分布有大鳍鱼等 3 种省级保护鱼类和红鳍方口鲃等 18 种澜沧江中下游特有鱼类。水库建成后，受大坝阻隔、水库及下游水文情势等变化影响，这些鱼类的适生环境将发生较大的变化，鱼类的组成也将发生较大的变化。

5. 施工期“三废”及噪声排放影响

电站施工期间，生产废水排放量约 2334.69m^3/h，生活污水排放量约 953.52m^3/d，施工废污水必须经处理达标排放，以避免污染澜沧江水质；施工区局部区域将受到施工粉尘、噪声的影响，但电站施工区内无居民点，受影响的施工人员可采取各种防护措施减免所受影响。

6. 水土流失影响

电站施工期间，施工占地范围内地表将受到扰动，受降水冲刷将加剧水土流失；施工弃渣量很大，如堆放位置和方式不合理，也会造成弃渣流失；另外，公路改线建设、移民安置点建设及安置区耕地、园地开发，均会产生新增水土流失。上述区域必须采取水土流失防治措施，防止区域土壤贫瘠化、林草覆盖率降低、野生动物生境受到干扰，以及诱发泥石流等地质灾害。

7. 移民社会环境影响

糯扎渡水电站工程移民规模较大，移民搬迁将影响波及区域的经济结构、社会关系、收入分配、生活方式、民族文化、传统习俗和人群心理因素等诸多方面，对区域社会经济和各社区人群的影响是广泛而又深刻的。同时，移民安置点工程的建设和移民迁入安置点后的生产生活活动必然会对安置点的自然、生态环境造成一定的负面影响。

1.2.3 总体评价

糯扎渡水电站的环境保护工作实现了经济发展与生态环境的相互协调，符合国家可持续发展的基本原则。糯扎渡水电站的建设符合国家大力发展可再生能源的产业政策，同时水电也是云南省重点发展的支柱产业。糯扎渡水电站装机容量5850MW，工程规模巨大，水库具有多年调节性能，电站建设既有巨大的经济效益，也有巨大的社会效益（改善电源结构、提高梯级电站保证出力、拦沙防洪、发展库区航运、改善下游通航条件、带动旅游业、促进社会经济发展等），被列入了原国家计委的重点建设项目计划。但工程建设也带来一定的不利环境影响，其主要影响来自大坝对鱼类等水生生物的阻隔、水库淹没损失、施工占地和施工期“三废”及噪声污染，以及由征地移民安置产生的次生环境影响等方面。

在大坝阻隔和水库淹没损失方面，工程建设对当地生态环境具有较大的不利影响：阻隔造成水生生物生境的分割，已建梯级电站的叠加影响使生境进一步破碎化；水库淹没和工程运行将使库区及坝址下游水文情势较之天然河道发生很大的变化，库区水生生物的种群结构将发生显著的变化，下游水温和径流时空分配发生显著变化；移民安置和基础设施的重建对当地生态环境产生较大影响。上述不利影响只能通过采取建设珍稀鱼类增殖站养殖、人工放流、就地保护、珍稀植物迁地保护和移民安置过程中防治水土流失、恢复植被等措施予以减缓。采取相关措施后，虽然并不能完全消除大坝阻隔、水文情势改变造成的一些生态损失，但其他方面的影响可得到较大程度的减小。如：在施工占地和施工期“三废”及噪声污染影响方面，可以通过建立废污水处理设施、废渣定点稳固堆放措施、粉尘废气和噪声防治措施，以及整个施工区域的水土保持工程和绿化措施加以减小、避免。

总之，糯扎渡水电站的建设虽然存在一定的不利环境影响，但在我国现行的环境保护法律法规框架内，没有制约工程建设的重大不利环境影响因素，其大多数不利环境影响可以采取一定的环境保护措施加以减小和避免，工程区域自然环境质量不会明显下降，社会环境质量将有所提高。

人们的生产、生活离不开电力，国家的经济发展和社会进步更加离不开电力。和其他常规能源相比，水电是可再生的清洁能源，在节约不可再生资源、减轻环境污染等方面具有明显的优势。

1.3 生态环境保护措施概述

1.3.1 环境政策背景概述

我国建设项目环境影响评价制度的确立是以1989年颁布实施的《中华人民共和国环

境保护法》为标志的，之后各项环境法律法规相继建立健全，主要包括《中华人民共和国环境影响评价法》《中华人民共和国水土保持法》《中华人民共和国野生动物保护法》《中华人民共和国水污染防治法》《中华人民共和国大气污染防治法》《中华人民共和国固体废弃物污染环境防治法》《中华人民共和国环境噪声污染防治法》《中华人民共和国自然保护区条例》《建设项目环境保护管理条例》等法律、法规、部门规章和规范性文件。

糯扎渡水电站于 2000 年开始进行工程可行性研究设计工作，当时国务院成立了西部地区开发领导小组，标志着我国“西部大开发战略”的正式实施。实施西部大开发，是关系国家经济社会发展大局，关系民族团结和边疆稳定的重大战略部署，也是一项长期艰巨的历史任务。《国务院关于进一步推进西部大开发的若干意见》（国发〔2004〕6 号）中明确提出“继续集中力量建设好青藏铁路、西气东输、西电东送、水利枢纽、交通干线等重大项目。”“大力开发水电，合理配置火电，建立合理的西电东送电价机制，对水电的实际税赋进行合理调整，支持西部地区水电发展。”等相关西部地区水电开发的政策和要求。糯扎渡水电站建设乃至整个澜沧江流域的水电梯级开发，都是顺应这一政策和要求的产物。该文件同时指出“生态建设和环境保护是西部大开发的重要任务和切入点。”“要从规划入手加强环境保护工作，坚持预防为主、保护优先，落实重要生态功能区的保护任务，加强重大建设项目的环境监管……”。因此，从国家政策高度，对西部大开发提出了相应的环境保护要求，将生态建设和环境保护作为西部大开发任务的重要组成部分，并予以优先考虑。

而早在 2001 年，原国家环境保护总局就以环发〔2001〕4 号文印发了《关于西部大开发中加强建设项目环境保护管理的若干意见》，其中提出“为了全面贯彻实施党中央、国务院确定的西部大开发战略，保护和改善西部地区生态环境，西部开发建设活动中的环境保护管理工作必须坚持预防为主、保护优先、防治结合的原则。”“针对西部地区生态环境比较脆弱的特点，要坚决贯彻生态环境保护与建设并举的方针，强化开发建设活动的环境管理，认真贯彻执行《全国生态环境保护纲要》和《建设项目环境保护管理条例》，切实做好建设项目的环境影响评价和环境保护‘三同时’管理工作。”“在西南山地地区的梯级电站开发中，应进行流域环境影响评价，注重珍稀动、植物保护，避开水生生物洄游、产卵场所及珍稀动、植物分布密集区域，严格控制阻断生物洄游通道的项目，必须建设的项目如阻断天然洄游通道时，应设置人工洄游通道或建设人工繁殖放养场所；影响到国家保护动、植物物种的建设项目，环境影响评价中应提出受影响物种的种群数量和分布范围，制定保护、防范和补救措施；……”等更为具体和明确的要求。

这一系列的政策要求，成为糯扎渡水电站环境影响评价和环境保护设计遵循的基本原则和工作依据。糯扎渡水电站工程环境影响评价工作是在 2000 年工程可行性研究伊始就同步开展的，环境影响评价的早期介入，有利于贯彻执行环境保护“三同时”制度，同时将生态环境保护理念有效融入工程设计与建设过程中，因此，糯扎渡水电站环境影响评价和环境保护措施设计的基本要求都是贯彻落实当时相关环境政策法规的具体体现。同时由于工程规模较大，设计和建设周期较长，因此在后续的生态环境保护设计工作中，也不断融入新的环境政策要求及技术更新内容，这些政策要求将在后续各专项生态环境保护工程设计背景中有针对性地指出，此处仅为说明当时生态环境保护的全局性宏观政策背景。

1.3.2 行政主管部门要求

糯扎渡水电站生态环境保护措施的提出，不仅是工程环境影响评价报告、水土保持方案报告、建设征地移民安置规划报告等技术层面的客观要求，更是积极响应当时生态环境保护政策法规要求的结果，同时也是当时各相关行政主管部门在管理要求上的具体体现，其中包括了原国家环境保护总局、水利部等各行政主管部门的要求。

1.3.2.1 环境保护行政主管部门要求

2005年6月1日，原国家环境保护总局以《关于云南省澜沧江糯扎渡水电站环境影响报告书审查意见的复函》（环审〔2005〕509号）对工程的环境影响报告书进行了批复，其主要要求如下：

（1）工程建设将阻断鱼类洄游通道，改变部分河段水温、泥沙和水文情势，导致鱼类生境发生较大变化。为减缓对珍稀濒危和特有鱼类的不利影响，同意建设单位采取网捕过坝、人工增殖放流和建立珍稀鱼类保护区等补偿措施。

网捕过坝应从大坝截流开始，捕捞过坝数量和规模应适当增加并长期进行。应将人工增殖放流站建在大坝枢纽管理区内，重点增殖放流红鳍方口鲃、叉尾鲇（*Wallago attu*）、中国结鱼（*Tor sinensis*）、巨𩷶（*Bagarius yarrelli*）、中华刀鲇（*Platytropius sinensis*）、后背鲈鲤（*Percocypris pingi retrodorsli*）等鱼类。其他增殖技术尚不成熟的特有鱼类增殖保护研究工作要加快进行。增殖放流站作为项目配套的生态保护设施，必须与电站同步建成，并长期运行。协助地方有关部门在坝址下游及支流南腊河和补远江建立“橄榄坝—南腊河口珍稀鱼类保护区”，落实保护区建设经费。建立水生生态环境监测系统，长期观测鱼类增殖放流效果。业主单位应依法承担涉及该项目的鱼类保护责任和相关费用，每年向地方环保部门及渔业部门报告执行情况。

作为澜沧江中下游梯级电站开发的业主，建设单位应统筹考虑工程建设环境影响的长期性和累积性，在电站发电收益或成本中安排一定费用，用于受梯级开发影响的澜沧江珍稀濒危和特有鱼类保护。严格控制在南腊河和补远江上新建水电站。

（2）糯扎渡水库属稳定分层型水库，水库水温分布变化及3—9月发电下泄水温低于天然水温，将对库区及下游河段鱼类繁殖产生不利影响。同意报告书提出的分层取水方案，在设计阶段进一步开展工作，提出具体运行方式，确保此项措施有效实施。优化电站初期蓄水与调峰发电运行方案，缩短水文情势变化的影响距离，必须避免澜沧江干流产生暂时断流现象，满足下游航运和环境用水要求。

（3）水库淹没与移民安置涉及云南省9个县（区），生产安置人口47000人，移民安置去向以外迁为主。要结合当地自然条件和土地资源条件，合理选择具体的移民安置区及生产方式，禁止占用林地草地和陡坡开荒，防止水土流失等次生环境问题。思澜公路、214国道、323国道、农田水利工程等专项设施的改造和修建必须配套相应的环保措施，并向地方环保部门报批相关环境影响评价文件。

（4）在大坝下游业主用地范围内建设珍稀植物园和珍稀动物救护站，对受影响的珍稀保护植物进行移栽、人工种植等迁地保护。结合清库，对库区内受淹没影响的重点保护动物进行抢救性保护。珍稀植物园和珍稀动物救护站方案设计应进一步细化，管理和长期运行费用由业主负责。

（5）采取工程措施与生态措施相结合，永久措施与临时措施相结合的防治体系，包括防洪挡渣、排水、挡土墙、场地整治、护坡、植树、种草、复耕等，对枢纽工程占地区、弃渣及料场地区、其他施工占地区、对外交通区、移民安置区和水库影响区等进行水土流失综合治理，确保水土流失治理率在90%以上。尽量减少地表扰动和破坏，优化施工方式，先挡后弃，不得向澜沧江等干支流河道弃渣。选择符合当地生态特点的种类进行植被恢复和绿化。

（6）加强施工期废水、废气、噪声、固废等污染治理。废水处理设施用地应在施工布置中予以保证，处理规模须满足施工高峰期生产生活废水排放量需要，废水处理达标后尽量回用；采用先进的爆破技术，严格控制爆破时间和药量；敏感路段和区域应设立标志牌，采取禁鸣、限速等管制措施；应按规定对施工期生活垃圾进行填埋；防止施工对周边环境产生不利的影响。

（7）严格按照规范进行库底清理，对居民点、医院、厕所等进行重点拆除和消毒处理。配合地方有关部门落实库区水环境保护措施，防止库区水质恶化。蓄水前完成阶段性环境保护竣工验收。

（8）加强筹备期、准备期、主体工程施工期及工程完建期的环境保护工作，落实业主内部的环境管理部门、人员和管理制度；根据批复的环保措施重新核定环保投资概算。同步开展环境保护总体设计、招标设计和技术施工设计，将环保措施纳入招标、施工承包合同中，开展工程环境监理。定期向国家环境保护总局及地方环保局报告开工前后各阶段环境保护措施落实情况。电站建成验收运行3～5年时，应开展环境影响后评价工作。

同时批复意见要求项目建设必须严格执行环境保护设施与主体工程同时设计、同时施工、同时投产使用的环境保护“三同时”制度。工程竣工后，建设单位必须按规定程序申请环保设施竣工验收。验收合格后，项目方可投入正式使用。

1.3.2.2 水行政主管部门要求

2004年11月，水利部以水函〔2004〕217号文对云南省澜沧江糯扎渡水电站工程水土保持方案进行了批复，其主要要求如下：

（1）针对永久建筑物防治区，施工活动应控制在施工征地范围内，合理安排开挖、填筑时序，围堰拆除弃渣要全部清运至弃渣场堆放，开挖裸露面要采取土地整治和植被恢复措施。

（2）针对存弃渣场防治区，渣场防护要以工程措施为主，并设置排水系统。挡渣坝设计必须满足安全稳定要求，防止弃渣溢出，保障正常施工和电站的安全运行。堆渣过程中要先拦后弃，分层堆放、碾压平整，堆渣结束后要对渣面进行整平，削坡开级，设置马道，覆土恢复植被或复耕。

（3）针对施工场地防治区，动土工程尽量避开雨季，场地平整尽量做到挖填平衡，设置临时排水系统，使用完毕后要拆除施工临建，废弃物及时清运至集中堆放场地，覆土复耕或恢复植被。

(4) 针对施工道路防治区，公路施工要严格控制在征地范围内，少扰动地表，减少弃渣；根据各路段的实际情况抓紧开展后续设计；表土剥离要集中堆放并采取临时防护措施，施工临时公路废弃后，应及时恢复植被。

(5) 针对土石料场防治区，废弃渣料要运至专门的渣场堆放，加强临时挡护措施，开采结束后要平整场地，覆土恢复植被。

(6) 建设单位要进一步加强施工临时性防护措施，切实控制施工过程中可能造成的水土流失。

批复意见同时要求建设单位在工程建设中要重点做好以下工作：

(1) 按照方案落实资金、监理、管理等保证措施，做好该方案下阶段的工程设计、招投标和施工组织工作，加强对施工单位的管理，切实落实水土保持“三同时”制度。

(2) 移民生产、生活安置和专项设施要落实方案提出的水土保持要求，分别编报水土保持方案，报省级水行政主管部门审批。

(3) 定期向省级水行政主管部门通报水土保持方案的实施情况，并接受有关水行政主管部门的监督检查。

(4) 委托具有相应监测资质的机构承担水土流失监测任务，并定期向有关水行政主管部门提交监测报告。

(5) 加强水土保持工程监理工作，确保水土保持工程建设质量。

(6) 加强工程筹建期的水土流失防治工作，废弃土石渣必须集中清运至专门场地堆放，禁止沿路（河、沟）随意倾倒。

1.3.2.3 其他要求

除上述行政主管部门要求以外，行业主管部门水电水利规划设计总院在工程各阶段的综合性设计报告和专项生态环境保护工程设计报告的技术审查过程中，均提出更为具体和深入的技术要求，这些要求和上述各行政主管部门的要求一起，共同成为糯扎渡水电站生态环境工程设计的主要依据。

1.3.3 生态环境保护设计工作开展简况

1989年颁布的《中华人民共和国环境保护法》第十九条规定：“开发利用自然资源，必须采取措施保护生态环境。”因此，水电站项目必须配套设计环境保护措施并予以实施，以减缓工程建设及运行对环境的不利影响。

2003年6月，昆明院编制完成糯扎渡水电站工程可行性研究报告，其中包括“环境保护设计和水土保持设计”篇章，同年10月，该报告通过水电水利规划设计总院组织的审查。2004年12月，水利部以水函〔2004〕217号文对《糯扎渡水电站水土保持方案报告书》作了批复。2005年6月，原国家环保总局以环审〔2005〕509号文对《云南省澜沧江糯扎渡水电站环境影响报告书》作了批复。至此，糯扎渡水电站可行性研究阶段的环境保护工作暂时告一段落。

2004年工程建设进入筹建期，2006主体工程开始施工，2007年11月底实现大江截流。

在糯扎渡水电站工程建设过程中，为了有效落实已批复的环境影响评价报告提出的环境保护措施，满足环境保护“三同时”制度要求，自工程筹建期起，受澜沧江公司和原地方移民局委托，昆明院先后开展了大量糯扎渡水电站环境保护和水土保持后续设计工作，其中，环境保护后续设计主要开展了糯扎渡水电站施工期生活垃圾填埋场一期及二期工程设计、环境监测站网规划设计、施工期环境保护宣传设计、现场施工人员环境保护手册、“两站一园”总体规划、鱼类增殖放流站设计、进水口分层取水设计、珍稀植物园设计、动物救护站设计等环境保护专项设计，并于2009年5月编制完成《糯扎渡水电站环境保护总体设计报告》，该报告对糯扎渡水电站环境保护措施进行了全面系统的梳理和设计，按主要环境要素分别复核并提出各项环保工程的实施目标、方案、实施进度、实施主体和分标规划，对环境监测站网进行了规划设计，并提出环境保护投资概算和分年度投资计划，为指导建设单位有序落实各项环境保护措施提供了依据。

水土保持后续工作主要完成了农场土料场、白莫箐石料场、勘界河存弃渣场、火烧寨沟存弃渣场、电站尾水出口及边坡等枢纽施工区水土保持施工图设计；2010年编制完成《云南省澜沧江糯扎渡水电站工程水土保持方案复核报告》，同年10月，水利部以办水保函〔2010〕809号文对该报告进行了复函。

2013年8月至2014年12月，受原普洱市和临沧市移民局委托，昆明院开展了糯扎渡移民安置点初步设计和施工详图阶段的环境保护水土保持设计工作，主要编报各集中移民安置点《环境影响报告表》和《水土保持方案报告书》，满足移民安置工程建设审批要求；分县（区）先后编制完成了临沧市临翔区、双江县，普洱市景谷县、思茅区、澜沧县、景东县、镇沅县安置点的《环保水保工程初步设计报告》。上述设计成果，进一步深化了各项环境保护和水土保持措施，有效指导移民安置区环保和水保工程实施，保证了移民安置点环保和水保工作质量。

1.3.4 生态环境保护措施总体布局原则

糯扎渡水电站水库淹没面积和施工征占地面积较大，涉及不同的生态系统类型，且工期较长，工程对河川径流的调控能力较强。根据糯扎渡水电站环境影响评价和水土保持方案编制成果，结合不同环境要素的影响特点和工程布置情况，有针对性地布置和拟定相应的生态环境保护措施，其总体布局主要原则如下：

（1）环境保护设施与主体工程布置尽量紧密结合。如减缓低温水的分层取水设施与主体工程进水塔结构融为一体，生产废水处理系统与砂石加工及混凝土生产系统等无缝衔接。

（2）环境保护工程的选址应结合工程的交通、水源、地形地质条件、经济性等方面的因素经综合比选后得出。如鱼类增殖站的选址在综合考虑了思澜公路的交通便捷性、大中河水质水量满足增养殖鱼类的供水需求、地形开阔平坦、便于运行管理等条件后得出；动物救护站工程从最初的大中河右岸移至左岸以减少地形植被扰动及土方挖填量；生活垃圾填埋场除了考虑合适的成库地形、与各施工营地的临近性、交通便捷性外，还需满足垃圾填埋场选址的标准规范要求等。

（3）将能相互结合的环境保护措施尽量整合，以节约用地或避免重复投资。如生活垃圾填埋场渗滤液结合承包商生活营地生活污水一并处理，动物救护站、珍稀植物园及鱼类增殖站尽可能集中布置，以利于业主及相关行政主管部门监督管理、生态保护科普教育及宣传展示。

（4）水土保持方面，始终将生态保护的理念贯穿于主体工程设计中，多方面体现“预防为主”的水土流失防治方针。糯扎渡水电站的施工规划，从节约土地资源、尽量减少新增占地角度出发，合理布局。通过提前占用水库淹没区设置施工临时设施，最大限度地利用工程开挖料等方式，减少弃渣数量及对石料的开采量，以减少占压扰动和损坏水土保持设施面积，有利于减轻因工程建设造成的水土流失量，防止滑坡等水土流失灾害发生。

（5）移民安置环境保护方面，移民安置区建设除需满足现行生态环境保护要求以外，还应兼顾国家关于社会主义新农村和美丽乡村的建设要求，具体体现在通过生态环境保护工程的建设，使农村环境基础设施建设得以加强，农村环境污染得以有效防治，从而达到村容整洁、人居环境明显改善的目的。

（6）在进度安排上，应遵循环境影响发生的时间顺序，确保环境保护和水土保持措施与主体工程的“三同时”，并避免交叉，利于设计和施工的安排。如鱼类增殖站原则上需在大江截流前完成投运，而叠梁门分层取水设施则需与电站进水口建设同步完成，水库水温垂向观测仪器设备需在水库蓄水前完成布设等。

1.3.5 生态环境保护措施体系

按照拟定的糯扎渡水电站环境保护措施总体布局原则，结合《糯扎渡水电站环境影响报告书》《糯扎渡水电站水土保持方案报告书》《糯扎渡水电站可行性研究报告》《环境保护总体设计报告》以及环境保护行政主管部门、水行政主管部门等的批复意见要求，在按照环境要素进行系统梳理的基础上形成了糯扎渡水电站生态环境保护措施体系。

1.3.5.1 水环境保护措施

广义的水环境要素包括水文情势、水温、水质等次一级要素，且施工期和运行期各有所侧重：施工期主要为保护河流水质，针对施工生产生活废污水进行达标处理；运行期主要围绕生态流量保障和水库水质保护进行。对于水温变化的减缓措施，由于水温变化主要的影响对象为下游水生生物，特别是鱼类，因此将放在水生生态保护措施中提出。

1. 施工废污水处理

施工废污水处理内容主要包括：左岸上游砂石加工系统、火烧寨沟砂石加工系统、勘界河砂石加工系统、大坝反滤料及砂砾料系统等4座砂石加工系统的废水处理；上游混凝土生产系统、左岸下游混凝土生产系统、右岸上游混凝土生产系统、右岸下游混凝土生产系统、勘界河混凝土生产系统、大坝混凝土生产系统、左岸高程643.00m混凝土生产系统的废水处理；左岸导流洞工程标（Ⅰ标），右岸导流洞工程标（Ⅱ标），大坝、围堰工程标（Ⅲ标），溢洪道工程标（Ⅳ标），地下厂房工程标（Ⅴ标）机修及汽修的废水处理；基坑初期排水及经常性排水处理；左岸导流洞工程标（Ⅰ标），右岸导流洞工程标（Ⅱ标），大坝、围堰工程标（Ⅲ标），溢洪道工程标（Ⅳ标），地下厂房工程标（Ⅴ标）生活污水处理；中心医院消毒废水处理等。

由于产污部位和污染物特性不同，针对不同的施工废污水将分别采取不同的处理工艺。其中从环保和水资源利用的角度考虑，在人工砂石加工系统的设计过程中，拟对4座人工砂石加工系统设废水回收处理系统，系统废水经混凝沉淀后，上清液回用于补充生产用水，底泥经带式压滤脱水机脱水处理后运往指定弃渣场堆放。

混凝土生产系统废水设沉淀池处理后排放。处理工艺主要是加酸性药剂中和废水的pH值，沉淀池去除废水中的SS。

生活污水处理设施采用成套的一体化污水处理设备，对于公共厕所应设化粪池进行处理并经污水处理设施处理后排放。

施工机械大修车间及其他可能产生石油类污染的废水，应设隔油池处理后排放。

医疗废水应严格消毒后排放。

2. 库区水质保护

（1）库底清理（由地方相关部门组织实施）。

（2）库区点源及面源污染治理措施，主要包括坝址上游地区和水库周边地区的现有污染源达标排放治理和污染物总量控制治理，以及上游城市生活污水及农业面源污染治理（由地方环境保护部门及其他相关部门组织实施）。

（3）建立水库富营养化预测预报模型。

（4）水库水质保护管理工作。

3. 下游水文情势变化减缓措施

主要包括初期蓄水期间按不小于500m^3/s的流量进行生态流量下放，以及建设橄榄坝反调节水库等措施。

1.3.5.2 水生生态保护措施

根据糯扎渡水电站工程建设和运行对鱼类产生的不同影响，分别采取过鱼、增殖放流、栖息地保护、分层取水等针对性的保护措施，同时辅以必要的渔政管理措施。

1. 网捕过坝

针对大坝对鱼类阻隔导致的生境片断化影响，采用网捕或与集运渔船相结合的方法捕集亲鱼，然后用运鱼车投入上游水库。过坝鱼类包括红鳍方口鲃、中国结鱼、中华刀鲇、长臀刀鲇等。

2. 建立鱼类增殖放流站

针对工程对鱼类资源量的不利影响，在业主营地建立鱼类增殖放流站，对红鳍方口鲃、叉尾鲇、中国结鱼、巨魾、中华刀鲇、后背鲈鲤进行增殖放流，并进行相关的科学研究工作。

3. 建立西双版纳橄榄坝—南腊河珍稀鱼类自然保护区

针对工程对鱼类栖息地的不利影响，在橄榄坝至南腊河口间建立珍稀鱼类保护区，对大部分鱼类进行就地保护，主要内容包括鱼类保护区选址、保护区范围规划、保护区总体规划、确定保护区管理机构及基础设施建设、保护区运行管理等。

4. 分层取水

为了减小水库下泄低温水对下游鱼类繁殖等的影响，糯扎渡水电站大坝将采取分层取水措施，尽可能提高下泄水温。主要设计内容包括：进一步调研鱼类生理生态习性，复核鱼类生活史对水温的要求；提出进一步优化分层取水设计的建议；结合水生生物监测成果，提出管理要求。

5. 加强渔政管理及环境保护宣传

加强渔政管理措施。通过宣传、教育和培训等多种途径进行生物多样性保护宣传。

1.3.5.3 陆生生态保护措施

陆生生态的保护措施主要包括对自然保护区、植被、植物资源、野生动物、农业生态等方面的保护内容。

1. 自然保护区保护措施

各自然保护区均应加强管理力量，以便加强保护区在工程施工期和运行期的保护及管理，环保投资中考虑了相应的补偿费用。对改线公路占用自然保护区土地、林地使保护区受到的损失，应按照有关规定给予经济补偿。制定生态监测计划，对库区邻近的保护区区域进行定期生态监测。

库区淹没改线公路跨越糯扎渡自然保护区约4.2km内的路段，公路两侧不进行封闭，以使公路两侧动物通道不致被阻；该路段尽可能减少急弯，拓宽驾驶员视野，并在运行期实行限速行驶。

2. 植被恢复措施

进行库周植被封育恢复和受损区的植被抚育恢复，在工程征占用林地补偿费用中列有森林植被恢复费用。此外，水土保持方案中也规划了大量的植物措施。

另外，对一些有特殊意义的植被类型（如江边刺葵、澜沧栎林和榆绿木林等）实施迁地恢复重建。

3. 植物资源保护措施

施工和移民安置过程中要尽量保留原有植被；对施工人员加强环保教育，禁止乱砍滥伐现象发生；水库蓄水前的库底清理过程中，应请当地林业部门参加，对淹没区和工程占地区内发现的勐仑翅子树、黑黄檀、宽叶苏铁、篦齿苏铁、千果榄仁、红椿等珍稀植物，要进行迁地移栽保护，推荐将这些植物移至建在业主营地的珍稀植物园进行迁地保护。

4. 野生动物保护措施

加强工程建设的环境保护监督管理，加强对施工人员的环保教育，严禁施工人员盗猎野生动物，对违法行为进行依法处置。

做好清库和水库下闸工作以减少动物个体的损失。结合清库，对库区内受淹没影响的重点保护动物，应有目的地逐步实行驱离，发现幼小个体或受伤的动物，应移交设在业主营地中的动物救护站进行抢救性保护。

5. 农业生态及基本农田保护措施

根据《基本农田保护条例》，占用单位应开垦相同数量和质量的耕地或缴纳耕地开垦费，该项内容列入移民安置措施中。

6. 水土保持措施

为解决因工程建设造成的水土流失问题，工程水土保持方案提出了多种措施进行综合治理，使枢纽工程施工区水土流失治理度和扰动土地治理率均达到90%以上。主要防治措施是：存弃渣场挡渣墙、拦渣坝、排水、护坡工程、植树种草措施；土石料场排水、拦沙坝、场地平整及土地复垦措施；施工场地整治及植被恢复措施；场内施工公路护路林营造及厂坝区园林绿化措施等。

另外，水土保持方案还针对移民安置区和库岸失稳区提出了水土保持要求，以及水库运行管理要求，供地方政府和业主处理移民安置区和库岸失稳区水土流失问题时参考。

环境影响评价报告及水土保持方案报告对移民工程基础设施建设、移民新村建设和移民新垦耕地开发活动提出了详细的水土保持措施设计、实施要求，并在水库淹没处理及移民安置补偿投资中考虑了水土保持投资费用。

1.3.5.4 大气环境保护措施

凿裂、钻孔提倡湿法作业；砂石骨料加工优先采用湿法破碎的低尘工艺；人工粗骨料加工厂的砾石料粗碎采用闭路循环破碎后，再进入主筛分楼；钻机安装除尘装置；运用产生粉尘较少的爆破技术；采取定期洒水等均可有效降低粉尘污染；对施工人员采取粉尘防护措施；交通车辆需安装尾气净化器；生活区燃煤应设烟囱并达到一定的高度；提倡在施工区内植树造林，加强绿化以降低粉尘的污染。

1.3.5.5 声环境保护措施

尽量选用低噪声设备和工艺，对有的发声装置，安装消声器或隔声罩等，利用多孔性吸声材料建隔音值班室、休息室、隔音墙等，在噪声受体和声源之间起到一定的隔离作用。

加强现场施工人员的个人防护，可减轻噪声对人体健康的危害。

在离生活办公区最近的公路干线及改线公路穿越糯扎渡自然保护区路段设醒目限速、禁止鸣笛的标志。

在公路靠近生活办公区一侧修建声屏障，在靠近生活办公区干线公路两侧种植高大叶密的乔木，并与低矮花木灌丛相结合组成绿化墙。

1.3.5.6 固体废弃物处置措施

施工弃渣 4982.5 万 m^3运往规划的弃渣场并采取水土保持措施进行治理，不得随意堆放。工程区应有专职环卫工人组成的清洁队，负责整个生活、办公区的生活垃圾收集和运输。

生活垃圾应根据其性质尽可能分类收集，对于可回收的送废品回收公司进行回收利用，不能回收利用的，应作填埋处理。

1.3.5.7 环境地质灾害防治措施

尽早围绕水库地震预测危险区布设地震监测台网，蓄水前用于收集库坝区的天然地震本底资料，蓄水后则以监测震情的变化为主要任务。

加强对水库区域居民的抗震知识教育，提高抗震救灾能力。

对于居民点靠近水库正常蓄水位，或虽然居民点高程较高但处于滑坡体上，水库淹没及库岸再造对安全影响较大的，在移民安置方案中已考虑将它们在蓄水前搬迁。

1.3.5.8 人群健康保护措施

对施工生活区集中式生活供水进行净化、消毒处理，分散式供水必须做好水源的保护；在人群中普及传染病防治知识，动员施工人员进行经常性的灭鼠、灭蚊、灭蝇等爱国卫生运动，改善环境卫生，加强个人防护。

施工区厕所需进行粪便无害化处理；各类医疗保健机构要建立健全消毒、隔离制度，完善消毒措施。

1.3.5.9 文物古迹保护措施

提出了糯扎渡水电站开工建设后至移民完成之前对古代遗（城）址、墓地等古代遗存进行考古勘探或重点区域发掘的处理措施，从而抢救这些具有相当重要历史及考古研究价值的古代遗存，另外8处新石器时代采集点及文化层保存状况较差的橄榄林梁子遗址则作为资料存档无须发掘。

1.3.5.10 移民安置环境保护措施

1. 区域森林植被保护措施

提出了水库周边区域封山育林、移民生产安置积极发展林果业等措施，不仅能促使库周区域森林植被天然恢复更新，还可使有林地面积总量有所增加，也可有效地保护工程区域的野生动、植物资源。

2. 移民安置区水土流失防治措施

提出了移民安置生产开发、安置区居民点建设区域的水土流失防治措施，提出了库周专项设施恢复重建工程以及移民安置规划中的小型水利工程等基本建设项目必须按照国家有关法规要求，编制水土保持方案、采取水土保持措施的要求。

3. 工程移民生活影响减免措施

移民安置初期移民面临的生产、生活困难问题，依据国家制定的政策、法规，以及行业技术规范，移民安置规划已安排给予生活补助，以维持基本的生活水平，并要求进行移民安置后期扶持。

环境影响评价报告补充提出了移民安置区的传染病预防、控制和人群健康保护措施。通过认真组织实施移民安置规划及以上补充措施，工程移民的生活水平和生活质量不会降低，而是会逐步提高。

4. 农村移民、集镇、街场搬迁生活污水及生活垃圾处理措施

为了避免农村移民、集镇、街场搬迁产生的生活污水对水环境和大气环境的影响，提出了建立沼气池和垃圾堆肥处理等防治措施。

5. 环境监测和环境管理措施

为了减免对移民安置区域环境的不利影响，实现移民安置环境保护要求，提出了相应的移民安置环境监测和环境管理计划。

1.3.5.11 其他环境保护措施

除上述主要生态环境保护措施外，糯扎渡水电站还进行了环境管理、监理及监测计划的拟定，后续还开展了包括糯扎渡水电站在内的澜沧江水电梯级开发环境影响及保护对策研究、水电能源基地的生态风险评估与生态风险区划研究、水电梯级开发河流健康评估及维持关键技术研究、澜沧江水电开发生态安全监测监控体系研究等工作。这些措施或研究也是糯扎渡生态环境保护工作的重要组成部分，共同形成完整的保护体系，不断充实和完善糯扎渡水电站乃至整个澜沧江流域的生态环境保护内容，使得工程在取得巨大社会经济效益的同时，最大限度地兼顾环境效益，为糯扎渡水电站乃至整个澜沧江的可持续发展奠定了坚实的基础。

第 2 章

叠梁门分层取水工程

2.1 概述

高坝大库的建设，将流速较快和水深较浅的天然河流改变成流速较慢和水深较深的水库。在一定条件下，水库会形成上层水温高、下层水温低的稳定分层结构。水电站发电取水口通常位于水深较深的位置，发电取水往往为水库下层的水，从而导致春夏季节下泄水温较天然河流水温降低，影响鱼类的生存和繁衍。如何减缓糯扎渡水电站对河流水温的影响，从而减少对河道内鱼类的影响，是设计阶段必须解决的问题。

2.1.1 影响河段水温特征

1. 糯扎渡水电站坝址水温

糯扎渡水电站坝址水文站多年平均水温统计见表2.1-1。

表2.1-1 糯扎渡水电站坝址水文站多年平均水温统计表 单位:℃

项目	1月	2月	3月	4月	5月	6月	7月	8月	9月	10月	11月	12月	年
多年平均水温	13.2	15.2	17.3	18.4	20.2	22.5	22.7	22.4	21.2	19.4	17.0	13.9	18.6
多年最高平均水温	14.6	15.3	17.7	19.9	22.1	23.0	23.9	24.2	23.1	21.7	19.9	17.0	—
多年最低平均水温	12.9	13.4	14.9	17.3	18.9	20.8	20.8	21.8	20.6	19.2	16.6	14.0	—
极端最高水温	—	—	—	—	—	—	—	—	—	—	—	—	25.0
极端最低水温	—	—	—	—	—	—	—	—	—	—	—	—	12.0

注 以上统计资料中，多年平均水温为漫湾、大朝山水库蓄水前应用上游戛旧、江桥水文站内插得出的天然河道水温值，而其他指标为糯扎渡水文站1993—1997年、2000—2003年的实测水温资料。

从表2.1-1中可以看出，天然情况下，糯扎渡坝址处多年平均水温为18.6℃，一般水温范围在13.2～22.7℃，极端最低水温为12.0℃，极端最高水温为25.0℃。

2. 澜沧江干流水温

澜沧江中下游干流上旧州、戛旧、江桥和允景洪水文站的实测月均天然水温见表2.1-2～表2.1-5。其中旧州、戛旧和江桥水文站位于糯扎渡水电站坝址上游，允景洪水文站位于糯扎渡水电站坝址下游。

表2.1-2 澜沧江中下游河道旧州站天然水温 单位:℃

月份	年份									
	1976	1980	1982	1984	1990	1994	1996	1997	1999	2003
1	6.9	6.5	7.0	6.7	6.5	7.4	7.1	6.5	6.5	6.6
2	8.3	8.6	8.4	9.0	8.6	8.5	8.6	8.0	9.6	8.8
3	12.0	11.1	11.3	12.0	11.1	11.3	11.0	10.7	12.4	11.1
4	14.5	13.2	14.0	13.2	13.2	13.2	12.9	13.8	15.2	13.9

续表

月份	年份									
	1976	1980	1982	1984	1990	1994	1996	1997	1999	2003
5	14.9	15.2	15.7	15.9	15.2	14.8	15.0	15.4	17.3	15.5
6	16.6	17.0	16.9	18.3	18.2	17.4	17.5	17.3	19.4	17.3
7	17.7	18.6	18.5	18.7	19.5	19.6	18.4	18.3	19.1	17.9
8	19.2	18.2	19.6	18.9	18.7	19.5	19.0	19.3	18.8	19.3
9	17.8	17.5	18.1	17.0	16.8	19.1	17.4	17.4	17.4	16.6
10	14.2	13.6	14.8	15.5	13.8	15.4	14.5	13.8	15.7	15.3
11	11.6	10.2	10.7	10.6	10.2	11.6	11.0	11.2	11.1	11.0
12	7.9	7.6	7.6	7.9	7.7	7.8	7.3	8.8	7.8	8.2
年均	13.5	13.1	13.6	13.6	13.3	13.8	13.3	13.4	14.2	13.5

注 典型水文年1976年、1990年、1994年水温序列1—5月为次年数据。

表2.1-3 澜沧江中下游河道戛旧站天然水温 单位：℃

月份	年份		月份	年份	
	1982	1984		1982	1984
1	10.6	10.9	8	21.2	21.3
2	12.0	12.8	9	20.1	19.5
3	14.5	15.4	10	17.4	18.4
4	16.7	16.1	11	13.7	14.2
5	18.3	18.7	12	10.6	11.5
6	18.8	20.7	年均	16.1	16.7
7	19.8	20.6			

注 戛旧站1995年以后水温为漫湾建库后下泄水温，未列出。

表2.1-4 澜沧江中下游河道江桥站天然水温 单位：℃

月份	年份			月份	年份		
	1984	1996	1997		1984	1996	1997
1	12.0	12.4	11.6	8	22.6	21.7	22.4
2	14.3	13.4	12.1	9	20.8	20.8	20.7
3	17.1	15.2	14.5	10	19.9	18.7	18.0
4	17.1	16.6	17.4	11	15.8	16.4	16.1
5	20.1	18.9	18.9	12	13.1	13.3	13.8
6	22.1	21.0	20.2	年均	18.0	17.5	17.2
7	21.6	21.1	20.8				

表 2.1-5　　澜沧江中下游河道允景洪站天然水温　　单位：℃

月份	年份					
	1982	1984	1996	1997	1999	2003
1	14.5	14.3	14.2	14.0	14.5	15.3
2	15.8	16.2	15.1	14.2	15.8	15.5
3	18.3	18.2	17.1	16.5	17.7	17.4
4	19.9	19.2	18.6	19.1	21.3	20.1
5	22.0	21.7	20.8	20.8	22.7	21.8
6	22.3	23.5	23.0	22.3	24.2	22.6
7	22.3	22.7	22.5	22.9	23.2	22.1
8	23.5	23.5	23.0	24.1	23.4	23.8
9	22.9	22.3	22.7	22.7	22.2	21.5
10	21.0	21.2	20.4	20.4	21.6	21.0
11	17.5	17.7	18.9	18.6	18.4	18.5
12	14.3	15.3	15.7	16.5	15.2	15.9
年均	19.5	19.7	19.3	19.3	20.0	19.6

根据各站点的实测水温进行分析，从上游至下游，各站河道天然水温年均值分别为旧州 13.5℃、戛旧 16.4℃、江桥 17.6℃、允景洪 19.1℃。可见，澜沧江中下游沿程河道天然水温随着纬度的降低，由北至南呈逐渐升温的趋势。

2.1.2 水温对鱼类的影响

水温在鱼类的繁殖和生长过程中起着重要的作用，直接和间接地影响鱼类生存，是一项极为重要的环境因子，各种鱼类的生存、摄食、发育、洄游、性腺成熟、产卵、鱼卵孵化等生理机能都各有一个最适水温和最高、最低的耐受水温，如果水温超出上述限度，就对鱼类产生不利影响。鱼类是变温动物，其体温几乎完全随周围环境的温度而变化（体温与环境温度差一般在 0.5～1℃）。因此，水温的变化对鱼类的各种生理活动有非常强烈的影响。水温的升高和降低都直接影响到鱼体内在的新陈代谢速度。在适宜的水温范围内，温度越高，新陈代谢就越旺盛，生长也就越快。如果超过了适温范围，生长发育就要受到抑制，甚至引起死亡。据有关资料，国内几种主要养殖鱼类最适温度在 25℃左右，生长的适宜水温为 15～30℃，在 23～28℃时摄食强度最高，生长发育也最快；其可忍受的最低温度为 0℃，最高温度的忍受范围为 34～35℃，但一般在水温超过 33℃而又不很快下降时，鱼类常因氧气不足引起代谢紊乱而死亡。

在鱼类繁殖季节内，大型水库坝下河段原有的产卵场因低温水影响，若达不到鱼类所要求的产卵水温，鱼类就不在此产卵。例如新安江电站坝下河段除溢洪期间外，河水水温难以达到某些家鱼产卵所要求的水温，因此，坝下河段鱼类的产卵时间也相应推迟。丹江口枢纽和新安江电站一样，坝下河段家鱼繁殖季节大约推迟半个月至一个月。

糯扎渡库区所在的澜沧江中下游河段的鱼类属温热带鱼类，一般要求水温在15～28℃。目前对澜沧江鱼类的水温适应性方面的基础研究尚属空白，无法得到每一种鱼类确切的适宜水温范围。考虑到鱼类产卵在鱼类生活史中的重要性，可以将澜沧江中下游鱼类产卵期（4—8月）内糯扎渡水电站坝址处天然河道水温（以多年月平均值为代表）作为评价依据，分析评价水库下泄低温水的影响，即糯扎渡坝址河段4—8月天然水温为18.4～22.7℃，取其低限18.4℃作为糯扎渡坝址河段鱼类洄游产卵的水温标准，如果电站下泄水温低于此标准，即可认为该江段的鱼类将受到影响。根据糯扎渡水库水温数学模型预测成果，如果没有采取分层取水措施，以单层取水方案（底板高程736.00m）发电取水，糯扎渡水电站坝下河段春夏季节（3—9月）下泄水温将比天然水温低，最低的月均下泄水温为16.3℃（低于上述天然水温18.4℃的影响判别标准）。因此，如果不采取措施，电站发电下泄水温低于天然河道水温，将导致鱼类产卵期的延迟。

2.1.3 国家对低温水下泄影响的环境保护要求

进入21世纪以来，随着环境保护和生态建设工作的不断加强，水电开发的环境问题及生态影响问题被广大公众和相关主管部门关注。2005年年底，原国家环保总局组织各主要科研机构和工程设计单位对水电开发中的主要环境问题进行技术研讨，并发布了《水电水利建设项目河道生态用水、低温水和过鱼设施环境影响评价技术指南（试行）》，其中对水库水温垂向分层研究技术方法进行了政策性引导。

2014年，原环境保护部和国家能源局发布《关于深化落实水电开发生态环境保护措施的通知》（环发〔2014〕65号）。通知中要求："充分论证水库下泄低温水影响，落实下泄低温水减缓措施。对具有多年调节、年调节的水库和水温分层现象明显的季调节性能水库，若坝下河段存在对水温变化敏感的重要生态保护目标时，工程应采取分层取水减缓措施；对具有季调节性能以下的水库，应根据水库水温垂向分布和下游水温变化敏感目标，充分论证下泄水温变化对敏感目标的影响，如存在重大影响，应采取分层取水减缓措施。"

2.1.4 分层取水措施类型

分层取水是减缓水电工程低温水影响的有效方式。实际工程中应用最多的分层取水措施类型有：多孔式分层取水、溢流式取水（叠梁门分层取水）、浮式管型取水、前置挡墙取水和隔水幕墙取水。

1. 多孔式分层取水

在取水范围内设置标高不同的多个孔口，取水口中心高程根据水库水温分布特点和取水水温的要求设定，不同高程的孔口通过竖井或斜井连通，每个孔口分别由闸门控制。运行时可根据需要，启闭不同高程的闸门，达到分层取水的目的。

2. 溢流式取水（叠梁门分层取水）

溢流式取水口一般由隔水门、过水通道和取水管道组成。隔水门的控制采用机械控制。根据库水位的变化调节隔水门的升降，进行堰流取水。溢流式取水最常见的形式为叠梁门分层取水。叠梁门分层取水是根据水库水位的变化，提起或放下相应数量的叠梁门，从而达到引用水库表层较高温度水体，提高下泄水温的目的。

3. 浮式管型取水

浮式管型取水口通常由浮筒、取水口、取水管道组成。此装置利用水的压力为动力，根据库水位的不同自动调节取水管状态，不需要人力或电源进行操控。因此，此类装置一般比较简单，管理也很方便。

4. 前置挡墙取水

前置挡墙取水为在进水口前设置挡墙，挡墙两侧与进水口边墩相接。挡墙能够拦挡底层低温水进入取水口，从而达到减缓下泄低温水影响的作用。

5. 隔水幕墙取水

隔水幕墙可以脱离大坝，在坝前一定距离水面以下布置，以隔水幕墙方式阻断温跃层和底部恒温层的水体流向坝前，将低温水阻挡在隔水幕墙前一定位置。同时，在电站进水口泄流的带动下，表层温度较高的水体快速翻越幕墙，流入电站进水口，实现下泄水体水温的提升。由于大型水电工程坝前断面巨大，同时还面临洪水泥沙的考验，到目前为止还没有具体成功的工程实践，相关单位正在研究该方案在三板溪水电站中应用。

2.1.5 低温水减缓措施应用情况

下久保水库位于日本群马县多野郡、利根川水系（Tongawa）神流川上，1968年完建，最大坝高129m，水库总库容为1.3亿m^3，采用多孔式分层取水。表层引水口的闸门型式采用多节式半圆形定轮门，顶部为喇叭口，喇叭口装有拦污栅，闸门高度可调整，以使喇叭口随库水位变动经常处在水下2m的位置，取水流量为12m^3/s。另有底部放水孔，装有锥形闸门。当库水位下降到239.7m时，从底部放水孔取水，取水流量也为12m^3/s。一般来说，多节式取水设备多，投资大，管理较复杂，但安全稳定性高，能适用于深水大型取水建筑物。

永定桥水库位于四川省汉源县境内的流沙河上，其任务为供水和灌溉。永定桥水库库区水温为典型的分层结构，若采用单层取水方式，下泄水温年平均温度为14.4℃，对灌区农田生产有不利影响。下泄低温水的影响主要发生在5—10月。为提高下泄水温，对取水构筑物进行改进，采取多孔式分层取水方式，即修建多个不同高程的进水口，随着水库水位的变化而启用不同高程的进水口，尽可能取用表层水，以提高夏季灌溉水温。

光照水电站位于北盘江中游，是北盘江干流上最大的一个梯级电站，也是北盘江干流茅口以下梯级的龙头水库。水库正常蓄水位745.00m，死水位691.00m，为不完全多年调节水库。光照水电站建成运行后下泄低温水会使下游河道的水温下降，改变原河道的天然水温分布，为减缓下泄的低温水产生的不利影响，采用了叠梁门分层取水方案。该方案是在原单层进水口结构上增加了一道钢筋混凝土墙。墙上开设取水孔，各取水孔均设置叠梁门。根据水库运行水位变化情况或下游水温的需要，提起或放下相应数量的叠梁门，从而达到引用水库表层高温水，提高下泄水水温的目的。

2.2 水库水温数学模型预测研究

糯扎渡水电站设计阶段利用数学模型计算模拟糯扎渡库区流场和温度场。采用MIKE3三维模型进行各典型年的计算，以及取水多方案比较计算。

2.2.1 库区水温结构预测结果

2.2.1.1 水库垂向水温结构

经过对各典型年预测结果的整理分析，给出库区代表性断面（距坝2.5km断面）的垂向水温分布。这一断面基本可以代表坝前的垂向水温分布，直接控制下泄水温。库区稳定分层的其他断面与这一断面的垂向水温分布有相似的规律。典型丰水年、平水年、枯水年坝前2.5km断面垂向水温分布分别如图2.2-1～图2.2-3所示。

从图2.2-1中可看出，典型丰水年运行情况下，3—7月水温结构基本分为两层，从3月至7月上层水温从低逐渐升高，上层水厚度从薄逐渐变厚，符合水体吸热过程的变化规律。8—10月水温结构基本可分为三层，表层和中层水温仍逐渐升高，也符合水体吸热

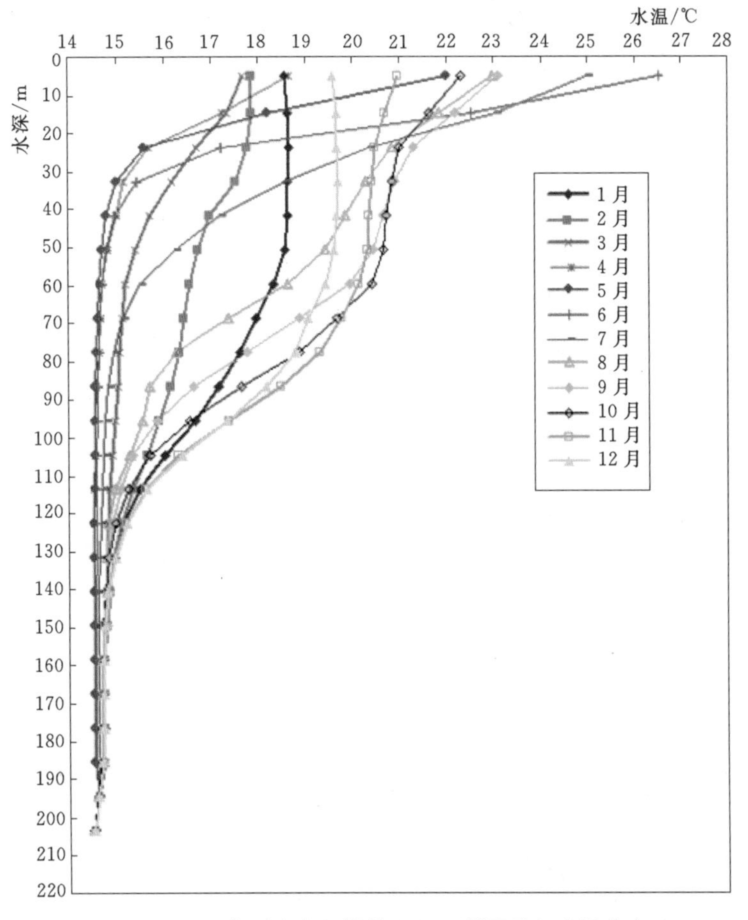

图2.2-1 典型丰水年坝前2.5km断面垂向水温分布

过程的变化规律。11 月至翌年 2 月，水温结构逐渐恢复成为两层，上层水温逐渐降低，层厚度逐渐变薄，符合水体散热过程的变化规律。而下层水（即水深 100m 以下的水层）水温年内变化很小，到 150m 水深以下水温全年基本不变，为 14.7℃。

从图 2.2-2 中可看出，典型平水年垂向水温结构与典型丰水年基本一致，变化规律相同，只是上层和下层水温略低于典型丰水年。主要因为这两个典型年的运行调度水位过程规律相似，运行流量过程量级相似。

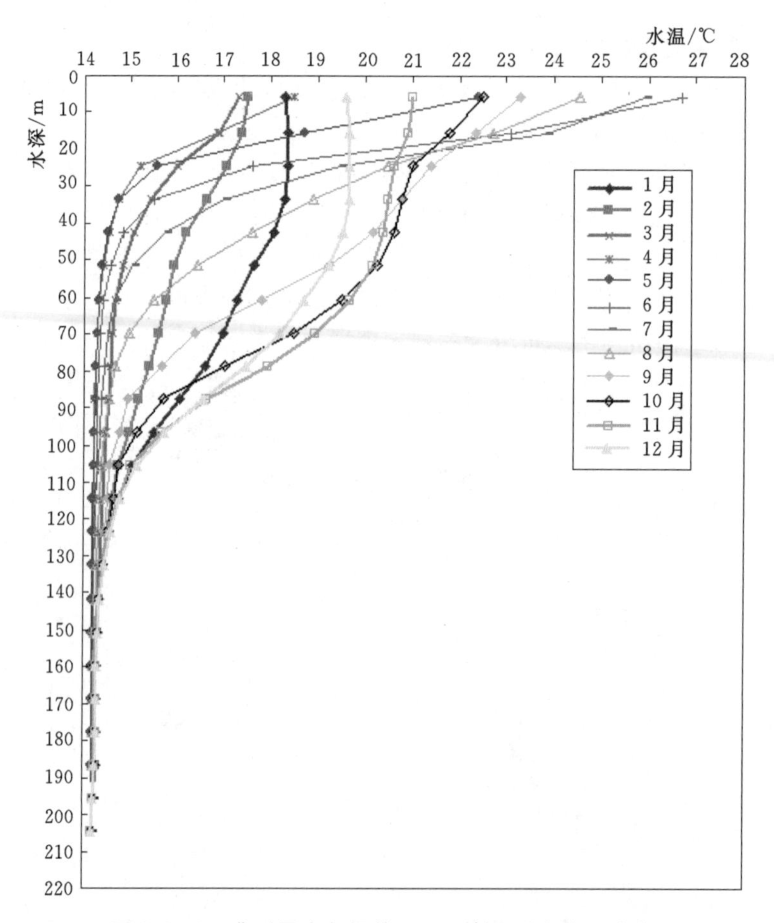

图 2.2-2 典型平水年坝前 2.5km 断面垂向水温分布

从图 2.2-3 中可以看出，典型枯水年各月垂向水温结构均分为两层。从 3 月至 10 月上层水温从低逐渐升高，上层水厚度从薄逐渐变厚，符合水体吸热过程的变化规律。11 月至翌年 2 月，上层水温逐渐降低，层厚度逐渐变薄，符合水体散热过程的变化规律。而下层水即水深 80m 以下的水层水温年内变化很小，到 110m 水深以下，水温全年基本不变，为 14.3℃。

从以上分析可知，糯扎渡水电站库区水体各月水温分层明显，上下水温分层平均在水深 60～70m 的位置，上层水温年内变化很大，100m 水深以下水温全年基本不变。符合典型分层型水库的特点。

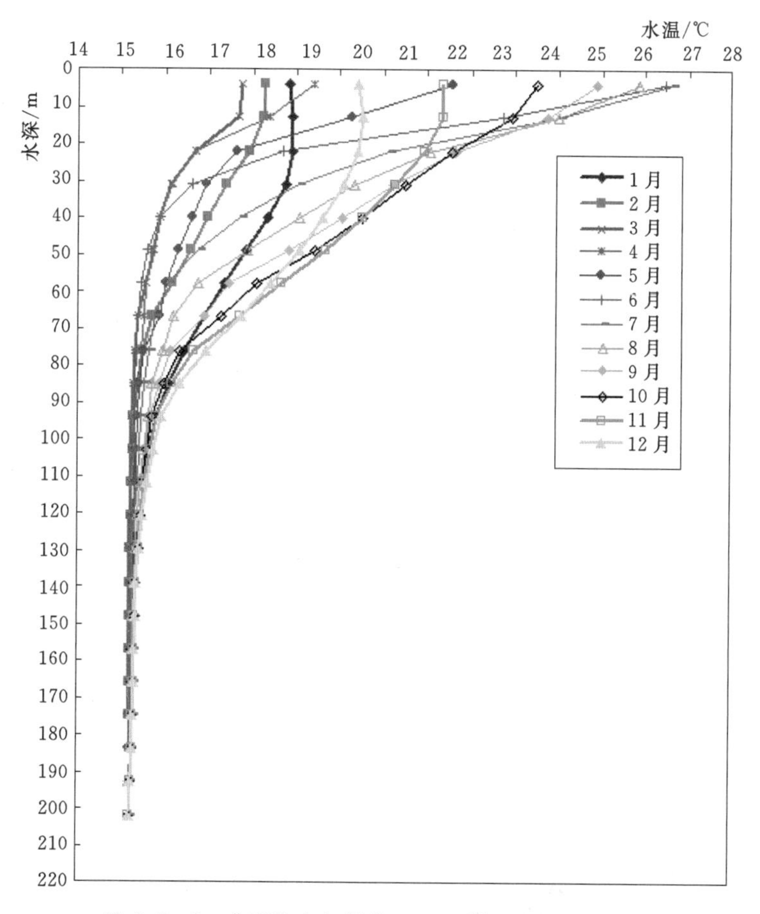

图 2.2-3　典型枯水年坝前 2.5km 断面垂向水温分布

2.2.1.2　库区整体水温结构

根据计算结果，对典型平水年库区整体水温分布进行了整理分析，得出结果如下。

1. 库区水温分层的年变化

糯扎渡水电站几乎整个库区全年都处于水温分层状态，随季节的不同有所变化，春季和夏季（3—8月）水库水温基本分为两层，秋冬季（9月至翌年2月）水库水温基本分为三层。

春季水库水温分为两层，表层水温为 16.0～22.0℃，水层厚度为 10～12m，距坝长度范围为 70～180km，随着上游来水水温逐渐增高，长度范围逐渐增大；春季下层水厚度很大，一直到库底，水温为 14.0～15.0℃，随着上游来水水温逐渐增高，下层水温逐渐升高。水库水体开始吸热过程。

夏季水库水温分为两层，表层水温为 20.0～26.0℃，距坝长度范围为 80～200km，随着上游来水水温的升高，长度范围逐渐增大，8月范围达到最大，基本覆盖全库区；夏季下层水厚度仍较大，一直到库底，随着上游来水水温升高，下层水厚度逐渐减小，下层水温仍维持在 14.5～16.0℃。水库水体符合吸热过程的规律。

秋季水库水温分为三层，表层水温为 21.0～23.0℃，水层厚度为 10～15m，距坝长度范围为 30～80km，随着上游来水水温降低而范围逐渐减小。中层水温为 16.0～

20.0℃，水层厚度约为50m，这一层水体水温直接受到上游来水水温的影响，与上游来水水温基本一致。底层水温为14.3～15.0℃，层厚一直到库底。水库水体开始散热过程。

冬季水库水温分为三层，表层水温为18.0～19.5℃，水层厚度约为30m，距坝长度范围约为80km，随着上游来水水温降低，长度范围逐渐缩小。中层水温为16.0～17.0℃，厚度受到上游来水水温的直接影响，变化较大。底层水温为14.3～15.0℃，层厚一直到库底。水库水体呈现为散热过程。

从库区水温分布可看出，年内各个月份水库水温较高区域均分布在水库的表层，长度范围在靠近坝前约70km，即库区总长度的1/3范围内。根据这一水温分布特点，发电取水高程布置在接近表层水位置并通过叠梁门取水方式，使发电取水尽量取到表层水，在一定程度上可以减缓下泄低温水对下游的不利影响。

靠近水库底层的水温相对稳定，一年内的变化幅度很小，基本维持在14.3～15.0℃。年内春季和夏季底层低温层较厚，随着气温的升高，水层之间的热量交换，以及上游来水水温的影响，底层水厚度逐渐减小，到了秋季和冬季相对变得薄，1月底层低温水层厚度达到最小。根据这一规律，发电取水口高程不要设计在低温水层附近，可以避免取到低温水。

2. 库区各层年变化

对于糯扎渡水库而言，根据年内水温结构变化的规律，其表层水体水温年内变化较大，最高温度与最低温度差9.0℃，最大值出现在6—7月，主要受到气象条件的影响，同时也受到上游来水水温和水库运行库区流态变化的影响。而中层水体水温年内变化相对表层要小，最高温度与最低温度差5.5℃，最大值出现在10—11月，表明主要受水体蓄热影响，还受到上游来水水温和水库运行库区流态变化的影响。下层水体水温年内变化很小，水面以下100m层，水温年内变化约0.9℃，水面以下150m层水温年内变化约0.1℃，主要是由于深水大库库底层存在一个回流区，造成与上层水体的热量交换很小，受上游来水水温的影响也很小。

3. 库区沿程水温变化

从表层、水深50m和水深150m水温沿程的变化可分析出，表层水温从库尾至坝前是升温的过程，升高幅度最大为5℃，最高水温出现在水库坝前附近。中层为水面以下50m层，水温沿程变化分季节而不同，秋季和冬季由于受上游大朝山水电站下泄水温度较低的影响最低水温是在库尾段，沿库区至坝前是升温过程，但升高幅度小于表层，最大幅度为2℃。水深150m处的下层水水温沿程基本不变。

2.2.2 发电下泄水温预测结果及取水方案比选

三个典型年（典型丰、平、枯水年）分别针对三种不同取水方案（叠梁门取水方案、高程774.00m和高程736.00m管道取水方案）进行下泄水温的计算，对三个方案的下泄水温年过程进行比较。

2.2.2.1 取水方案拟定

为缓解下泄低温水对鱼类的影响，糯扎渡水电站在设计阶段提出了三个取水方案进行比较，分别是：高程736.00m、高程774.00m管道取水方案和叠梁门取水方案。采用数学模型计算的方法对取水方案进行水温改善效果比选。

1. 高程736.00m管道取水方案（单层管道取水方案）

进水塔采用岸塔式，正向进水，引水道中心间距为25m，进口前缘宽度为225m。进水塔顺水流向长度为31.45m，依次布置拦污栅、检修闸门、事故闸门和通气孔。进水塔建基高程为733.00m，底板高程为736.00m。

2. 高程774.00m管道取水方案（两层管道取水方案）

由于单层取水对水温的改变不大，设计又提出了两层取水方案，即保证率92%的运行工况下，均使用上层高程774.00m取水口，只有在典型枯水年水位低于803.00m的3.5个月采用下层高程736.00m取水口。

3. 叠梁门取水方案

叠梁门分成三节布置，上沿高程为774.04m，底坎高程为736.00m，分四层取水，叠梁门分层取水参数见表2.2-1。

表2.2-1 叠梁门分层取水参数

取水方案	取水最低水位/m	挡水门顶高程/m	保证率/%	叠梁门运行
第一层取水	803.00	774.04	82	叠梁门整体挡水
第二层取水	790.40	761.36	95	吊起第一节门
第三层取水	777.70	748.68	98	吊起第二节门
第四层取水	765.00	736.00	99	无叠梁门挡水

2.2.2.2 下泄水温计算结果

1. 典型平水年下泄水温计算结果

典型平水年三个取水方案的下泄水温比较如图2.2-4所示，典型平水年糯扎渡下泄水温与坝址天然水温的比较见表2.2-2。

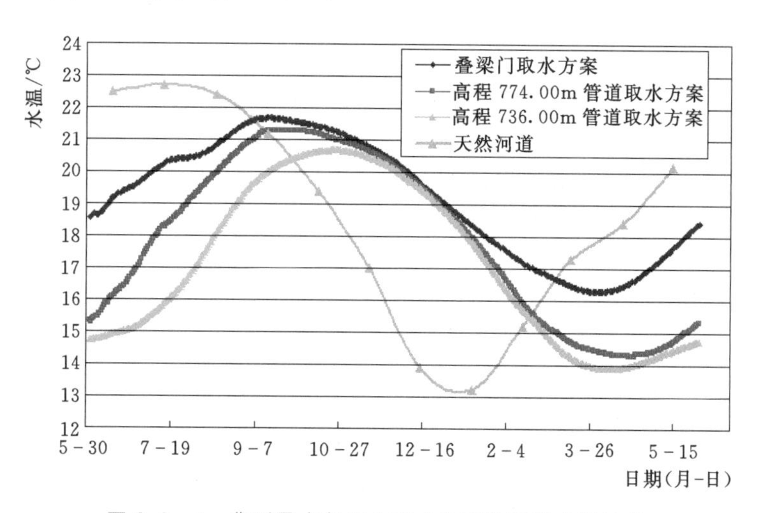

图2.2-4 典型平水年三个取水方案的下泄水温比较

从典型平水年各方案下泄水温的比较可以看出，由于上游梯级电站下泄水温的累积影响及糯扎渡水库水温结构特点，三个取水方案下泄水温年过程有相同的变化趋势，都改变

表 2.2-2 典型平水年糯扎渡下泄水温与坝址天然水温的比较 单位：℃

月份	1	2	3	4	5	6	7	8	9	10	11	12	年均
天然河道	13.2	15.2	17.3	18.4	20.2	22.5	22.7	22.4	21.2	19.4	17.0	13.9	18.6
叠梁门取水方案	18.3	17.2	16.5	16.5	17.7	19.1	20.2	20.9	21.6	21.4	20.7	19.6	19.1
差值	5.1	2.0	−0.8	−1.9	−2.5	−3.4	−2.5	−1.5	0.4	2.0	3.7	5.7	0.5
高程 774.00m 管道取水方案	18.1	16.1	14.8	14.3	14.9	16.3	18.5	20.0	21.0	21.1	20.6	19.6	17.9
差值	4.9	0.9	−2.5	−4.1	−5.3	−6.2	−4.2	−2.4	−0.2	1.7	3.6	5.7	−0.7
高程 736.00m 管道取水方案	17.7	15.7	14.3	13.9	14.5	14.9	15.9	18.1	20.0	20.6	20.4	19.4	17.1
差值	4.5	0.5	−3.0	−4.5	−5.7	−7.6	−6.8	−4.3	−1.2	1.2	3.4	5.5	−1.5

了坝址处天然水温的变化规律，并且最高水温和最低水温差值变小，使年内水温变化滞后，叠梁门取水方案和高程 774.00m 管道取水方案约滞后 2 个月，高程 736.00m 管道取水方案滞后 3 个月。年变化过程呈现出春夏季（3—9 月）下泄水温低于天然水温，最大差值出现在 6 月；秋冬季（10 月至翌年 2 月）下泄水温高于天然水温，最大差值出现在 12 月。

春季和夏季（3—9 月）各方案下泄水温均不同程度地低于天然水温，叠梁门取水方案最大降低 3.4℃，高程 774.00m 管道取水方案最大降低 6.2℃，高程 736.00m 管道取水方案最大降低 7.6℃，比较结果显示叠梁门取水方案与天然水温的差值最小。年平均下泄水温的变化也表明叠梁门取水方案高于天然水温 0.5℃，而高程 774.00m 管道取水方案和高程 736.00m 管道取水方案低于天然水温 0.7℃和 1.5℃。

2. 典型丰水年下泄水温计算结果

典型丰水年三个取水方案的下泄水温比较如图 2.2-5 所示，典型丰水年糯扎渡下泄水温与坝址天然水温的比较见表 2.2-3。

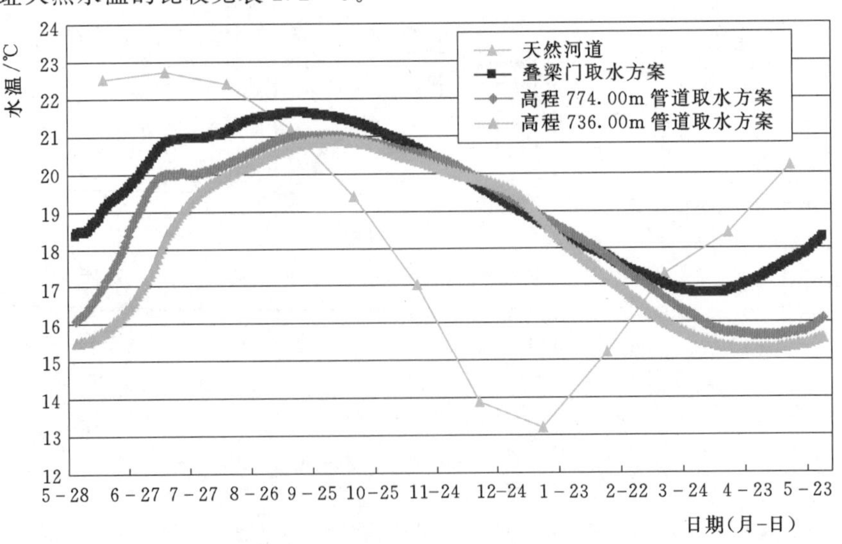

图 2.2-5 典型丰水年三个取水方案的下泄水温比较

表 2.2-3　　典型丰水年糯扎渡下泄水温与坝址天然水温的比较　　单位：℃

月份	1	2	3	4	5	6	7	8	9	10	11	12	年均
天然河道	13.2	15.2	17.3	18.4	20.2	22.5	22.7	22.4	21.2	19.4	17.0	13.9	18.6
叠梁门取水方案	18.6	17.8	17.0	16.9	17.7	19.0	20.6	21.2	21.6	21.3	20.6	19.6	19.3
差值	5.4	2.6	−0.3	−1.5	−2.5	−3.5	−2.1	−1.2	0.4	1.9	3.6	5.7	0.7
高程 774.00m 管道取水方案	18.8	17.8	16.6	15.8	15.8	17.2	19.8	20.3	20.9	20.9	20.5	19.8	18.7
差值	5.6	2.6	−0.7	−2.6	−4.4	−5.3	−2.9	−2.1	−0.3	1.5	3.5	5.9	0.1
高程 736.00m 管道取水方案	18.7	17.2	16.0	15.4	15.4	15.9	18.2	20.0	20.7	20.8	20.3	19.8	18.2
差值	5.5	2.0	−1.3	−3.0	−4.8	−6.6	−4.5	−2.4	−0.5	1.4	3.3	5.9	−0.4

从典型丰水年各方案下泄水温的比较可以看出，与典型平水年类似，由于上游梯级电站下泄水温的累积影响及糯扎渡水库水温结构特点，三个取水方案下泄水温年过程有相同的变化趋势，都改变了坝址处天然水温的变化规律，并且最高水温和最低水温差值变小，使年内水温变化滞后，叠梁门取水方案和高程 774.00m 管道取水方案约滞后 2 个月，高程 736.00m 管道取水方案滞后 3 个月。年变化过程呈现出春夏季（3—9 月）下泄水温低于天然水温，最大差值出现在 6 月；秋冬季（10 月至翌年 2 月）下泄水温高于天然水温，最大差值出现在 12 月。

春季和夏季（3—9 月）各方案下泄水温均不同程度地低于天然水温，叠梁门取水方案最大降低 3.5℃，高程 774.00m 管道取水方案最大降低 5.3℃，高程 736.00m 管道取水方案最大降低 6.6℃，比较结果显示叠梁门取水方案与天然水温的差值最小。年平均下泄水温的变化也表明叠梁门取水方案高于天然水温 0.7℃，而高程 774.00m 管道取水方案与天然水温持平，高程 736.00m 管道取水方案低于天然水温 0.4℃。

3. 典型枯水年下泄水温计算结果

典型枯水年三个取水方案的下泄水温比较如图 2.2-6 所示，典型枯水年糯扎渡下泄水温与坝址天然水温的比较见表 2.2-4。

表 2.2-4　　典型枯水年糯扎渡下泄水温与坝址天然水温的比较　　单位：℃

月份	1	2	3	4	5	6	7	8	9	10	11	12	年均
天然河道	13.2	15.2	17.3	18.4	20.2	22.5	22.7	22.4	21.2	19.4	17.0	13.9	18.6
叠梁门取水方案	17.8	17.0	15.8	16.3	17.8	19.5	21.3	21.9	22.2	21.9	20.9	19.3	19.3
差值	4.6	1.8	−1.5	−2.1	−2.4	−3.0	−1.4	−0.5	1.0	2.5	3.9	5.4	0.7
高程 774.00m 管道取水方案	18.1	16.2	15.1	15.6	16.4	17.4	19.3	20.7	21.2	21.2	20.7	19.4	18.4
差值	4.9	1.0	−2.2	−2.8	−3.8	−5.1	−3.4	−1.7	0.0	1.8	3.7	5.5	−0.2
高程 736.00m 管道取水方案	18.3	16.8	16.0	16.5	16.9	16.9	18.7	20.0	20.8	21.1	20.9	19.9	18.6
差值	5.1	1.6	−1.3	−1.9	−3.3	−5.6	−4.0	−2.4	−0.4	1.7	3.9	6.0	0

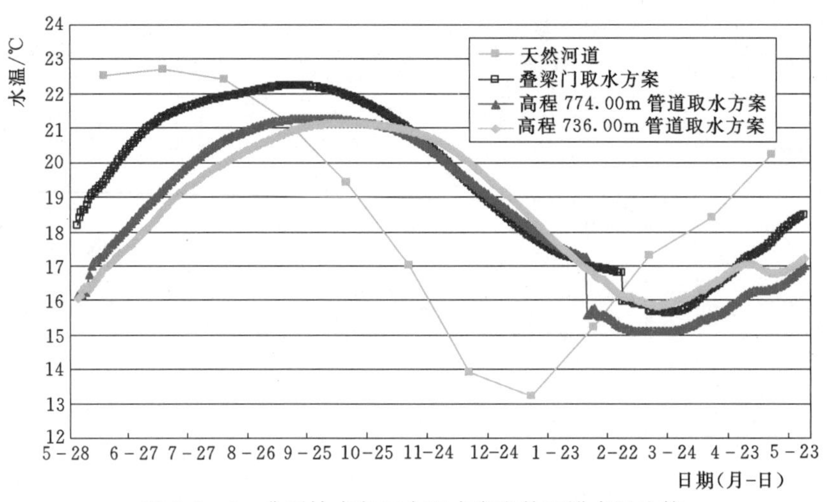

图2.2-6 典型枯水年三个取水方案的下泄水温比较

从典型枯水年各方案下泄水温的比较可以看出，与典型平水年和丰水年类似，三个取水方案下泄水温年过程有相同的变化趋势，都改变了坝址处天然水温的变化规律，并且最高水温和最低水温差值变小，使年内水温变化滞后，叠梁门取水方案和高程774.00m管道取水方案约滞后2个月，高程736.00m管道取水方案滞后3个月。年变化过程呈现出春夏季（3—8月）下泄水温低于天然水温，最大差值出现在6月；秋冬季（9月至翌年2月）下泄水温高于天然水温，最大差值出现在12月。

春季和夏季（3—9月）各方案下泄水温均不同程度地低于天然水温，叠梁门取水方案最大降低3.0℃，高程774.00m管道取水方案最大降低5.1℃，高程736.00m管道取水方案最大降低5.6℃，比较结果显示叠梁门取水方案与天然水温的差值最小。年平均下泄水温的变化也表明叠梁门取水方案高于天然水温0.7℃，而高程774.00m管道取水方案低于天然水温0.2℃，高程736.00m管道取水方案与天然水温持平。

2.3 水库水温物理模型试验研究

糯扎渡水电站设计阶段利用物理模型试验研究水库坝前水温分布及分层取水效果。

2.3.1 模型设计

由于是直接模拟水温，故模型规模取决于“水温加热与控制系统”，综合考虑模型相似关系，选定模型几何比尺$\lambda_l=150$（原型量/模型量），模型相应水力要素的模型比尺关系及模型比尺见表2.3-1。

表2.3-1 模型比尺关系及模型比尺

相似准数	物理量	模型比尺关系	模型比尺
弗劳德数 *Fr* 相等	长度	λ_l	150
	流量	$\lambda_Q=\lambda_l^{5/2}$	275567.60
密度弗劳德数 *Fd* 相等	温差	$\lambda_{\Delta T}=1$	1

模型包括部分库区和水电站进水口。库区模拟坝前3km库区，保证水库边界相似。进水口模拟全部9个进水口，包括拦污栅槽、检修闸门、叠梁门、工作闸门、事故闸门、收缩段、部分引水管段等，保证建筑物水力边界相似。进水口由有机玻璃制作。模型长20m，宽5.3m，高1.1m。

2.3.2 各典型年逐月下泄水温

2.3.2.1 典型平水年逐月下泄水温

典型平水年各月下泄水温试验结果见表2.3-2。典型平水年各月均采用第一层取水方案（三节门叶挡水），各月下泄水温最大差值为6.03℃，8月下泄水温最高，为22.77℃，4月下泄水温最低，为16.74℃。

表2.3-2 典型平水年各月下泄水温试验结果

月份	水库水位/m	坝前水库水温特征/℃	取水方案/叠梁门方式/门顶高程/m	下泄水温/℃
1	812.00	表：19.12 底：15.28	第一层取水/三节门叶挡水/774.04	18.80
2		表：18.04 底：15.28		17.51
3		表：18.67 底：15.28		17.10
4		表：19.85 底：14.94		16.74
5		表：22.39 底：14.94		17.24
6		表：25.50 底：14.99		20.30
7		表：27.08 底：15.03		22.27
8		表：25.47 底：15.06		22.77
9		表：23.72 底：15.15		22.31
10		表：23.12 底：15.17		22.09
11		表：22.07 底：15.19		21.55
12		表：20.54 底：15.22		20.24

2.3.2.2 典型枯水年逐月下泄水温

典型枯水年各月下泄水温试验结果见表 2.3-3。典型枯水年 6 月 1 日至翌年 3 月 3 日采用第一层取水方案，3 月 3 日—5 月 31 日采用第四层取水方案，各月下泄水温最大差值为 9.29℃，8 月下泄水温最高，为 24.79℃，3 月下泄水温最低，为 15.50℃。

表 2.3-3 典型枯水年各月下泄水温试验结果

月份	水库水位/m	坝前水库水温特征/℃	取水方案/叠梁门方式/门顶高程/m	下泄水温/℃
1	812.00	表：18.97 底：14.82	第一层取水/三节门叶挡水/774.04	18.79
2		表：18.72 底：14.82		18.17
3	777.00	表：15.82 底：13.98	第四层取水/无门叶挡水/736.00	15.50
4		表：17.95 底：13.95		17.21
5		表：20.89 底：13.95		19.83
6	812.00	表：29.71 底：14.80	第一层取水/三节门叶挡水/774.04	23.06
7		表：29.73 底：14.81		24.52
8		表：28.79 底：14.81		24.79
9		表：27.60 底：14.81		24.43
10		表：25.80 底：14.81		23.52
11		表：23.12 底：14.81		22.02
12		表：20.65 底：14.81		20.38

2.3.2.3 典型丰水年逐月下泄水温

典型丰水年各月下泄水温试验结果见表 2.3-4。典型丰水年各月均采用第一层取水方案（三节门叶挡水），各月下泄水温最大差值为 5.59℃，9 月下泄水温最高，为 22.56℃，4 月下泄水温最低，为 16.97℃。

表 2.3-4 典型丰水年各月下泄水温试验结果

月份	水库水位/m	坝前水库水温特征/℃	取水方案/叠梁门方式/门顶高程/m	下泄水温/℃
1	812.00	表：19.32 底：15.10	第一层取水/三节门叶挡水/774.04	19.28
2		表：18.79 底：15.12		18.16
3		表：18.77 底：15.13		17.28
4		表：20.04 底：14.92		16.97
5		表：22.58 底：14.91		17.53
6		表：26.24 底：14.89		20.39
7		表：25.25 底：14.93		22.17
8		表：23.68 底：15.04		22.23
9		表：23.79 底：15.05		22.56
10		表：23.03 底：15.06		22.09
11		表：21.67 底：15.06		21.14
12		表：20.32 底：15.07		20.29

2.3.3 下泄水温的一般规律

试验结果揭示了水库水温分布、叠梁门顶高程（取水方案）以及下泄温度之间的关系。叠梁门高度增加，下泄水温提高，叠梁门对提高下泄水温有较为明显的作用；下泄水温提高的幅度，不仅取决于叠梁门的高度，还取决于水库水温垂向分布，若水库的表层与底层水温温差大，则下泄水温提高幅度大，反之，下泄水温提高幅度小。

为了方便地预测下泄水温，在大量下泄水温试验结果的基础上，结合进水口前流速分布特征，分析了进水口所取水体的大体范围。将取水范围等分为10层，用每层的水库水温乘以该层所占的权重，得到下泄水温计算公式为

$$T=\alpha_1T_1+\alpha_2T_2+\alpha_3T_3+\alpha_4T_4+\alpha_5T_5+\alpha_6T_6+\alpha_7T_7+\alpha_8T_8+\alpha_9T_9+\alpha_{10}T_{10} \quad (2.3-1)$$

式中：T_i（$i=1$，2，…，10）为取水范围内自上而下每层的水温，℃；α_i 为权重系数，与叠梁门运行方式有关。

（1）三节门叶挡水时下泄水温公式为

$$T=0.087T_1+0.093T_2+0.100T_3+0.108T_4+0.119T_5+0.121T_6+0.111T_7+0.099T_8+0.086T_9+0.076T_{10} \quad (2.3-2)$$

(2) 二节门叶挡水时下泄水温公式为

$$T=0.082T_1+0.084T_2+0.084T_3+0.090T_4+0.108T_5+0.123T_6+0.119T_7+0.111T_8+0.102T_9+0.097T_{10} \quad (2.3-3)$$

(3) 一节门叶挡水时下泄水温公式为

$$T=0.063T_1+0.067T_2+0.078T_3+0.099T_4+0.125T_5+0.137T_6+0.133T_7+0.120T_8+0.102T_9+0.077T_{10} \quad (2.3-4)$$

(4) 无门叶挡水时下泄水温公式为

$$T=0.045T_1+0.051T_2+0.063T_3+0.075T_4+0.086T_5+0.101T_6+0.123T_7+0.145T_8+0.159T_9+0.151T_{10} \quad (2.3-5)$$

对于类似于糯扎渡水电站的情况，可利用上述下泄水温公式方便地计算出下泄水温。

2.4 分层取水措施的实施

2.4.1 设计情况

糯扎渡水电站叠梁门分层进水口进水塔采用岸塔式，正向进水。进水塔顺水流向依次布置工作拦污栅、检修拦污栅（叠梁闸门）、检修闸门、事故闸门和通气孔，其中检修拦污栅与叠梁闸门共用检修拦污栅栅槽。拦污栅按每台机 4 孔布置，孔口尺寸为 3.8m×66.5m（宽×高）；叠梁门最大挡水高度为 774.04m，叠梁闸门按每台机 4 孔布置，孔口尺寸为 3.80m×38.04m（宽×高），分成三节，每节高度同为 12.68m；在叠梁闸门之后按单机单孔布置闸门，检修闸门孔口尺寸为 7m×12m（宽×高），事故闸门孔口尺寸为 7m×11m（宽×高），通气孔孔口尺寸为 7m×2m（宽×高）。

第一层取水最低水位为 803.00m，门叶整体挡水，挡水闸门顶高程为 774.04m；第二层取水最低水位为 790.40m，吊起第一节叠梁门，仅用第二节、第三节门叶挡水，此时挡水闸门顶高程为 761.36m；第三层取水最低水位为 777.70m，吊起第二节叠梁门，仅用第三节门叶挡水，此时挡水闸门顶高程为 748.68m；水库水位降至 777.70m 以下至 765.00m 时，吊起第三节叠梁门，无叠梁闸门挡水，此为第四层取水。

2.4.2 运行情况

糯扎渡水电站叠梁门已建成，目前处于运行阶段。

2.5 措施的创新点和亮点

(1) 为缓解下泄低温水对鱼类的影响，拟定了高程 736.00m 管道取水方案（单层管道取水方案）、高程 774.00m 管道取水方案（两层管道取水方案）和叠梁门取水方案三个方案进行比较。最终选择了改善作用明显的叠梁门取水方案。

(2) 利用数学模型对糯扎渡水电站库区水温进行了预测，分析了不同典型年库区水温的垂向分布。在此基础上，分析不同取水方案对发电下泄水温的影响，从而为方案选取提供了技术支撑。

(3) 利用物理模型试验研究发电下泄水温，以糯扎渡水电站叠梁门取水方案为研究对象，系统地研究了进水口叠梁门取水方案的下泄水温，得出了下泄水温的一般规律，为类似大型水电站进水口的设计提供了理论依据。

2.6 存在的问题及建议

(1) 开展支流对干流水温影响调查与分析。受支流水文和水温监测数据极度缺乏的限制，设计过程中对支流水温的影响未能开展分析。后续应开展支流水温调查分析工作，并深入分析支流水温对干流水温的影响，尤其是库区支流对库区水温结构的影响。

(2) 进一步优化叠梁门运行调度方式。考虑到糯扎渡水电站蓄水至正常蓄水位运行至今时间较短，应继续加强糯扎渡水电站下泄水温变化的长期跟踪观测，根据水温监测实际情况，继续优化叠梁门分层取水运行调度方案，减缓工程的低温水影响。

2.7 小结

糯扎渡水电站建成后，库区水温将呈稳定分层分布。在小湾、漫湾、大朝山、糯扎渡和景洪5个水电站联合运行时，下游河道水温年内分布过程将被改变，春夏季节（3—9月）下泄水温将比天然水温低，秋冬季节（10月至翌年2月）将比天然水温高。由于澜沧江中下游鱼类产卵期为4—8月，而此时下泄水温低于天然河道水温，将导致鱼类产卵期的延迟。为减缓下泄低温水的影响，设计阶段经过多方案比选，最终推荐采用叠梁门取水方案。

第3章

鱼类增殖放流工程

3.1 水生生态现状特点及工程影响情况

3.1.1 鱼类现状

1. 鱼类组成及资源特点

根据糯扎渡水电站对水生生物的影响特点，鱼类调查范围包括库区及库区上下游干支流10多个工作点，经前后3次在不同季节的采集调查，中国科学院昆明动物研究所共采到鱼类标本4777号（尾），并对鱼类标本进行了鉴定分类。为了准确、全面地反映该地区鱼类区系的真实面貌，引用了自1958年以来中国科学院昆明动物研究所历次在澜沧江流域的历史调查资料，通过调查资料的统计、整理和分析，得到糯扎渡水电站库区及其上下游干支流的鱼类区系组成情况。

糯扎渡水电站库区及其上下游河段鱼类呈现以下特点：

（1）澜沧江中下游共有鱼类122种，分隶6目18科。其中鲤科63种，占该区总种数的51.6%；其次是鳅科18种，占14.8%；再次是鲱科10种，占8.2%；其余15科鱼类共31种，占25.4%。其中分布于糯扎渡库区干支流的土著鱼类有3目6科31属48种，占库区鱼类总种数的39.3%，土著鱼类仍以鲤科鱼类为主，共18属28种，占库区鱼类总种数的58.3%；其次为鳅科4属5种，平鳍鳅科3属4种，鲱科为4属8种，鲈形目鳢科1属1种。糯扎渡水电站坝址以上鱼类的组成与景洪段大致相同，即以鲤科鱼类为主。但与景洪段相比，其种数只有景洪段的69.6%。

（2）糯扎渡下游支流补远江和南腊河的鱼类种类较多，共有40种，其中包括土著种34种、外来种6种。而其他9个工作点鱼类种数的总和也只有38种，其中库区支流威远江最多，也只有20种。2001年与1996年调查资料相比，南腊河、补远江的鱼类种类，现在常见的只有过去的一半。已有相当一部分珍稀特有鱼类处于濒危或灭绝的边缘，如双孔鱼（*Gyrinocheilus aymonieri*）、大鳍鱼（*Macrochirichthys macrochirius*）、裂峡鲃（*Hampala macrolepidota*）、鲃鲤（*Puntioplites proctozysron*）、湄南缺鳍鲇（*Kryptopterus moorei*）等。这种资源减退的趋势，基本上反映了我国境内澜沧江中下游的实际情况。

（3）无论是糯扎渡的上游还是下游，均未见到洄游性的鲑科鱼类或类似鲑类的洄游性鱼类，说明下游原来有鲑类分布的地方，鲑类数量在减少。据当地渔民反映，近几年已不见鲑类的踪迹。但存在着干流—支流的生殖或索饵洄游鱼类，如结鱼（*Tor spp.*）、野鲮（*Labeo spp.*）、后背鲈鲤（*Percocypris pingi retrodorslis*）、巨魾（*Bagarius yarrelli*）、丝尾鳠（*Mystus nemurus*）和大刺鳅（*Mastacembelus armatus*）等。

（4）整个澜沧江水域大中型鱼类在减少。如原来广泛分布于中下游的巨魾、丝尾鳠、叉尾鲇、结鱼、鲃鲤、后背鲈鲤等数量大为减少。

（5）少数外来鱼类已在澜沧江定居，主要有鰕虎鱼（*Ctenogobius spp.*）2种、麦穗鱼（*Pseudorasbora parva*）、棒花鱼（*Abbottina rivularis*）和尼罗罗非鱼（*Oreochromis niloticus*）等，对土著鱼类繁衍的不利影响将逐步凸显出来。

（6）澜沧江的鱼类资源，包括种类和数量，与前10多年相比有下降趋势。种群数量的减少和捕捞对象个体的小型化现象十分突出。

（7）部分河段，由于受水体污染的影响，鱼类种类和数量极为稀少，如小黑江（澜沧—双江）段，只采到棒花鱼、尼罗罗非鱼等几种耐污的小型鱼类，水域的渔业功能已降到最低限度。

2. 保护鱼类

糯扎渡水电站所在河段没有国家级保护鱼类，仅在其下游橄榄坝和勐松梯级（景洪水电站坝址以下至澜沧江出境口干支流）分布有列入云南省珍稀保护动物名录的种类——大鳍鱼、双孔鱼、长丝𩷶（*Pangasius sanitwangsei*）3种，它们为省级保护动物，均分布在澜沧江下游，迄今未在澜沧江的中上游包括澜沧江糯扎渡库区发现。

澜沧江水系中被列入《中国濒危动物红皮书》的鱼类有13种，其中有3种是分布在澜沧江附属水体洱海里，其余10种即双孔鱼，大鳍鱼、裂峡鲃、红鳍方口鲃（*Cosmochilus cardinalis*）、鲃鲤、湄南缺鳍鲇、长丝𩷶、短须粒鲇（*Akysis brachybarbatus*）、𩽾（*Bagarius bagarius*）、线足鲈（*Trichogaster trichopterus*）分布于澜沧江中下游。糯扎渡库区仅有红鳍方口鲃和𩽾2种，其余8种均分布在景洪电站库区至澜沧江出境口的干支流江段。

3. “三场”分布及其洄游通道

（1）短距离洄游鱼类。澜沧江中下游和糯扎渡库区的鱼类基本上以短距离洄游的鱼类为主，如鲤科中的鲃亚科、野鲮亚科、裂腹鱼亚科、鳅科、平鳍鳅科，鲇形目中的多数种类，经过长期自然选择与适应，它们在分布区就地生活。繁殖季节亲鱼（如中国结鱼等）沿干流上溯一段或上溯到附近的支流，仅进行很短距离的生殖洄游，寻找合适的产卵基质和水文条件，便可完成繁殖的过程。它们在激流或缓流的砾石滩上产沉黏性卵，受精卵就地孵化，仔鱼孵出后在产孵场附近进行索饵，体现其分布的区域性特点。与上述鱼类稍有不同，鲤科中的其他亚科鱼类，如𬶋亚科、鲌亚科、鳑鲏亚科、𬶐亚科、鲤亚科以及胡子鲇科、鲱科、合鳃鱼科、攀鲈科、斗鱼科、鳢科等种类，上溯能力很差，活动范围较小，一般栖息在微流水湾潭，或水塘旧河道等，就地完成其生命周期。

所以，对短距离洄游鱼类而言，其索饵、产卵及越冬场所基本一致，就在其分布区附近。

（2）长距离洄游性鱼类。鱼类的“三场”及洄游通道通常是针对具有中、长距离洄游习性的鱼类而言的。澜沧江中有典型的长距离产卵洄游的种类——𩷶，但它们大多集中分布在湄公河中下游，一般成鱼体重在60～80kg，性成熟年龄为4～5龄，繁殖期与洪水来临时期相对应，如生长在越南湄公河的𩷶鲇一般在6—7月上溯到柬埔寨或泰国江段产卵，多数种类在湄公河流域范围内即可完成生殖洄游的过程。

在澜沧江122种鱼类中，迄今只发现4种长距离生殖洄游的种类，即𩷶科中的长丝𩷶、短须𩷶（*Pangasius micronemus*）、细尾𩷶（*Pangasius nasutus*）、粗尾𩷶（*Pangasius beani*），这4种鱼是澜沧江—湄公河中最主要的大型经济鱼类，也是比较典型的生殖洄游鱼类，也是澜沧江下游特有鱼类。成鱼每年伴随江水暴涨（7—8月），便从泰国湄公河段上溯至澜沧江勐松一带，然后沿着补远江上溯到勐仑或勐纳伞附近产卵。这些鱼类溯河的路程较长，有较强的游泳能力，常常要越过沿途的许多急流险滩的障碍，繁殖后强烈摄食。与鲑鳟鱼类不同，繁殖后亲体不死亡，而是逐步沿河回到下游开阔水面进行育肥，待来年洪水季节，开始其另一次生命之旅。长丝𩷶、短须𩷶、细尾𩷶、粗尾𩷶至今未在澜沧江其他支流发现，这可能是因为在澜沧江诸多支流中，补远江源远流长、水量大、水流缓、水温高、河口离湄公河较近的缘故，补远江可能是𩷶类溯河繁殖的最佳选择。从4种𩷶科鱼的洄游路线可以判定，它们的越冬场所在澜沧江出境后的湄公河泰国段。

由于捕捞过度和其他多种原因，𩷶的数量急剧下降，资源枯竭，在补远江采到𩷶的记录是：1959年采到4尾，1978年采到3尾，1993年采到1尾，近几年已极为罕见。据沿江渔民说，近几年就是到了𩷶的繁殖季节，也不见它们的踪影，现在湄公河𩷶的资源也极度衰退。据报道，分布于泰国和老挝交界河段的巨𩷶（*Pangasius gigas*）自1986—1993年最多的一年捕到62尾，1994年只捕到18尾，1995年捕到16尾，1997年捕到7尾，1998年捕到2尾，2000年、2001年已无𩷶可捕。可见在澜沧江—湄公河中𩷶类正处于高度濒危的状态。

另外，根据历次及最新调查成果推测，橄榄坝大沙坝是糯扎渡下游分布的鲇科半鲇（*Hemisilurus heterorhynchus*）、湄南缺鳍鲇、滨河缺鳍鲇（*Kryptopterus bleekeri*）和叉尾鲇4种鱼类的主要索饵地和产卵场，其次在支流补远江、南腊河也有发现。这些鱼不是澜沧江特有鱼，主要分布在湄公河，澜沧江仅见于与湄公河相接的河段，目前还没有资料证实这些鲇类是否与𩷶类一样有长距离洄游的习性。

3.1.2 工程影响

大坝建成以后，库区环境发生了一系列的重大变化，库内许多土著鱼类将适应不了变化了的环境，各种鱼类为寻找适合于自身的生活环境而逐渐迁移。修建电站大坝导致河流生境的片段化，形成生态系统脆弱的生境岛屿，使河流中原有的珍稀特有鱼类的种群被大坝分隔为坝上和坝下两个种群；而且两个种群之间无法自然进行基因交流，造成种群的遗传多样性下降。但由于澜沧江下游的𩷶科洄游性鱼类并不上溯到该江段，因此大坝建设不存在直接阻断长距离洄游鱼类洄游通道的问题。

糯扎渡水库水温呈稳定分层分布，在小湾、漫湾、大朝山、糯扎渡和景洪5个水电站联合运行时，将改变下游河道水温年内分布的过程。如以单层取水方案（底板高程736.00m），其春夏季节（3—9月）下泄水温将比天然水温低，秋冬季节（10月至翌年2月）将比天然水温高。3—9月糯扎渡坝下最低的月均下泄水温为16.3℃，景洪坝段为17.8℃，出国境处为18.7℃。下泄水温虽然均在澜沧江中下游鱼类适宜生长的水温范围内，但由于澜沧江中下游鱼类产卵期为4—8月，水温低于天然河道水温，将导致鱼类产卵期的延迟。

3.2 水生生态相关政策法规要求

根据《中华人民共和国水法》第二十六条“国家鼓励开发、利用水能资源。在水能丰富的河流，应当有计划地进行多目标梯级开发。建设水力发电站，应当保护生态环境，兼顾防洪、供水、灌溉、航运、竹木流放和渔业等方面的需要。”第二十七条“国家鼓励开发、利用水运资源。在水生生物洄游通道、通航或者竹木流放的河流上修建永久性拦河闸坝，建设单位应当同时修建过鱼、过船、过木设施，或者经国务院授权的部门批准采取其他补救措施，并妥善安排施工和蓄水期间的水生生物保护、航运和竹木流放，所需费用由建设单位承担。”《渔业法》第三十二条“在鱼、虾、蟹洄游通道建闸、筑坝，对渔业资源有严重影响的，建设单位应当建造过鱼设施或者采取其他补救措施。”等的要求，为了保护水生生物多样性，维持鱼类资源的可持续利用，目前在相关工程中，采取了多种多样的措施，不同程度地减少了工程给水生生态环境造成的不利影响。

根据《关于深化落实水电开发生态环境保护措施的通知》（环发〔2014〕65 号）要求：统筹规划主要生态环境保护措施。应结合流域生态保护要求、河流开发规划、梯级开发时序、开发主体以及生态环境敏感保护对象情况，统筹梯级电站生态调度、过鱼设施、鱼类增殖放流和栖息地保护等工程补偿措施的布局和功能定位。论证鱼类增殖放流目标和规模，落实鱼类增殖放流措施。应根据规划环评初拟确定的增殖放流方案，结合电站开发时序和建设管理体制，依据放流水域生境适宜性和现有栖息空间的环境容量，明确各增殖站选址、放流目标、规模和规格，做好鱼类增殖放流措施设计、建设和运行工作。放流对象和规模应根据逐年放流跟踪监测结果进行调整。为便于管理和明确责任，鱼类增殖放流站选址原则上应在业主管理用地范围内。要根据场地布置条件，合理进行增殖站布局和工艺选择，保证鱼类增殖放流站在工程蓄水前建成并完成运行能力建设。

3.3 水电工程水生生态保护措施的类型及应用情况

我国水能资源丰富，水力资源理论蕴藏量居世界首位，水电开发与利用对于合理分配能源资源，平衡区域经济社会发展与环境保护，推动我国能源革命起到重要作用。但水电开发也带来了一些生态环境问题，对鱼类的影响尤为突出。为减少水电开发可能造成的不利影响，在开发的同时重视生态环境保护是当前水电开发的工作重点之一。人工增殖放流、栖息地保护、过鱼设施等保护措施对减缓水电开发对鱼类造成的不利影响有着重要的意义。

人工增殖放流是弥补因水电水利工程建设导致鱼类资源量下降的一种有效措施。建坝蓄水后，由于阻隔和淹没了一些上游河段，使亲鱼失去产卵场。下游河道演变，也同样是丧失产卵场的原因。溯河洄游鱼类的存活率，在很大程度上取决于河道本身。河道的结构虽然在不断演化，但它仍然决定着鱼类产卵、栖息、饲养和饵料供应的条件。

在建坝引起产卵场淹没的河流上，采用人工孵育场河段日趋增多，成功地保证了鱼类的繁殖。在孵育场内，需要采用专门养殖措施，特别是为了保护有价值的溯河洄游鱼类。这些措施包括从孵育池中培养幼鱼和运送到下游放流。

水电站专门建设鱼类增殖放流站的工作起步较晚，进入运行的主要有 20 世纪 80 年代初建成的葛洲坝中华鲟人工繁殖研究所以及最近相继建成的向家坝、索风营、糯扎渡、瀑布沟和公伯峡等水电站鱼类增殖站等。

栖息地保护是保留鱼类一定生存空间或环境的措施。根据保护生物学的观点，保护生境是保护生物多样性最有效的方法。在西方国家，有的学者积极倡导在水电水利工程建设必须进行的情形下，应该对流域环境结构进行统筹分析，选择微生境层次丰富的河流段建立水域多样性管理区，为濒危和特有种类提供栖息场所。在栖息地保护方面，以美国的《濒危物种法》最有代表性。20世纪中叶有很多学者提出了河流的纵向带状分布。在微观尺度上，20世纪80年代开始了对栖息地微观尺度的理论研究。

近十几年来，我国政府也十分重视水生生物资源的保护，相继出台了《中华人民共和国野生动物保护法》《中华人民共和国渔业法》等一系列的法律法规，初步形成了较为完善的水生生物资源保护法规体系。据不完全统计，2005年以后国内的水电项目基本采用了干流河段（部分干流河段）、支流河段（或一定长度的支流河段）或者干流＋支流的栖息地保护措施。栖息地保护河段的长度为2.6～260km，在10～50km的约占80%；保护支流的流量为3～182m^3/s，多数在十几到几十个流量；河道比降一般在10‰以下；水质状况良好，一般是Ⅱ类、Ⅲ类水；鱼类与干流的相似度为10%～100%，多数为30%～50%。

过鱼设施主要是辅助鱼类过坝的一种措施。因为过鱼设施能帮助鱼群通过大坝，使鱼类能继续繁衍生存。在欧洲修建鱼道的历史有300多年。1662年法国西南部的贝阿省曾颁布规定，要求在坝、堰上建造供鱼上下行的通道。当时已有一些简单的鱼道。19世纪末20世纪初，挪威人Landmark、比利时人Denil对斜槽加糙物进行长期研究，其中“丹尼尔式”鱼梯至今还在沿用。1938年美国在哥伦比亚河的邦纳维尔坝上建成世界上第一座拥有集鱼系统的大规模现代化鱼梯。以后各国又相继出现了升鱼机、鱼闸、集鱼船等过鱼设备。据不完全统计，至20世纪60年代初期，美国和加拿大两国有过鱼设施200座以上；西欧各国有100座以上；苏联有18座；日本在1933年就有67座。我国过鱼设施研究始于1958年，已建成小型鱼梯40多座，并在沿江、沿海闸门上开设过鱼窗或过鱼闸门，以便“灌江纳苗”。目前，随着水电水利工程的建设，相继建设了一系列过鱼设施。

3.4 水生生态保护措施体系

糯扎渡水库区共有48种鱼类，其中有18种为澜沧江中下游的特有种。从理论上讲，保护对象是所有生活在这一水域的鱼类，特别是18种特有种，但保护也是需要一个过程的。由于不同鱼类的生活史不同，对工程影响的敏感性存在很大差异，其受影响的程度不尽相同，因此所采取的保护措施也不相同。根据鱼类对水环境变化的敏感性，同时还需结合考虑物种的保护价值、珍稀性、特有性、经济意义、种群数量、分布范围等，可以把库区中的鱼类分为近期关注对象和长远关注对象两部分。

红鳍方口鲃、中国结鱼（*Tor sinensis*）、中华刀鲇（*Platytropius sinensis*）、长臀刀鲇（*Platytropius longianlis*）、叉尾鲇（*Wallago attu*）、巨魾（*Bagarius yarrelli*）、云南四须鲃（*Barbodes huangchuchieni*）等是澜沧江中下游的特有种或澜沧江土著鱼类，又是产地的主要渔业对象，应该列为近期关注对象，还有一种经济价值较高的后背鲈鲤，它们可能受大坝的影响也较大，这8种鱼类无疑是近期重点关注的对象。其余种类都可以列入长远关注对象。在大坝建成后，可根据建库前后鱼类监测的结果，对电站运行后资源量明显减少的重要种类和敏感种类采取相应措施进行针对性的保护。

根据生态优先的原则，结合工程河段鱼类生物学及生态学特性，提出包括过鱼设施、增殖放流、科学研究、渔政管理、低温水减缓设施等鱼类保护措施体系。糯扎渡水电站鱼类保护措施体系见表3.4-1。

表3.4-1　　糯扎渡水电站鱼类保护措施体系一览表

序号	保护措施	糯扎渡水电站采取的措施	主要作用
1	过鱼设施	捕捞过坝	减缓大坝阻隔效应，促进种群间的遗传基因交流
2	增殖放流	鱼类增殖站	补偿鱼类资源量
3	科学研究	开展人工驯养繁育技术研究	人工繁育成功后，根据需要再进行人工增殖放流
4	低温水减缓设施	分层取水措施	改善珍稀、特有鱼类繁殖期水温条件
5	施工期鱼类保护措施	加强宣传、设置警示牌、建立鱼类及时救护机制等措施	保护鱼类资源
6	栖息地保护	建立西双版纳橄榄坝—南腊河珍稀鱼类自然保护区	通过保护鱼类生境，达到保护鱼类资源的目的
7	渔政管理	加强地方渔政管理投入和力度	保护鱼类资源及其重要生境
8	水生生态监测	提出鱼类栖息地环境、集诱鱼效果和人工增殖放流效果监测计划	保护鱼类资源及其重要生境

3.5 鱼类增殖站设计思路和原则

人工增殖放流是通过对目标种类进行人工繁殖、培育等技术手段，提高鱼类早期成活率，向特定水域投放一定数量的补充群体，从而实现目标种类资源量恢复和增殖的手段。人工增殖放流主要内容包括放流种类的选择、放流数量和规格的确定、放流时间和地点的选择、放流效果的评估等。人工增殖放流是目前国际上普遍采用的珍稀、濒危物种保护和渔业资源恢复手段之一。同时，人工增殖放流活动的宣传，也有效地促进了生态环保意识的增强。

鱼类增殖站设计除应满足环评及其批复的要求外，还需考虑中长期鱼类增殖放流技术研究平台和设施，开展澜沧江流域中长期鱼类增殖放流技术研究，实现中长期鱼类增殖放流，保护流域鱼类资源。鱼类增殖放流站是水电工程的重要环境保护工程，在增殖放流站选址、建设和运行过程中，应注重环境保护，使之形成具有一定规模的生态园区和环境保护宣传教育点，创建水电站环境保护示范工程。

3.6 鱼类增殖站设计

3.6.1 增殖放流对象

从美国对匙吻鲟、苏联对鲟科鱼类和我国对中华鲟以及其他鱼类的放流效果来看，放流鱼种的规格越大，其成活率越高。因为在自然条件下，敌害生物较多，环境复杂多变，鱼种规格越大，其躲避敌害生物的能力和对环境的适应能力越强。因此，就鱼种本身而言，放流规格是宜大不宜小。然而，鱼种越大，其培育成本越高，所需要的生产设施越多，还容易产生集群的现象，对鱼类的生存也不利。综合考虑以上因素，在有较高成活率的前提下暂定的各种鱼类的放流规格和数量见表3.6－1，在增殖放流的实施过程中，应根据放流的实际情况进行进一步调整。放流数量主要根据目前所掌握的澜沧江梯级水电站影响区鱼类资源量及鱼种成活率、糯扎渡环境影响报告书的要求以及为了补充原有的种群资源而确定。今后，随着人工繁殖技术的不断完善，放流数量还可以进一步扩大。

表3.6－1　各种鱼类的放流规格和数量

种　类	规　格		数量/万尾
	体长/(cm/尾)	体重/(g/尾)	
红鳍方口鲃（*Cosmochilus cardinalis*）	3～5	2～4	1.0
中国结鱼（*Tor sinensis*）	3～5	2～4	1.0
后背鲈鲤（*Percocypris pingi retrodorslis*）	3～5	2～4	1.0
叉尾鲇（*Wallago attu*）	3～5	2～4	1.0
巨魾（*Bagarius yarrelli*）	3～5	2～4	1.0
中华刀鲇（*Platytropius sinensis*）	3～5	2～4	1.0
合计			6.0

3.6.2 站址比选

在可行性研究报告的基础上，通过对现场的考察、踏勘，根据站址选择技术要求进行方案比选，方案设计阶段选择电站坝下区域（站址1）、糯扎渡大桥下游（站址2）和业主营地三个地点为该鱼类增殖放流站的候选站址。

在综合考虑地形条件、水源条件、天气条件、交通条件、管理条件等因素的情况下，通过现场考察、踏勘比选，推荐鱼类增殖放流站建在业主营地内。三个站址对比情况见表3.6－2。

表3.6－2　三个站址对比情况

站址	优　点	缺　点
电站坝下区域	距离糯扎渡水电站有3～4km；距普洱市公路里程98km；位于澜沧江边，水源充足，有利于放流的进行	位于坝下泄洪雾化区域，对建筑的安全、稳定运行不利。水源受到下泄低温水和气体过饱和的影响
糯扎渡大桥下游	距离糯扎渡大桥约5km，地质稳定，交通较为方便；其他基础设施条件也较好，距放流点近，便于实施鱼类繁殖、育苗后的放流工作	离业主营地远，不方便业主对增殖站的运行进行管理，水源受到下泄低温水和气体过饱和的影响
业主营地	有利于增殖站管理；地质稳定；位于澜沧江一级支流大中河边，有利于放流的进行。便于业主管理和环保部门监督检查	位于澜沧江峡谷，离普洱市和景洪市较远。 大中河五级电站开发引走大中河部分流量后，只有该电站按环评批文确保下泄多年平均10%流量，增殖站处保证有$0.42m^3/s$流量，才能满足糯扎渡水电站鱼类增殖站水量
综合比较	三个场址均符合鱼类增殖放流站的选址要求，没有制约鱼类增殖放流站建设的因素，但选择业主营地作为站址为增殖放流站的运行提供了便利。同时更便于业主管理和环保部门监督检查	

3.6.3 工艺设计

1. 工艺流程

2007 年 6 月，建设单位在昆明组织相关专家对《糯扎渡水电站“两站一园”总体规划》进行了初步评审，评审基本同意鱼类增殖站的工艺流程设计，规模按环评报告书的要求进行设计，进一步优化鱼类增殖站设计。

鱼类增殖放流的操作流程为：鱼种选择与数量确定—亲本捕捞—驯养—催产—受精孵化—苗种培育—标志放流—水生生态监测—效果评价。尤其是创造性地在催产孵化车间设计了一套养殖维生系统，既达到节水的目的，同时又能净化水质和控制水温，可有效地提高催产孵化率。在此工作流程中，科学研究和土建与设备作为“软件”与“硬件”系统支撑其正常运行，糯扎渡水电站鱼类增殖站操作流程如图 3.6－1 所示。

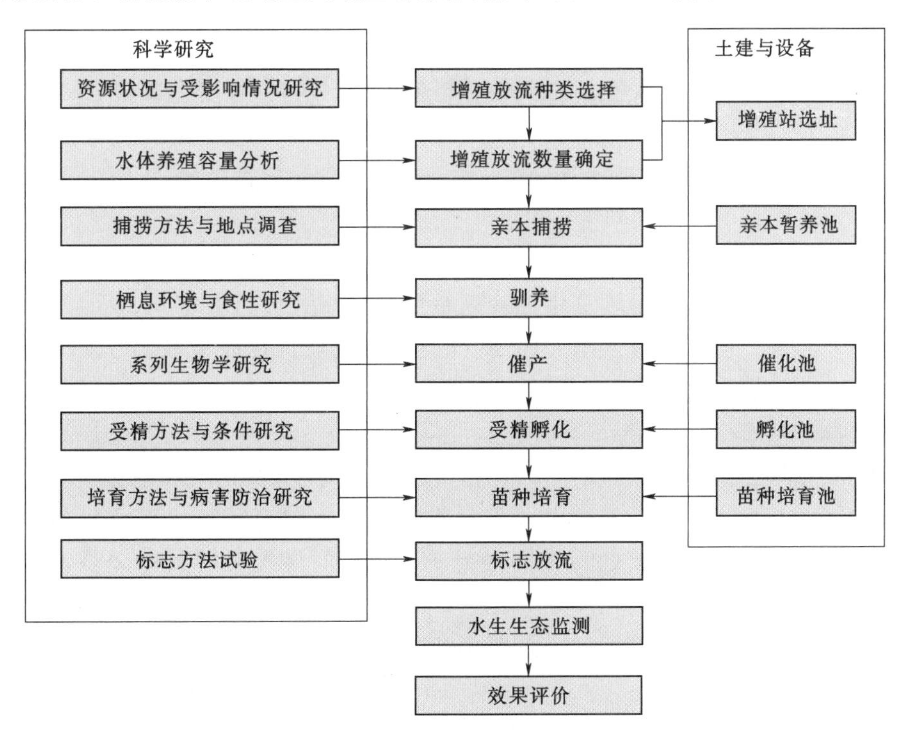

图 3.6－1　糯扎渡水电站鱼类增殖站操作流程图

珍稀鱼类增殖放流站最终选址位于坝址下游澜沧江左岸一级支流大中河畔的业主营地内，便于业主管理和环保部门监督检查，已建成有连接业主营地的对外交通道路，交通便利。增殖放流站用水就近从大中河取水，其水量和水质可满足该工程鱼类增殖放流站的用水需求。珍稀鱼类增殖放流站主要设施由孵化车间、室外培育池、暂养池、实验室、办公用房、供水供电及其他附属设施等组成，总占地面积 15 亩，具有从亲鱼驯养到大规格鱼种培育的整套人工繁育系统，规模满足每年放流 6 万尾鱼苗的需求。

2. 总体布置

增殖站场址位于业主营地，站址地形较平坦，规划总面积 15 亩，高程 695.50m。规划亲鱼培育池面积4000m²，鱼苗、鱼种培育池面积1450m²，活饵料培育池（养殖退水）面积200m²，蓄水池体积600m³，催产孵化和开口苗培育车间面积384m²，综合楼面积720m²，展示厅及生产辅助房面积240m²，年放流苗种9万～13万尾。各车间配备循环水处理系统（由旋转式滤布自动过滤器、湿式生物球过滤器、雨淋曝气式生物球过滤器、紫外线水处理系统及电器控制系统等组成）。

3.6.4 结构设计

1. 蓄水池

根据工艺设计要求，场内设置一个蓄水池，蓄水池位于西北角地势较高处，呈长方体布置，设计容积500m³，规格20m×10m×3m，蓄水深2.5m。蓄水池采用现浇钢筋混凝土梁板柱结构，池壁厚0.35m，池底板厚0.40m。

池底与池壁连接部位设钢板施工止水带，池身材料为C25钢筋混凝土，水池抗渗等级为P8。蓄水池底面内侧采用水泥砂浆随捣随抹进行找坡，坡度为0.5%。基础采用钢筋混凝土柱下独立基础加连梁的型式，基底下设10cm厚的C10混凝土垫层。为方便蓄水池的清淤及检修，在外部设置钢楼梯，在蓄水池池壁内侧设置钢爬梯。

2. 亲鱼培育池

亲鱼培育池由10个40m×10m的池组成，为钢筋混凝土结构，池壁高1.5m。池体材料为C25钢筋混凝土，边墙与底板采用整体现浇型式。边墙宽0.20m，内外侧竖直，池底板厚0.35m，池底上面采用C10细石混凝土找坡，池底横坡为1%，池底面下设10cm厚的C10混凝土垫层。

3. 圆形催产池

圆形催产池位于鱼苗培育车间内，由2个直径3m的圆形水池组成，池壁分别高1.0m和1.2m，为钢筋混凝土结构。圆形催产池池底标高同场地平台标高，控制水深0.8m和1.0m，池体材料为C25钢筋混凝土，边墙与底板采用整体现浇型式。边墙宽0.20m，内侧竖直，池底板厚0.3m，池底上面采用底板结构混凝土进行找坡，池底横坡为5%，池底面下设10cm厚的C10混凝土垫层。

4. 圆形鱼种培育池

圆形鱼种培育池位于鱼种培育车间内，由12个直径4m的圆形水池组成，池壁高0.7m，为钢筋混凝土结构。圆形鱼苗培育池池底标高同场地平台标高，鱼池底板埋入地下，控制水深0.5m，池体材料为C25钢筋混凝土，边墙与底板采用整体现浇型式。边墙宽0.20m，内侧竖直，池底板厚0.3m，池底上面采用底板结构混凝土进行找坡，池底横坡为5%，池底面下设10cm厚的C10混凝土垫层。

5. 鱼种培育池

鱼种培育池由6个10m×10m的池组成，为钢筋混凝土结构，池壁高1m。池体材料为C25钢筋混凝土，边墙与底板采用整体现浇型式。边墙宽0.20m，内外侧竖直，池底板厚0.35m，池底上面采用C10细石混凝土找坡，池底横坡为1%，池底面下设10cm厚的C10混凝土垫层。

6. 大规格鱼种培育池

大规格鱼种培育池由 4 个 250m×10m 的池组成，为钢筋混凝土结构，池壁高 1.5m。池体材料为 C25 钢筋混凝土，边墙与底板采用整体现浇型式。边墙宽 0.20m，内外侧竖直，池底板厚 0.35m，池底上面采用 C10 细石混凝土找坡，池底横坡为 1%，池底面下设 10cm 厚的 C10 混凝土垫层。

7. 活饵料培育池

设 1 个活饵料培育池，面积 200m²，池深 2m，池壁高 1.5m。池体材料为 C25 钢筋混凝土，边墙与底板采用整体现浇型式。边墙宽 0.20m，内外侧竖直，池底板厚 0.35m，池底上面采用 C10 细石混凝土找坡，池底横坡为 1%，池底面下设 10cm 厚的 C10 混凝土垫层。

8. 业主营地综合楼

业主营地综合楼共三层，长 30.75m，宽 8.85m，占地面积 248.96m²，建筑面积约 793m²。其中一层设置实验室 1 间（约 120m²）、办公室 2 个（约 60m²）以及卫生间 1 个（约 30 m²）；二层设会议室 1 个（约 80 m²）、办公室 4 个（约 120 m²），另外还设置卫生间 1 个；三层设职工宿舍 7 间（约 210 m²）、卫生间 1 个。

业主营地综合楼上部结构采用现浇钢筋混凝土框架结构型式，抗震设防烈度为 8 度，抗震等级为二级，并根据规范要求采取抗震构造措施，以满足抗震设防的要求。建筑物基础采用柱下条形基础加连梁的型式。

9. 催产孵化车间

催产孵化车间 1 栋，长 30.4m，宽 12.6m，建筑面积 383.04m²。布设高程 1534.00m。车间内设催产池 2 个，配备 3 个孵化槽、2 个改进型尤先科孵化槽、3 个孵化桶、30 个开口苗培育缸和循环水处理系统。

催产孵化车间上部结构采用现浇钢筋混凝土框架结构型式，抗震设防烈度为 8 度，抗震等级为二级，并根据规范要求采取抗震构造措施，以满足抗震设防的要求。建筑物基础采用柱下条形基础加连梁的型式。

3.6.5 其他设计（展馆、配套设施等）

展示厅 1 栋，长 30.45m，宽 8.55m，单层，建筑面积 260.31m²。鱼类保护措施实施及宣传涉及的活体、标本展示和平面图片、模型展示用房面积约需 130m²，饲料加工及仓库面积 130m²。

展示厅上部结构采用现浇钢筋混凝土框架结构型式，抗震设防烈度为 8 度，抗震等级为二级，并根据规范要求采取抗震构造措施，以满足抗震设防的要求。建筑物基础采用柱下条形基础加连梁的型式。

该设计还包括变配电设计、照明设计、防雷接地系统设计、弱电设计等，其中弱电设计包括电视系统设计、电话系统设计、网络系统设计等。

3.7 实施情况和效果分析

糯扎渡水电站珍稀鱼类增殖放流站根据糯扎渡水电站增殖鱼类的生物学特点，按照捕捞、驯养、催产、孵化、苗种培育等不同阶段的生物学需求进行设计，同时根据电站运行管理特点提出可行的管理模式，使鱼类增殖站的建设及运行实效性、经济性最优。尤其是创造性地在催产孵化车间设计了一套养殖维生系统，既节水，又净化水质和控制水温，能有效地提高催产孵化率。总之，糯扎渡水电站鱼类增殖放流站是云南省第一个水利水电珍稀鱼类增殖站建设项目，具有较强的创新性，在探索鱼类保护工程设计方面做了有益的尝试。

2009年6月，鱼类增殖放流站完成施工招投标并开工建设，站址位于业主营地内大中河北岸，2010年4月，工程建设完成并通过完工验收。

2010年4月，建设单位委托云南省渔业科学研究院负责鱼类增殖放流站的运行管理及鱼类增殖技术研究工作。初期增殖放流红鳍方口鲃、中国结鱼、后背鲈鲤、叉尾鲇、巨魾、中华刀鲇等6种鱼类，并开展其他珍稀鱼类的繁育研究，为中长期放流做准备。

2010年7月26日和2011年7月9日分别组织实施了叉尾鲇的人工增殖放流活动，人工放流鱼苗规格为6～25cm/尾，2010年和2011年分别放流叉尾鲇1.2万尾、1.0万尾。

3.8 措施的创新点和亮点

糯扎渡水电站鱼类增殖放流站根据鱼类不同阶段的生物学需求提出具体设计，同时根据电站运行管理特点提出可行的管理模式，使增殖站的建设及运行实效性、经济性最优。尤其是创造性地在催产孵化车间设计了一套养殖维生系统，既节水，又净化水质和控制水温，能有效地提高催产孵化率。总之，糯扎渡水电站鱼类增殖放流站是云南省第一个水利水电鱼类增殖站建设项目，属省内领先、国内先进，具有较强的创新性，在探索鱼类保护工程设计方面做了有益的尝试。

3.9 存在的问题及建议

水电工程鱼类增殖站从无到有，在鱼类保护方面发挥了积极的作用。随着社会的进步，目前对鱼类增殖站的要求与日俱增，增殖站运行过程中，硬件相对比较容易建设，但是很多鱼类繁殖技术尚未成功，导致放流的鱼苗不能按时生产出来；另外在鱼类营养和疾病控制方面也存在一些问题，增殖站运行管理自动化、增殖效果评价方面还有进一步完善的空间。

第 4 章

珍稀植物园工程

4.1 陆生生态系统特点及工程影响情况

4.1.1 陆生生态系统类型

在糯扎渡水电站可行性研究阶段，昆明院联合云南大学、云南省环境科学研究院等单位对电站及周边区域（电站水库正常蓄水位812.00m以下淹没区、澜沧江及支流两侧陆地高程1100.00m以下区域、枢纽工程施工区及移民安置区）进行了详细的陆生生态现状调查，糯扎渡水电站及周边区域是以森林生态系统为主要类型的陆地生态系统，详见表4.1-1及图4.1-1。其中，自然生态系统有一定的面积，具有对外界不稳定因素的抵抗能力，其中的自然植被具有漫长进化历史中形成的生物多样性，是自然环境中最为稳定的植被类型。除自然生态系统以外，受人为干扰后形成的灌丛、次生林等生态系统在区域也有一定的面积，其中的植被类型可经自然演替，逐步恢复为原生植被中的顶级群落类型。区域内有较好的水热条件，有着较好的热区耕作条件，随着人口增长，各种人工生态系统类型也构成了区域内的重要生态系统单元。

表4.1-1　　糯扎渡水电站及周边区域生态系统组成表

序号	生态系统类型	缀块数	面积/km^2
1	河谷季雨林（含季节雨林）生态系统	932	259.96
2	季风常绿阔叶林生态系统	1753	473.00
3	思茅松林生态系统	2982	318.12
4	热性竹林生态系统	367	21.26
5	稀树灌木草丛生态系统	559	48.89
6	人工经济林生态系统	2053	233.05
7	旱地生态系统	2410	697.09
8	水田生态系统	1349	131.35
9	城市及乡村生态系统	243	7.30
10	河流及水库生态系统	44	36.55
合计		12692	2226.57

4.1.2 陆生维管植物现状

糯扎渡水电站及周边区域地形地貌、水分、热量、土壤等条件的多样性造成区域物种多样性比较丰富，区域有维管束植物1090种，分属173科，649属。其中，蕨类植物25科40属67种；裸子植物5科7属8种；被子植物143科602属1015种。该区域植物区系是亚洲热带北缘比较重要的植物区系之一，是东亚植物区系与热带亚洲植物区系联结的纽带。现有植被多为受人类活动干扰后的次生植被，仅在局部地段有少量原生植被残留，因而现存维管植物虽然种类较多，但多数种类分布区广，无狭域分布的特有种。

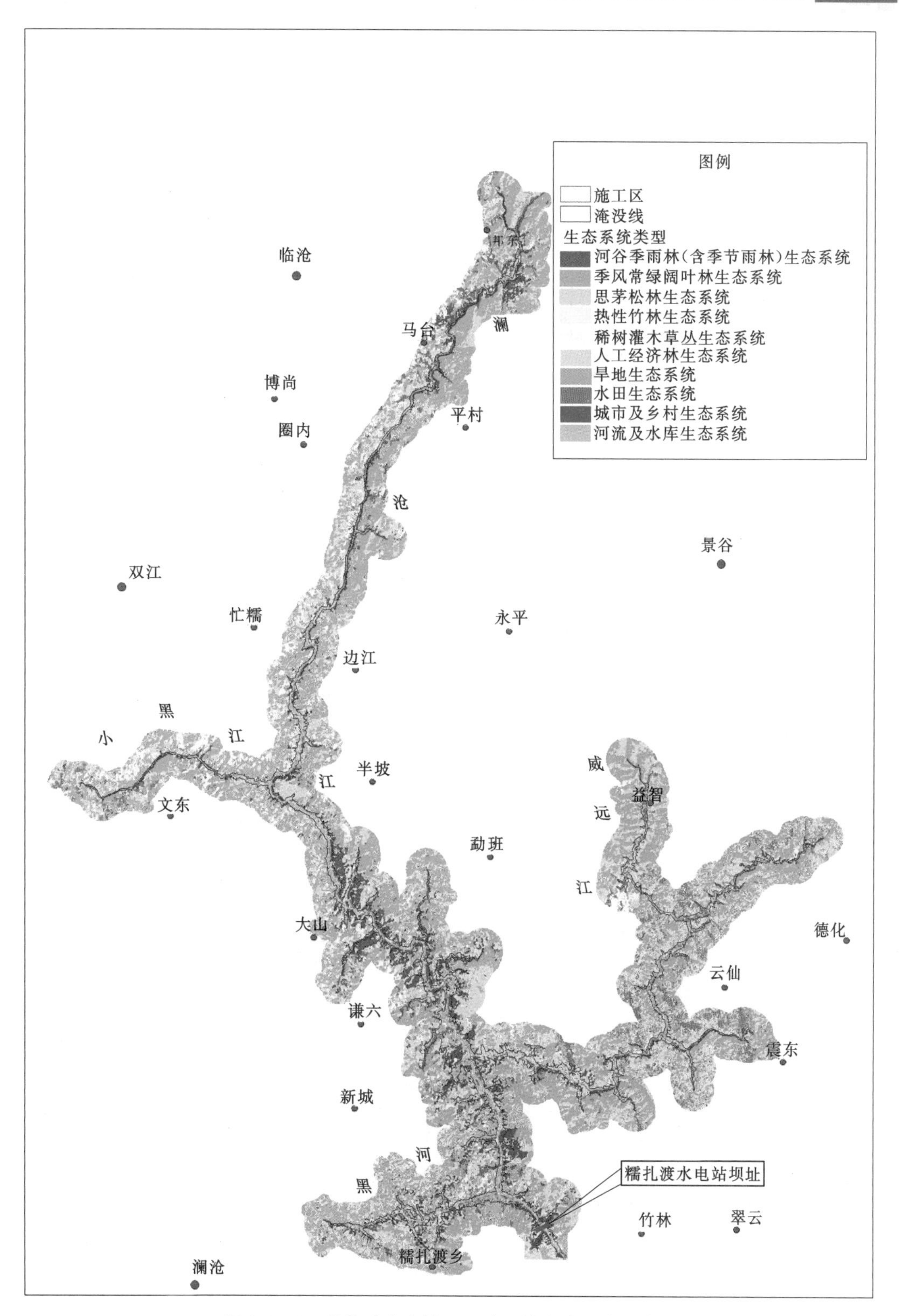

图 4.1-1 糯扎渡水电站及周边区域生态系统分布图

糯扎渡水电站及周边区域分布有藤枣（*Eleutharrherna macrocarpa*）等国家Ⅰ级保护植物3种，金毛狗等国家Ⅱ级保护植物14种。糯扎渡水电站及周边区域保护植物基本情况详见表4.1-2。

表4.1-2 糯扎渡水电站及周边区域保护植物基本情况

<table>
<tr><th>序号</th><th>种 名</th><th>国家保护级别</th><th>分布海拔/m</th><th>个体数量</th></tr>
<tr><td>1</td><td>宽叶苏铁</td><td rowspan="3">Ⅰ</td><td>650～1200</td><td>极稀少</td></tr>
<tr><td>2</td><td>篦齿苏铁</td><td>600～1200</td><td rowspan="2">稀少</td></tr>
<tr><td>3</td><td>藤枣</td><td>1050</td></tr>
<tr><td>4</td><td>金毛狗</td><td rowspan="14">Ⅱ</td><td>700～1300</td><td rowspan="2">极稀少</td></tr>
<tr><td>5</td><td>中华桫椤</td><td>700～1000</td></tr>
<tr><td>6</td><td>苏铁蕨</td><td>650～1300</td><td rowspan="2">稀少</td></tr>
<tr><td>7</td><td>翠柏（Calocedrus macrolepis）</td><td>1000～2000</td></tr>
<tr><td>8</td><td>大叶木兰（Magnolia henryi）</td><td>850～1200</td><td>较多</td></tr>
<tr><td>9</td><td>合果木</td><td>850～1200</td><td>局部栽培</td></tr>
<tr><td>10</td><td>樟（Cinnamomum camphora）</td><td>1000～1200</td><td rowspan="5">稀少</td></tr>
<tr><td>11</td><td>千果榄仁</td><td>500～1200</td></tr>
<tr><td>12</td><td>滇南风吹楠（Horsfieldia tetratepala）</td><td>1050～1100</td></tr>
<tr><td>13</td><td>勐仑翅子树</td><td>700～1200</td></tr>
<tr><td>14</td><td>黑黄檀</td><td>1100</td></tr>
<tr><td>15</td><td>红椿</td><td>560～1550</td><td>局部栽培</td></tr>
<tr><td>16</td><td>喜树（Camptotheca acuminata）</td><td>850～1300</td><td rowspan="2">局部常见</td></tr>
<tr><td>17</td><td>金荞麦</td><td>650～1500</td></tr>
</table>

戟叶黑心蕨及疣粒野生稻2种植物虽未被列为国家级保护植物，但戟叶黑心蕨是具有极高观赏价值的观赏植物，疣粒野生稻则是重要的资源植物。

4.1.3 水电站建设对陆生生态系统及植物资源的影响

1. 对陆生生态系统的影响

水电站施工期对陆生生态系统的影响主要是施工占地破坏地表植被，造成施工场地、路桥、居民点（生活区）及其他人工建筑增多，作为景观基底元素的森林生态系统面积减少且破碎化，在枢纽工程施工区有限的范围内，将彻底改变生态系统结构，对该范围内的生态完整性造成影响。但放在整个澜沧江流域背景下，施工区域所占面积比例不大，背景生态系统仍然是森林生态系统。

水库蓄水后，河谷区域生态系统将发生较大的变化，将淹没河谷季雨林（含季节雨林）生态系统面积114.11km^2，淹没思茅松林生态系统面积46.86km^2。水库区水位上升以后，对库区所在河谷的小气候将产生一定影响，水面蒸发可在一定程度上增加河谷内的空气湿度，有利于河谷植被的发育。

库区蓄水发电以后，坝下游的河道水量将发生变化，汛期蓄水和枯水期放水会改变河漫滩的面积和形状，对河漫滩植被及沿岸植被造成一定影响，但这些植被是该区域的常见类型；并且这一区域的水位本身已受到上游漫湾水电站和大朝山水电站蓄水、放水的控制，逐渐适应了新的水域流态，故糯扎渡水电站的运行对坝下河岸及河漫滩植被不会产生明显影响。

2. 对植物资源的影响

糯扎渡水电站建设和水库蓄水，将使施工场地和水库淹没区的大部分植被受到破坏而消失，将导致植物种群数量减少。根据调查，工程建设区和水库淹没区植物组成多为人为干扰后的次生植物、人工栽培植物或杂草，这些植物在库区外甚至非河岸区广泛分布，糯扎渡水电站的建设仅仅造成这些植物在种群数量上的减少。

另外，戟叶黑心蕨、江边刺葵和河滩黄杨（*Buxus austro - yunnanensis*）3种植物在汛期基本被洪水自然淹没，但在枯季又露出河滩，以完成其生命周期。水库淹没后水位上升，造成这些物种的原有生境破坏而难以继续在库区周围生存。

根据调查，施工区分布的陆生植物中有篦齿苏铁1种，工程施工将使其个体数量遭受损失。在水库区及周边分布有国家Ⅰ级保护植物篦齿苏铁、宽叶苏铁、藤枣3种；分布有国家Ⅱ级保护植物金毛狗、中华桫椤、苏铁蕨、翠柏、大叶木兰、合果木、樟、千果榄仁、勐仑翅子树 、滇南风吹楠、黑黄檀、红椿、喜树、金荞麦14种。工程建设将使这些保护植物的种群数量减少。根据调查，水电站影响周边区域除苏铁蕨较为稀少，金毛狗、勐仑翅子树、篦齿苏铁、千果榄仁、红椿5种相对稀少外，其余黑黄檀、金荞麦、宽叶苏铁数量仍相对较多。

水库区还有戟叶黑心蕨和疣粒野生稻两种珍贵植物将遭受淹没。其中戟叶黑心蕨由于观赏价值极高，目前在云南省已濒临灭绝，亟须保护；疣粒野生稻虽然在全省有多个分布地点，但水库淹没将使该区的野生水稻遗传资源受到损失。

4.2 国家对陆生植物保护的相关政策法规要求

根据《中华人民共和国环境保护法》第三十条“开发利用自然资源，应当合理开发，保护生物多样性，保障生态安全，依法制定有关生态保护和恢复治理方案并予以实施。”《中华人民共和国森林法》第十八条“进行勘查、开采矿藏和各项建设工程，应当不占或者少占林地，必须占用或者征用林地的，经县级以上人民政府林业主管部门审核同意后，依照有关土地管理的法律、行政法规办理建设用地审批手续，并由用地单位依照国务院有关规定缴纳森林植被恢复费。森林植被恢复费专款专用，由林业主管部门依照有关规定统一安排植树造林，恢复森林植被，植树造林面积不得少于因占用、征用林地而减少的森林植被面积。上级林业主管部门应当定期督促、检查下级林业主管部门组织植树造林、恢复森林植被的情况。”《中华人民共和国野生植物保护条例》第十三条“建设项目对国家重点保护野生植物和地方重点保护野生植物的生长环境产生不利影响的，建设单位提交的环境影响报告书中必须对此作出评价；环境保护部门在审批环境影响报告书时，应当征求野生植物行政主管部门的意见。”第十四条“野生植物行政主管部门和有关单位对生长受到威胁的国家重点保护野生植物和地方重点保护野生植物应当采取拯救措施，保护或者恢复其生长环境，必要时应当建立繁育基地、种质资源库或者采取迁地保护措施。”等的要求，为了保护陆地生态系统和陆生植物资源，维持陆生植物资源的可持续利用，目前在相关工程中，采取了多种多样的措施体系，不同程度地减少了工程建设给陆生生态环境造成的不利影响。

2014年，原环境保护部和国家能源局共同发布的《关于深化落实水电开发生态环境保护措施的通知》（环发〔2014〕65号）要求，应高度重视流域重要生态环境敏感保护对象的保护，避让自然保护区、珍稀物种集中分布地等生态敏感区域，减小流域生物多样性和重要生态功能的损失。科学确定陆生生态敏感保护对象，落实陆生生态保护措施。对受项目建设影响的珍稀特有植物或古树名木，通过异地移栽、苗木繁育、种质资源保存等方式进行保护。在生长条件适宜的前提下，业主管理用地应优先作为重要移栽场地之一。对受阻隔或栖息地淹没影响的珍稀动物，通过修建动物廊道、构建类似生境等方式予以保护。要加强施工期环境管理，优化施工用地范围和施工布局，合理选择渣、料场和其他施工场地，重视表土剥离、堆存和合理利用。要明确提出施工用地范围景观规划和建设要求，大坝、公路、厂房等永久建筑物的设计和建设要与周围景观相协调，施工迹地恢复应根据不同立地条件，提出相应恢复措施和景观建设要求。

4.3 水电工程陆生植物保护措施的类型及应用情况

水电工程施工占地和水库淹没将直接造成生活在这些区域中的陆生植物资源的丧失。随着水电工程对陆生植物影响认识的加深，水电工程陆生植物保护形成了生态避让和迁地保护为主的措施。

生态避让措施主要指水电站工程建设征地或水库淹没涉及特殊生态敏感区（具有极重要的生态服务功能，生态系统极为脆弱或已有较为严重的生态问题，如遭到占用、损失或破坏后所造成的生态影响后果严重且难以预防、生态功能难以恢复和替代的区域，包括自然保护区、世界文化和自然遗产地等）及重要生态敏感区域（具有相对重要的生态服务功能或生态系统较为脆弱，如遭到占用、损失或破坏后所造成的生态影响后果较严重，但可以通过一定措施加以预防、恢复和替代的区域，包括风景名胜区、森林公园、地质公园、重要湿地、原始天然林、珍稀濒危野生动植物天然集中分布区等），需要调整工程建设方案，使工程不再涉及特殊或重要生态敏感区。自20世纪60年代美国开始建立环境影响评价制度以来，国外水电工程在环境影响评价中就将生态避让措施作为工程设计考虑的重要因素，将生态避让措施体现在工程设计中。进入21世纪以来，我国水电开发将生态避让措施提到较高高度，提出了“生态优先、统筹考虑、适度开发、确保底线”的水电开发指导思想，凡遇到特殊或重要生态敏感区，将采取生态避让的措施。

迁地保护措施是解决水电工程影响珍稀保护植物的常用措施类型。国外从20世纪70年代就开始建设珍稀植物园，以迁地保护方式减小水电工程对珍稀植物种群数量的影响，最为著名的是巴西和巴拉圭共同建设的伊泰普水电站珍稀植物园，该植物园移栽了大量受水库淹没的珍稀植物。我国从21世纪以来，也越来越重视珍稀植物的迁地保护工作，只要有受电站直接影响的珍稀保护植物，均采取了迁地保护措施。在已经建设的金沙江上的梨园、阿海、龙开口、鲁地拉水电站，澜沧江上的小湾、功果桥、黄登水电站，大渡河上的双江口水电站等都建设了珍稀植物园，对受影响的珍稀植物进行迁地保护。

4.4 陆生植物保护措施体系

糯扎渡水电站所在区域属于热带季节雨林和南亚热带季风常绿阔叶林的交汇地带，区域分布的森林生态系统类型众多，孕育出多样性的植物资源。电站建设周边区域共有 6 个森林生态系统类型及 1090 种高等维管束植物。糯扎渡水电站周边还分布有 3 个省级自然保护区，保护区内具有更多种的生态系统类型及珍稀保护植物种类。

针对糯扎渡水电站对区域陆地生态的影响特点和影响程度，设计统筹采取了生态避让、生态减缓、生态补偿、生态恢复、生态监测等不同层次的陆地生态保护措施体系，糯扎渡水电站陆生植物保护措施体系见表 4.4－1。

表 4.4－1 糯扎渡水电站陆生植物保护措施体系

序号	保护措施	糯扎渡水电站采取的措施	主 要 作 用
1	生态避让	优化施工占地、选择合理正常蓄水位，避让糯扎渡、澜沧江、威远江 3 个省级自然保护区	避免对特殊生态敏感区的影响，维护区域重要生境条件和生物多样性
2	生态减缓	珍稀植物迁地保护、加强施工管理	减缓工程建设方案对工程区域珍稀保护植物种群数量的影响
3	生态补偿	与附近 3 个保护区进行联动管理；库周植被封育保护	使库周人为扰动的次生林、次生性灌草丛向顶级群落演替
4	生态恢复	施工临时占地区域的生态恢复	恢复重建施工临时占地区生态系统结构和功能
5	生态监测	对植物物候、珍稀濒危植物物种、植被进行监测，以适时调整保护措施	保护陆生植物资源

4.5 珍稀植物园设计思路和原则

糯扎渡水电站珍稀植物园的设计不仅要体现植物园功能定位，同时还需体现水电站生态保护措施的特点。

（1）以功能为主，兼顾景观。

糯扎渡水电站珍稀植物园属于工程建设配套生态保护措施，其主要目的是减缓水电工程对珍稀保护植物带来的生态影响。因此，其主要功能是满足环评及其批复要求，将受影响的珍稀保护植物移栽进入植物园，并通过人工抚育的方式让其存活并得以自我更新。另外，由于珍稀植物园本身具有景观、展示及科普功能，在设计上要适当考虑植物园的景观等功能效果。

糯扎渡水电站珍稀植物园设计既要考虑保护的功能，还要要有科学的内容和美丽的外貌。植物园要以良好的自然生态环境为基础，以受保护珍稀植物为主体，将环境保护、生态文明教育、珍稀植物保护相融合，既能保护珍稀植物资源，为植物研究工作者提供科研基地，又能给人们提供一处风景秀丽的休憩之处。

（2）根据保护对象生态特点，合理布局园区。

受糯扎渡水电站建设影响的珍稀保护植物外貌形态、生态习性差别较大。设计中要考虑不同植物的生长对光照、土壤、水分、温度等环境因子的要求。

（3）因地制宜、自然式布局。

植物园的布局应充分考虑现状条件，依山就势，尽量不破坏原生植被，减少深挖高填作业，注重因地制宜，做到宜树则树、宜草则草、宜荒则荒。同时，合理布局各种保护园区，规划好植物群落的合理结构，包括水平方向和垂直方向上的搭配。群落配植以自然式种植为主，体现自然森林生态系统特色。

（4）统一规划，分期实施。

糯扎渡水电站建设对珍稀保护植物影响时序分为施工期和水库蓄水期，两者之间相差近 9 年。因此，在设计时应根据施工时间，统一对珍稀植物园进行规划，按照一期（工程建设前）和二期（水库下闸蓄水前）实施。

4.6 珍稀植物园设计

4.6.1 迁地或就地保护对象确定

1. 珍稀植被保护对象

工程建设中和水库淹没后，会对一些稀有植被类型造成影响，而这些植被类型中，最具有区域性特色的是河谷季雨林中的澜沧栎林和榆绿木林，以及河滩灌丛植被江边刺葵群落，因此将这 3 类植被选作稀有植被类型保护对象。

澜沧栎和以澜沧栎为优势的森林群落在我国仅分布于这一地区，至今对它的研究还几乎是空白。榆绿木具有很高的材用价值和研究价值。澜沧栎林和榆绿木林由于在工程施工区内外均有分布，受水库淹没和施工占地双重影响，因此有必要采取措施进行保护。江边刺葵群落本来广泛分布于澜沧江中下游河谷，成为一种独特的景观植被，但由于分布海拔较低，受连续开发的梯级水库淹没影响，损失较大，因此有必要迁地移植加以保护。

2. 珍稀植物保护对象

受工程施工破坏和水库淹没的国家保护植物有篦齿苏铁、宽叶苏铁、金毛狗、苏铁蕨、中华桫椤、合果木、千果榄仁、勐仑翅子树、黑黄檀、红椿等 11 种。除黑黄檀、金荞麦、宽叶苏铁在评价范围内数量相对较多外，苏铁蕨、金毛狗、勐仑翅子树、篦齿苏铁、千果榄仁、红椿等物种相对稀少。考虑到它们在全国范围内属于珍稀濒危植物，糯扎渡水库淹没客观上使它们的种群数量有一定损失，因此将这 11 个物种均列为迁地保护的对象。

除上述国家保护植物以外，在水库区还有两种将遭受淹没的珍贵植物戟叶黑心蕨和疣粒野生稻。其中戟叶黑心蕨由于观赏价值极高，目前该物种在云南省已濒临灭绝，亟须保护；疣粒野生稻虽然在全省有多个分布地点，但从保护野生水稻遗传资源的角度出发，应考虑保护问题。将两种珍贵的非保护植物进行迁地移植也是必要的。

4.6.2 站址选择

在自然界中，每种植物均分布在一定的地理区域以及一定的生境中，并在其生态环境中繁衍后代维持至今。对它们实行迁地保护就是使它们离开其自然生态环境条件，到人工栽培的环境条件中正常生长、发育和繁衍后代的过程。

同一气候区内的野生植物具有不同的生态适应性，例如有的喜光、有的耐阴、有的喜湿、有的耐旱；有的喜欢酸性土壤、有的喜欢偏碱性土壤；有的是地生的、有的却是附生的等。因此，选择和创造适合的珍稀保护植物园及生境是进行成功移植的关键。

1. 珍稀植物园选址原则

（1）气候相似性原则。气候相似性原则主要是指珍稀保护植物迁入地点与迁出地点的气候条件（主要是指光、温、水、湿，即植物个体生态的适应要求）要具有相似性。站址的选择，首先要保证植物个体的成活。

（2）生境相似性原则。生境相似性原则指的是由于同种植物不同遗传类型的植株，可能对独特的生境有一定的依赖性，所以，为了使迁地保护的稀有濒危植物尽可能地避免驯化，以保持其原有的遗传特性，选择与植物在原产地生长条件相似的生境是很重要的。

（3）可操作性原则。可操作性原则即工作的可能性及便利性。由于植物的迁移和群落的建造是项实践性很强的工作，必须考虑实际工作的可能性及便利性，如是否具有较为便利的交通、运输距离是否合适等。

根据以上原则，糯扎渡水电站珍稀植物园初步选择了 3 个地点进行比较。

2. 初拟珍稀植物园站址

（1）库周自然保护区内迁地保护方案。受水电站建设影响的 13 种保护对象中，大部分在库周的糯扎渡、澜沧江和威远江自然保护区内有分布，其中澜沧江自然保护区内分布有红椿和千果榄仁；威远江自然保护区内分布有苏铁蕨、黑黄檀、篦齿苏铁、千果榄仁和合果木；而糯扎渡自然保护区内分布有篦齿苏铁、宽叶苏铁、千果榄仁、红椿、黑黄檀、合果木、勐仑翅子树和金荞麦。可以将这些植物集中迁往保护区内择地进行栽植和采种育苗。

（2）利用已有西双版纳热带植物园迁地保护方案。西双版纳热带植物园位于滇南热带地区的西双版纳州勐腊县勐仑镇罗梭江畔，距离景洪市直线距离有 48km。由我国著名植物学家蔡希陶教授奠基，建立于 1959 年，对热带植物资源开发、利用和保护的研究是该植物园的主要任务。由于该植物园处于热带雨林之中，除了在其面积约 $900hm^2$ 的土地上具有多样化的生境外，在附近还有大面积的森林植被和热带雨林保护区，有利于把迁地保护、就地保护以及回归的研究结合起来。此外，植物园中建立有一处面积达 $90hm^2$ 的稀有、濒危植物迁地保护区，园中已栽培、保存了国家重点保护植物 100 多种，可以将受糯扎渡水电站影响的珍稀植物移植到热带植物园进行保护。

（3）在业主营地内建设珍稀植物园保护方案。该方案选址于业主营地内，即糯扎渡水电站下游澜沧江左岸一级支流大中河河谷的业主营地内，由电厂管理部门负责实施，引入受工程影响的珍稀保护植物，作为珍稀植物异地繁育的基地和对工程影响的补偿措施。该方案选址与糯扎渡自然保护区相毗邻，生态条件与保护区类似，也便于业主管护和林业、环境等主管部门检查。

3. 站址比选

以上 3 种迁地保护方案均有一定的可行性，珍稀植物迁地保护的方案比选见表 4.6-1。

表 4.6-1 珍稀植物迁地保护的方案比选

方案	方案名称	优点	缺点
1	库周自然保护区内迁地保护	由于离植物原生境不远，生境条件基本一致，且移动距离最小，移栽或育苗易成活，并可充分利用自然保护区管理资源，投资最省	涉及自然保护区内征地，需要多方协调，而且按法规要求仅能在保护区实验区内实施；对自然保护区会造成一定的次生干扰
2	利用已有西双版纳热带植物园迁地保护	可最大限度地利用植物园已有的基础设施（硬件）和先进的迁地保护技术条件（软件）；无须新征地，引发的次生环境影响最小	距离工程区太远，运输困难，活植株易在运输途中死亡；生境条件有一定差异，迁移成活率不一定会高，投资中等；并涉及与植物园的协调问题和植物园本身的迁移容量问题
3	在业主营地内建设珍稀植物园保护	不涉及自然保护区和其他征地，离植物原生境不远，立地条件与原生境类似，运输距离适中。便于业主统一管理和相关部门检查	需额外聘请专业技术人员进行管理
比选结论	方案 3 气候、生境条件与需要保护的植物所在地类似，移植成活率相对较高，无须多征土地，尤其是不会对自然保护区造成影响，也不会因征地带来次生环境影响，且便于实施管理和林业、环境部门监督检查，为最优方案		

方案 3（在业主营地内建设珍稀植物园）与糯扎渡水电站库区处于同一气候带上，各类气候指标基本相同，有利于珍稀野生植物的成活；该园址位于所需保护的珍稀野生植物的自然分布区内，地形、气候、土壤等立地条件均与原生境基本相同，具备迁地保护的最基本条件；园址运输距离适中，便于后期保护对象的管理和抚育。

因此，选择在业主营地内建设珍稀植物园。

4.6.3 工艺设计

珍稀植物园按照保护对象分为珍稀植被迁地保护、珍稀植物迁地保护和种子库保护三种类型，如图 4.6-1 所示。

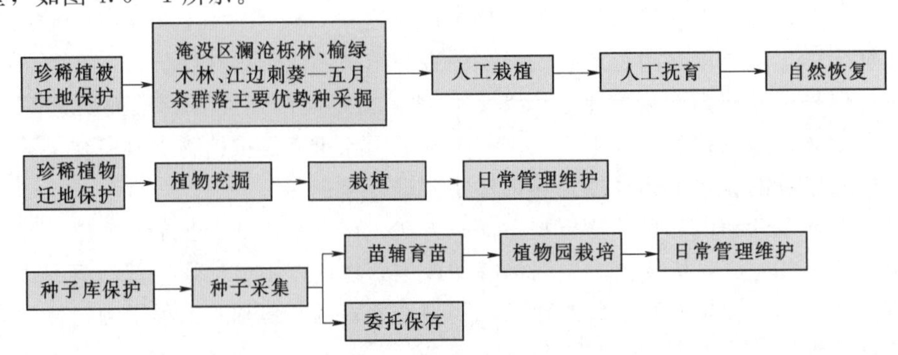

图 4.6-1 珍稀植物园迁地保护类型及主要工艺流程图

1. 珍稀植被迁地保护

澜沧栎林群落、榆绿木群落和江边刺葵群落是经过漫长的演替形成的相对稳定的植物空间组合，因此，植被无法像植物种一样完整地进行迁地保护。由于涉及诸多的伴生植物和特定的生态关系，所以迁地保护方法应该尽可能模仿其自然生境的群落组成与结构关系。

（1）江边刺葵群落。江边刺葵群落为灌木类型的群落。实地调查表明，构成江边刺葵群落的植物种类一般不超过20种，主要的灌木型种类约12种，群落的最小表现面积约250m²。从适当留有余地的原则出发，江边刺葵群落迁地保护所需要的面积应该不小于400m²。

（2）澜沧栎群落。澜沧栎群落中有2个主要优势种（澜沧栎、黑黄檀），每种最小可存活种群为50株，则共有100株；每株占地面积4～6m²，则共需要400～800m²的面积。加上其他主要的伴生树种，澜沧栎群落的迁地保护面积不应小于1200m²。

（3）榆绿木群落。榆绿木群落中有2个主要优势种榆绿木、火绳树（*Eriolaena spectabilis*），每种最小可存活种群为50株，则共有100株；每株占地面积4～6m²，则共需要400～800m²的面积。加上其他主要的伴生的树种铁橡栎（*Quercus cocciferoides*）、槲栎（*Quercus aliena*）、细梗美登木（*Maytenus gracilliramula*）等，榆绿木群落的迁地保护面积不应小于1200m²。

2. 珍稀植物迁地保护

珍稀保护植物活植株迁地保护主要有植株选择、移植、定植等，主要工艺流程如图4.6-2所示。

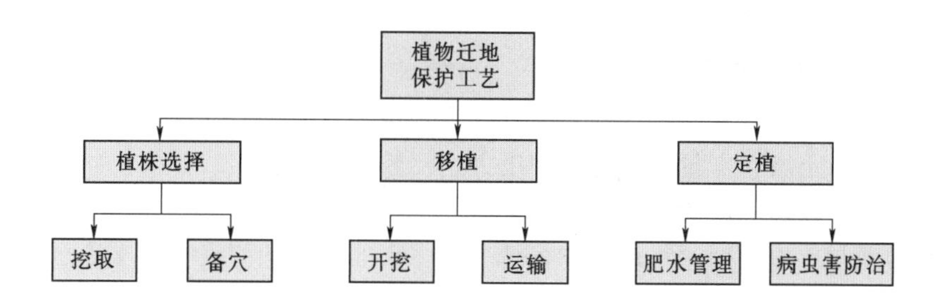

图4.6-2 珍稀保护植物活体植株迁地保护工艺流程图

3. 种子库保护

主要针对难于移植或难于移栽成活的植物，采集植物种子，放入种子库进行基因保护，待技术成熟后，再进行培育和栽植。

4.6.4 迁地保护植物移栽设计

1. 珍稀植被移栽设计

（1）江边刺葵群落结构设计。将江边刺葵群落内优势种移栽至稀有植物群落园区，江边刺葵株丛间距5m×5m，数量60～80株，群落内的重要优势灌木物种如思茅杭子梢（*Campylotropis harmsii*）、小叶五月茶（*Antidesma montanum var. microphyllum*）、小叶黄杨（*Buxus sinica var. parvifolia*）、球穗千斤拔（*Flemingia strobilifera*）等栽培各10～20株，株行距1m×1m。移栽鳞花草（*Lepidagathis incurva*）、艾纳香（*Blumea balsamifera*）等优势草本植物，栽于园内空地及江边刺葵群落中，对栽培于园区中的植物进行抚育，5年后减少人为干扰，让其自行恢复。为增加江边刺葵群落迁地保护的成功概率，可以在江边刺葵园区移植多个江边刺葵群落。鳞花草、艾纳香等优势草本植物的配置可根据实际群落内草本植物的种类及分布情况进行移栽。

（2）澜沧栎群落结构设计。将澜沧栎群落内优势种移栽至稀有植物群落园区，乔木株行距3m×3m，灌木株行距1m×1m。澜沧栎和黑黄檀各50株，其他重要伴生种乔木钝叶黄檀（*Dalbergia obtusifolia*）、一担柴（*Colona floribunda*）、余甘子（*Phyllanthus emblica*）、火绳树；灌木算盘子（*Glochidion puberum*）、山芝麻（*Helicteres angustifolia*）、虾子花（*Woodfordia fruticosa*）等各10～20株。同时将芸香草（*Cymbopogon distans*）、野古草（*Arundinella nodosa*）、剪股颖（*Agrostis clavata*）等优势草本植物的实生苗直接移栽至园区，栽于园内空地及澜沧栎群落中，对栽培于园区中的植物进行抚育，5年后减少人为干扰，让其自行恢复。为增加澜沧栎群落迁地保护的成功概率，可以在澜沧栎园区移植多个澜沧栎群落。优势草本植物的配置可根据淹没区群落内草本植物的种类及分布情况进行移栽。

（3）榆绿木群落结构设计。将榆绿木群落内优势种移栽至稀有植物群落园区，乔木株行距3m×3m，灌木株行距1m×1m。榆绿木和火绳树各50株，其他重要伴生种（铁橡栎、槲栎、细梗美登木等）各10～20株。为增加榆绿木群落迁地保护的成功概率，可以在榆绿木园区移植多个榆绿木群落。优势草本植物的配置可根据淹没区群落内草本植物的种类及分布情况进行移栽。

2. 活体植株移栽设计

（1）移植季节。常绿植物在糯扎渡的黄金种植季节是每年的6月、7月，此时正值雨季，雨量充沛，土壤含水量高，空气湿度大，比较有利于植物的移植。而落叶树则应在萌芽前移植才会有较高的成活率。

（2）切断与上涂封剂。将选好的植株去掉多余的枝条和侧根时，应注意切口平整不能撕伤并涂上涂封剂。断根时先用锄头把土刨开，然后用刀或锯将侧根平整切断。

理论上土球的大小（直径）是干径的8倍，但这只是对小树而言的，大树一般根据经验取土球大小，一般而言不能小于干径的5倍。苏铁蕨及无主干篦齿苏铁等植物，土球大小依植株大小而定，为保证成活，应尽量多带土球。

（3）备穴。选好移植树种的定植位置后备穴，穴的大小根据被移植树根部体积而定，宽度一般比被移植树种根部宽大20cm为宜，深度以被移植树主根分布深度计算，种下后一般比地平线低10cm左右为宜。

（4）移植。待断枝后的被移植树出现萌芽迹象时开始取树，先把树用力小心缓缓推或拉倒。注意不要伤树，再一次除去多余的根并涂上涂封剂，然后用麻布将整株树严实包扎，以防运输过程中伤树失水。

（5）开挖和运输。在开挖过程中，应尽量避免对植物根系造成大的损伤，以保证根系在移栽后能尽快恢复吸收水分和养分的功能，尽可能将根系周围的土连同植株一起包扎好，尽快运到移栽地点。同时尽量将植株的枝条裁去并封涂，以减少植株体内的水分蒸发。在运输过程中一定要将树固定住，避免树木在运输过程中由于过分松动而造成新的损伤。

（6）定植。将运到珍稀植物园的树对号入穴，用松软的腐殖土加少量钙镁磷肥做填充土充实，浇上定根水。也可先将适当的填充土回到穴内加上水、少量钙镁磷肥和生根剂和成稀泥将树植入，然后再覆盖填充土。一般有条件的从移植地带些客土来做定植时的填充土更有助于树的成活和生长。

（7）肥水管理。被移植树定植后浇上定根水，以后晴天每隔天浇 1 次，雨天看雨的大小决定浇水次数，直至第一篷叶稳定后每星期浇 1 次。第一篷叶稳定后可在根部周围薄施一层复合肥，以后每半年施 1 次。

（8）病虫害防治。糯扎渡水电站珍稀植物园属南亚热带气候，病虫繁殖快，给植物病虫害的防治带来了一定的难度。只要选择的树种是病株则病害就容易发生。虫害在切断的枝条和受伤的树干上极易发生，危害严重的主要有象甲和小蠹两种。一般采取树干切口和伤口涂防腐剂防治为主，如果发现树干上有虫蛀的蛀孔，则应及时用铁丝刺杀或用棉球蘸 80％敌敌畏乳油 10 倍液堵塞蛀孔，可有效毒死其幼虫。

3. 种子库建设

种子库建设需要大量的人力及物力，同时需要一定的科技能力，依靠水电站本身的条件，不能达到预期的保护效果。综合考虑，该项工作委托普洱市林业科学研究所完成。依托普洱市林业科学研究所拥有的种质资源冷藏库 1 座，委托其采集糯扎渡水电站库区不能移栽保护的珍稀植物种子，进行种子库保存。

4.6.5 其他设计

珍稀植物园还配备一个苗圃基地，苗圃基地占地面积 15 亩，用于难于移栽的珍稀保护植物苗种培育，苗圃分为 16 个小区，每个小区面积 1 亩（含公用空间），按照 40m×15m 矩形设计，苗圃安装塑料大棚及完整的喷灌系统。每个小区分别用于培育篦齿苏铁、宽叶苏铁、金毛狗、苏铁蕨、中华桫椤、合果木、千果榄仁、勐仑翅子树、黑黄檀、红椿、戟叶黑心蕨、疣粒野生稻、澜沧栎、榆绿木以及江边刺葵的幼苗。根据不同珍稀保护植物的要求，幼苗长至一定的高度后，可移栽至各植物园区内。

珍稀植物园还设计了苗木假植场和给排水、电气照明、园路步道、园椅园凳等附属工程。

4.7 实施情况和效果分析

珍稀植物园占地面积 100 亩，其中珍稀植物园区 40 亩、珍贵植物园区 10 亩、苗圃区 15 亩、珍稀植被抚育区 35 亩。珍稀植物园主要分 2 期实施：Ⅰ期移植区面积 42 亩，Ⅱ期移植区面积 58 亩。其中，Ⅰ期移植区划分为黑黄檀种植区、疣粒野生稻种植区、宽叶苏铁种植区、篦齿苏铁种植区、箭根薯（*Tacca chantrieri*）种植区、红椿种植区、戟叶黑心蕨种植区及西南紫薇种植区等 8 个种植区，Ⅱ期移植区划分为宽叶苏铁种植区、篦齿苏铁种植区、苏铁蕨种植区、千果榄仁种植区、合果木种植区、红椿种植区、勐仑翅子树种植区、金毛狗种植区、金荞麦种植区、大叶木兰种植区、西南紫薇种植区、小花龙血树种植区、喜树种植区、澜沧栎群落种植区、榆绿木群落种植区、江边刺葵群落种植区等 16 个种植区。

珍稀植物园移植情况见表 4.7－1 和图 4.7－1。

表 4.7－1 珍稀植物园移植情况一览表

<table>
<tr><th>序号</th><th>名　称</th><th>单位</th><th>Ⅰ期移植量</th><th>Ⅱ期移植量</th><th>总移植量</th></tr>
<tr><td>一</td><td>园林植物</td><td></td><td></td><td></td><td></td></tr>
<tr><td>1</td><td>小叶榕（Ficus microcarpa var. pusillifolia）</td><td rowspan="9">株</td><td>22</td><td>62</td><td>84</td></tr>
<tr><td>2</td><td>凤凰木（Delonix regia）</td><td>59</td><td>125</td><td>184</td></tr>
<tr><td>3</td><td>红花羊蹄甲（Bauhinia blakeana）</td><td>49</td><td>94</td><td>143</td></tr>
<tr><td>4</td><td>旅人蕉（Ravenala madagascariensis）</td><td>17</td><td>77</td><td>94</td></tr>
<tr><td>5</td><td>黄竹（Dendrocalamus membranaceus）</td><td>76</td><td>0</td><td>76</td></tr>
<tr><td>6</td><td>芭蕉（Musa basjoo）</td><td rowspan="2">65</td><td>65</td><td>130</td></tr>
<tr><td>7</td><td>美蕊花（Calliandra haematocephala）</td><td>48</td><td>113</td></tr>
<tr><td>8</td><td>叶子花（Bougainvillea spectabilis）</td><td>36</td><td>72</td><td>108</td></tr>
<tr><td>9</td><td>黄金榕（Ficus microcarpa）</td><td>68</td><td>125</td><td>193</td></tr>
<tr><td>10</td><td>蜘蛛兰（Hymenocallis speciosa）</td><td rowspan="2">m^2</td><td>747.2</td><td>1165.3</td><td>1912.5</td></tr>
<tr><td>11</td><td>肾蕨（Nephrolepis cordifolia）</td><td>483.1</td><td>387</td><td>870.1</td></tr>
<tr><td>12</td><td>巴西铁木（Peltophorum nitens）</td><td rowspan="5">株</td><td rowspan="11">0</td><td>67</td><td>67</td></tr>
<tr><td>13</td><td>花叶扶桑（Hibiscus rosa－sinensis var. variegata）</td><td>33</td><td>33</td></tr>
<tr><td>14</td><td>黄叶假连翘（Duranta erecta）</td><td>25</td><td>25</td></tr>
<tr><td>15</td><td>江边刺葵</td><td>150</td><td>150</td></tr>
<tr><td>16</td><td>炮仗花（Pyrostegia venusta）</td><td>690</td><td>690</td></tr>
<tr><td>17</td><td>清香木（Pistacia weinmanniifolia）</td><td rowspan="6">m^2</td><td>1932.4</td><td>1932.4</td></tr>
<tr><td>18</td><td>美人蕉（Canna indica）</td><td>802.2</td><td>802.2</td></tr>
<tr><td>19</td><td>黄叶假连翘</td><td>195</td><td>195</td></tr>
<tr><td>20</td><td>紫叶苋（Amaranthus tricolor）</td><td>481</td><td>481</td></tr>
<tr><td>21</td><td>红花酢浆草（Oxalis corymbosa）</td><td>294.2</td><td>294.2</td></tr>
<tr><td>22</td><td>马尼拉草（Zoysia matrella）</td><td>14644</td><td>14644</td></tr>
<tr><td>二</td><td>珍稀植物</td><td></td><td></td><td></td><td></td></tr>
<tr><td>1</td><td>篦齿苏铁</td><td rowspan="3">株</td><td>25</td><td>52</td><td>77</td></tr>
<tr><td>2</td><td>宽叶苏铁</td><td>157</td><td>45</td><td>202</td></tr>
<tr><td>3</td><td>黑黄檀</td><td>416</td><td rowspan="2">0</td><td>416</td></tr>
<tr><td>4</td><td>疣粒野生稻</td><td>丛</td><td>1227</td><td>1227</td></tr>
</table>

续表

序号	名　称	单位	Ⅰ期移植量	Ⅱ期移植量	总移植量
5	西南紫薇（*Lagerstroemia intermedia*）	株	64	125	189
6	箭根薯		720	0	720
7	红椿		7	51	58
8	顶果木（*Acrocarpus fraxinifolius*）		10	0	10
9	千果榄仁		1	112	113
10	戟叶黑心蕨		20	0	20
11	合果木		0	67	67
12	大叶木兰			4	4
13	小花龙血树（*Dracaena cambodiana*）			40	40
14	勐仑翅子树			52	52
15	金荞麦	从		200	200
16	金毛狗			58	58
17	喜树	株		71	71
18	苏铁蕨			48	48
三	珍稀植被				
1	江边刺葵	株	100	300	400
2	思茅杭子梢				
3	小叶五月茶				
4	小叶黄杨（*Buxus sinica var. parvifolia*）				
5	球穗千斤拔				
6	艾纳香				
7	鳞花草	从			
8	澜沧栎	株	0	200	200
9	黑黄檀			50	50
10	钝叶黄檀			60	60
11	一担柴			60	60
12	余甘子				
13	算盘子				
14	山芝麻				
15	虾子花				
16	芸香草	从			
17	野古草			160	160
18	剪股颖				
19	榆绿木	株		200	200
20	火绳树				
21	槲栎				
22	细梗美登木			60	60

(a) 篦齿苏铁种植区

(b) 疣粒野生稻种植区

(c) 澜沧栎群落种植区

(d) 江边刺葵群落种植区

图 4.7-1 糯扎渡珍稀植物园种植区

截至 2017 年 12 月，珍稀植物园共移栽国家Ⅰ级保护植物宽叶苏铁和篦齿苏铁 2 种共 224 株，国家Ⅱ级保护植物金毛狗、苏铁蕨、合果木、千果榄仁、黑黄檀、红椿、喜树、大叶木兰、疣粒野生稻等共 7615 株，其他珍稀植物如顶果木、西南紫薇、箭根薯等共计 985 株；种植江边刺葵、澜沧栎、榆绿木群落 36 亩，野生植物 4620 株。

从实施情况看，糯扎渡水电站在业主营地建设了珍稀植物园，对工程影响区的珍稀保护植物进行了移栽保护，并通过采种、育苗、研究等种质资源保护措施，目前绝大部分移栽植物都能成活，且生长状况良好，建设单位安排有经验的绿化公司承担后期管护工作，并聘请当地林业局提供技术指导。受工程建设占地影响的珍稀保护植物得到了有效保护。

4.8 措施的创新点和亮点

糯扎渡水电站是国内较早提出建设珍稀植物园的水电工程之一。珍稀植物园的实施有效减缓了区域生态系统和植物资源的影响，效果良好。其主要创新如下：

（1）从植物迁地保护理论出发，创新性地提出“保护植物群落才是保护珍稀植物的有效方式”，并予以实现。

稀有植被迁地保护群落建设在糯扎渡水电站珍稀植物园之前还没有先例可循，是我国水电工程稀有植被迁地保护的首创。

多年的迁地保护实践证明，仅仅在个体或种群水平上的迁地保护并不是真正意义上的保护，仅可称为“物种保存”。这种保存方式在长期内并不具有持续性。糯扎渡水电站将受影响的澜沧栎林群落、榆绿木群落和江边刺葵群落三种群落类型，按照生态学上的“种数—面积”理论，提出合适的群落迁地保护面积；群落主要物种数量根据“最小可存活种群”理论，确定移栽数量；并根据群落演替规律，拟定了初期群落的种类组成和空间结构。

糯扎渡水电站稀有植被迁地保护的成功，可为我国植被迁地保护提供一定的理论和实践经验。

（2）创新性地提出采用种子库（基因保护）保护现阶段难于移栽或栽植的珍稀保护物种。

糯扎渡水电站工程建设影响区有着丰富的野生植物资源，保存着丰富的遗传资源和基因多样性，是人类生存和社会可持续发展的重要战略资源。为尽可能保存住植物基因，糯扎渡水电站委托普洱市林业科学研究所对工程施工和水库淹没区植物进行种子采集和保存，可有效减少因物种受损而造成的基因散失。

4.9 存在的问题及建议

水电工程珍稀植物园对保护珍稀植物起到重要作用。从糯扎渡水电站珍稀植物园设计、建设和运行来看，有以下问题和建议：

（1）Ⅰ期移栽过程中，由于对部分珍稀保护植物，如疣粒野生稻等生态及生理习性研究和掌握不够，造成移栽和抚育存在较大困难。建议在移栽之前，先对迁地保护对象的生理、生态习性和生境条件进行详细的调查和研究，并将迁入地人为改善或营造为最接近原生生境条件的新生境，以增加移栽的成活率。

（2）稀有植被迁地保护涉及植物生态学的方方面面，虽然糯扎渡水电站对澜沧栎林群落、榆绿木群落和江边刺葵群落三种群落进行成功迁地保护，但需要对上述迁地保护的3种群落进行持续监测，以便及时优化群落面积、群落结构组成。

4.10 小结

糯扎渡水电站的建设，对工程周边陆生植物资源有一定影响，但不会造成任何一种植物的灭绝。建设糯扎渡珍稀植物园，可以对那些种群数量已经减少或面临各种影响将大量减少的珍稀植物进行迁地保护，并通过苗圃培育，补充其资源数量。糯扎渡水电站珍稀植物园主要以受糯扎渡水电站影响的植物和植被为对象进行研究和设计。糯扎渡水电站珍稀植物园是云南省第一个水电水利工程珍稀植物园建设项目，属省内领先、国内先进，具有较强的创新性，在探索稀有植被迁地保护理论和工程设计方面做了有益的尝试。同时，在水电站环境保护方面具有一定的借鉴意义。

第 5 章

动物救护站工程

5.1 陆生动物资源特点及工程影响情况

5.1.1 陆生动物资源特点

糯扎渡水电站所处的澜沧江中下游具有纬度低、海拔高差较大、地形复杂的特点，人为活动相对较少，项目影响区域以森林生态系统为主，因而陆生动物（含两栖类动物，下同）资源丰富。

根据糯扎渡水电站陆生生态调查结果，评价区内共记录有哺乳类、鸟类及两栖爬行类陆生动物33目93科431种，其中哺乳类为10目28科78种，鸟类为18目45科257种，两栖爬行类为5目20科96种。糯扎渡水电站陆生动物种类分布情况及区系特征见表5.1-1。

表5.1-1　　糯扎渡水电站陆生动物种类分布情况及区系特征

类别	分布情况	区系特征
哺乳类	山地、丘陵、平坝、谷地、森林、林缘灌丛或针阔混交次生林带	东洋界成分为主（占该类物种总数的84.62%），富有浓郁的热带、亚热带特色
鸟类	热带雨林、季雨林、湿性常绿阔叶林区、耕作地边等多种生境	东洋界鸟类为主（占该类物种总数的64.98%），并具有明显的滇南山地亚区的特征
两栖爬行类	江河、溪流、水塘及其附近林地等	东洋界西南区成分为主（占该类物种总数的47.9%）

糯扎渡水电站评价区内国家重点保护动物种类汇总见表5.1-2。

表5.1-2　　糯扎渡水电站评价区内国家重点保护动物种类汇总表

序号	分类	保护种类（中文名称及拉丁学名）	保护级别及数量
1	哺乳类	蜂猴、熊猴（*Macaca assamensis*）、豚尾猴（*Macaca nemestrina*）、云豹（*Neofelis nebulosa*）、金钱豹（*Panthera pardus*）、亚洲象（*Elephas maximus*）、爪哇野牛（*Bos gaurus*）	国家Ⅰ级，7种
2	哺乳类	猕猴（*Macaca mulatta*）、短尾猴（*Macaca arctoides*）、中国穿山甲、黑熊（*Selenarctos thibetanus*）、青鼬、小灵猫、斑灵狸（*Prionodon pardicolor*）、丛林猫（*Felis chaus*）、金猫（*Felis temmincki*）、大灵猫、林麝（*Moschus berezovskii*）、水鹿（*Cervus unicolor*）、鬣羚（*Capricornis sumatraensis*）、斑羚（*Naemorhedus goral*）、巨松鼠、小爪水獭、水獭	国家Ⅱ级，17种
3	鸟类	黑颈长尾雉（*Syrmaticus humiae*）、绿孔雀（*Pavo muticus*）	国家Ⅰ级，2种
4	鸟类	［黑］鸢（*Elanus caeruleus*）、凤头鹰（*Accipiter trivirgatus*）、雀鹰（*Accipiter nisus*）、松雀鹰（*Accipiter virgatus*）、普通鵟（*Buteo buteo*）、鹊鹞（*Circus melanoleucos*）、蛇鵰（*Spilornis cheela*）、红隼（*Falco tinnunculus*）、白鹇（*Lophura nycthemera*）、原鸡（*Gallus gallus*）、楔尾绿鸠（*Treron sphenura*）、厚嘴绿鸠、大绯胸鹦鹉（*Psittacula derbiana*）、灰头鹦鹉（*Psittacula himalayana*）、褐翅鸦鹃（*Centropus sinensis*）、小鸦鹃（*Centropus toulou*）、仓鸮（*Tyto alba*）、领角鸮（*Otus bakkamoena*）、领鸺鹠（*Glaucidium brodiei*）、斑头鸺鹠（*Glaucidium cuculoides*）、鹰鸮（*Ninox scutulata*）、雕鸮（*Bubo bubo*）、短耳鸮（*Asio flammeus*）、冠斑犀鸟（*Anthracoceros coronatus*）、银胸丝冠鸟（*Serilophus lunatus*）、长尾阔嘴鸟（*Psarisomus dalhousiae*）、绿胸八色鸫（*Pitta sordida*）	国家Ⅱ级，27种

续表

序号	分类	保护种类（中文名称及拉丁学名）	保护级别及数量
5	两栖爬行类	巨蜥、蟒蛇	国家Ⅰ级，2种
6		红瘰疣螈、山瑞鳖、大壁虎	国家Ⅱ级，3种
7	合计		共58种，其中国家Ⅰ级11种、国家Ⅱ级47种

按类别划分，哺乳类保护动物24种，鸟类保护动物29种，两栖爬行类保护动物5种；按保护级别划分，国家Ⅰ级保护动物11种，国家Ⅱ级保护动物47种。

5.1.2 工程建设对陆生动物的影响

糯扎渡水电站工程建设将对陆生野生动物栖息地及种群数量产生直接或间接的影响，这种影响受施工期及运行期影响方式的不同，具有临时性和永久性、有利与不利影响并存的特点。

1. 施工期的影响分析

糯扎渡大坝及附属工程施工区属于峡谷区，两岸陡峭，原思（茅）澜（沧）公路贯穿其间。工程占地将彻底破坏施工区的原有植被，使生存在这一区域的陆生动物的生境缩小并将被迫外迁至新的生境。电站工程施工期较长，人为活动的加剧及生产过程中污水、粉尘、噪声等的排放，将使原来生活在这一区域的动物受到惊吓而迁徙它处，或逐渐适应这种变化。但这种影响将随着工程后期生态修复、人员活动的退出而得以逐渐恢复，总体而言，施工期间对陆生动物的影响是属于临时的、局部的，在某种程度上是可逆的。

2. 运行期的影响分析

糯扎渡水电站水库蓄水淹没总面积329.97km^2，水库运行期对生态环境的影响集中表现在水库淹没大量植物和动物栖息地，导致动植物资源的损失和植被面积的减少，并缩减陆生动物的栖息地，使动物的活动范围有所减少。这一损失是永久的、大面积的，且是不可逆的。工程建设对于陆生哺乳动物、两栖爬行动物及鸟类因栖息环境的不同，影响利弊共存。

（1）对陆生动物的不利影响。由于水库移民、植被淹没和破坏、局地气候变化、人口增多等原因，哺乳动物的组成和数量在水电站建成前后将有不同程度的变化。水库淹没将直接使生存于淹没区及周边的哺乳动物的生境缩小，少数局限性较强的小型动物个体可能会受到一定的损失，大多数大中型哺乳动物将迁徙别处，但不会造成重大的损失。除水獭和小爪水獭外，分布于淹没区的国家Ⅰ级保护动物蜂猴和国家Ⅱ级保护动物大灵猫、小灵猫、青鼬、中国穿山甲、巨松鼠等会迁移至海拔较高地段。上游漫湾水电站建成前后的对比调查表明，一些动物如黑长臂猿（*Hylobates concolo*）、鬣羚、林麝、斑羚、水鹿等均由原较低海拔地区迁到高海拔地区。水獭、中国穿山甲、赤麂（*Muntiacus muntjak*）、林麝、水鹿等几种兽类数量明显减少，而云南兔（*Lepus comus*）种群数量明显增多，鼠类向高海拔地区迁移，密度加大。尚未发现有某种兽类从该区绝迹。

建库后水位抬高，将会对在该地区分布的鸟类中的27种仅在单一的生境中分布的鸟类，特别是仅分布于热带雨林中的银胸丝冠鸟、绿胸八色鸫等11种鸟类生存造成一定的不利影响。其余鸟类多生活在两种及以上的生境中，而且多数鸟类适宜的垂直分布海拔高度范围较大，活动区域明显大于其他动物，加之飞翔和运动能力较强，因此在水库蓄水后，多数种类会转移到邻近非淹没区的生境中生活，受到的影响较小。上游漫湾水电站建成前后的对比调查表明，建库后对于广泛分布于海拔1500.00m以下的中小型鸟类影响不大，库水上升至漫湾水电站正常蓄水位对这部分鸟类没有多大影响；一部分适应于低海拔干热河谷气候的鸟类如棕胸佛法僧（*Coracias benghalensis*）、黄冠绿啄木鸟（*Picus chlorolophus*）、黑领噪鹛（*Garrulax pectoralis*）等可能已向坝下南方低海拔地区转移；水库区域人口增加，人类活动频繁，致使一些体大肉多的野生珍稀鸟类如绿孔雀、白腹锦鸡（*Chrysolophus amherstiae*）、白鹇、原鸡等数量大为减少。

两栖爬行动物由于具有特殊的生理结构和生活习性，对生境的要求比较严格，因此对生境的变化比较敏感。糯扎渡水电站对两栖爬行动物生存所造成的影响主要是大坝回水所造成的部分生境的淹没，将造成所有分布在该地区的各个物种的种群数量的损失，尤其是低海拔物种的种群将有一定个体数量的损失。但就该地区所具有的两栖爬行动物种类来说，这种影响只是局部的，而并非是灭绝性的，不会造成某个物种的灭绝。两栖爬行动物可以逐步向高处迁移，不至于造成很大的破坏。国家Ⅰ级保护动物巨蜥、蟒蛇，国家Ⅱ级保护动物山瑞鳖、红瘰疣螈、大壁虎，省级保护动物眼镜蛇和眼镜王蛇，由于它们的活动空间比较广，都具有较大的迁移范围，因此不会对这些物种造成灭绝性的危害。

（2）对陆生动物的有利影响。水库淹没使得水面变宽，水域面积增加，水流减缓，湿地面积扩大，将会吸引一定数量的水禽和湿地鸟类迁到该地。同时由于湿度的增加，将显著改善当地的生态环境，有利于植物的生长，也会吸引一些喜爱湿润环境的动物迁到该地。因此使该地可能会出现一些以往没有记录到的鸟类物种。水库建成蓄水将改变当地的水汽环境和湿度，在一定程度上可能对部分喜湿物种，如静水水域的蛙类等的生存有利。上游漫湾水电站建坝后的调查表明，建坝后由于水域面积大增，水流变缓，鱼虾繁衍，生态条件的改变，朝着有利于水禽类生存的方向发展，因而招引来小鸊鷉（*Podiceps ruficollis*）、苍鹭（*Ardea cinerea*）、绿头鸭（*Anas platyrhynchos*）、斑嘴鸭（*Anas poecilorhyncha*）、赤颈鸭（*Anas penelope*）、灰鹤（*Grus grus*）、普通翠鸟（*Alcedo atthis*）等水禽。

5.2 国家对陆生动物保护的相关政策法规要求

随着经济发展及开发建设对野生动物资源保护的矛盾不断凸显，野生动物保护已经是全球共同关注的焦点问题之一。近些年来，全球性国际条约、各大洲及地区还有一些区域性的国际条约均涉及生物多样性及野生动物保护。我国对野生动物保护的法律法规体系也正逐步完善。1982年《中华人民共和国宪法》第九条规定：“国家保障自然资源的合理利用，保护珍贵的动物和植物”。以此为基础，目前我国已初步形成了以《中华人民共和国野生动物保护法》（1989年制定，2018年修正）为核心的野生动物保护法律法规体系。

《中华人民共和国环境保护法》第三十条规定：“开发利用自然资源，应当合理开发，保护生物多样性，保障生态安全，依法制定有关生态保护和恢复治理方案并予以实施”。

《中华人民共和国野生动物保护法》第十三条规定："禁止在相关自然保护区域建设法律法规规定不得建设的项目。机场、铁路、公路、水利水电、围堰、围填海等建设项目的选址选线，应当避让相关自然保护区域、野生动物迁徙洄游通道；无法避让的，应当采取修建野生动物通道、过鱼设施等措施，消除或者减少对野生动物的不利影响。建设项目可能对相关自然保护区域、野生动物迁徙洄游通道产生影响的，环境影响评价文件的审批部门在审批环境影响评价文件时，涉及国家重点保护野生动物的，应当征求国务院野生动物保护主管部门意见；涉及地方重点保护野生动物的，应当征求省、自治区、直辖市人民政府野生动物保护主管部门意见。"第十五条规定："县级以上人民政府野生动物保护主管部门应当按照国家有关规定组织开展野生动物收容救护工作。"《中华人民共和国陆生野生动物保护实施条例》第十条规定："有关单位和个人对国家和地方重点保护野生动物可能造成的危害，应当采取防范措施"。2014 年，原环境保护部和国家能源局共同发布了《关于深化落实水电开发生态环境保护措施的通知》（环发〔2014〕65 号），要求"应高度重视流域重要生态环境敏感保护对象的保护……科学确定陆生生态敏感保护对象，落实陆生生态保护措施。……对受阻隔或栖息地淹没影响的珍稀动物，通过修建动物廊道、构建类似生境等方式予以保护。"

5.3 水电工程陆生动物保护措施的类型及应用情况

水电站建设在带来巨大的经济效益的同时，水库淹没及森林资源的不断破坏，使动物的栖息生境不断受到威胁，累积的不利影响逐渐凸显。水电工程陆生动物保护措施的类型主要包括生态避让、栖息地保护及修复、动物救护及保护、其他保护措施等。

生态避让措施主要是指，在工程规划选址阶段对坝址选择、正常蓄水位选择、工程布局等方案进行综合比选，结合动物重要栖息生境调查及评估结论，主动避让珍稀濒危保护动物集中栖息地、繁育地、自然保护区等生态敏感区，提出合理避让方案，该措施是陆生动物保护措施中应优先考虑的预防保护措施之一。

栖息地保护及修复措施主要是指，通过工程措施和非工程措施，对工程影响范围内的陆生动物个体或种群生存空间及其生物非生物因子，包括生长、摄食、发育、繁殖、迁徙等全部生命史所需的生境要素进行保护和修复，恢复生态系统的完整性。目前陆生动物栖息地保护与修复中常用措施有：就地修复栖息地、异地新建栖息地、新建迁移通道、生态廊道重建、新建自然保护区或自然保护小区等。该措施是国内大中型水电站陆生动物保护的重要内容，如澜沧江的小湾水电站通过建立绿孔雀自然保护区、景洪水电站通过建立亚洲象食源地等保护方式减缓对珍稀动物的影响；北盘江的光照水电站通过政企合建野钟黑叶猴自然保护区、野生动物搜救站等保护方式减缓对珍稀动物的影响；索风营水电站在库区采取了就地保护、栖息地重建和建设保护站相结合的办法保护猕猴等野生动物。

动物救护及保护措施主要是指，在工程施工期间，通过加强野生动物及栖息地保护宣传教育，设立警示牌、落实施工期环境保护措施，对违法偷猎、干扰野生动物及生境的行为进行严格管理。在工程建设全过程，通过建立完善的动物救护站等保护机制，对弱病等野生动物及时进行救护，最大限度地减少工程建设对动物种群数量下降的不利影响。

其他保护措施包括通过生态补偿机制的探索实施，对动物的损失进行合理补偿；通过完善相关的管理要求，甚至将动物保护上升至地方立法，对伤害动物及破坏其栖息地的行为进行约束；通过长期的科研实验，引入第三方资金、技术、设备、管理方法，进行国际联动及合作等方式，不断创新动物保护模式等，目前国内大中型水电站正在对这些保护措施进行积极探索和实践。

5.4 陆生动物保护措施体系

糯扎渡水电站陆生动物保护措施主要包括以下三个部分：

（1）加强工程建设的环境保护监督管理、统筹安排，设立环境保护监督机构和环保专职人员，加强对施工人员的环保教育，严禁施工人员盗猎野生动物，对违法行为进行依法处置。

（2）做好清库和水库下闸蓄水工作，以减少动物个体的损失。

（3）结合清库，对库区内受淹没影响的动物，应有目的地逐步实行驱赶和搜救活动，发现救护对象，应集中至设在业主营地的珍稀动物拯救站加以抢救性保护。该站与珍稀植物园、鱼类人工增殖放流站相毗邻，均设在业主营地内。该站占地面积约 10 亩，设有动物圈笼和办公、实验设施等。

糯扎渡水电站环境影响评价批复中提出："结合清库，将受影响的珍稀濒危保护动物进行抢救性保护，开展糯扎渡水电站珍稀濒危野生动物救护站的设计工作。"

5.5 陆生动物救护站设计

5.5.1 设计原则

（1）救护动物种类以受工程影响的保护动物为主，其他需要救护的野生动物为辅。

（2）救护站的建设和运行应符合我国对野生动物保护、收容和救护的相关程序与规定，具备合法性。

（3）救护站为临时救护机构，其救护时段为工程施工期至水电站竣工发电初期，救护范围仅以糯扎渡水电站影响范围为主，不作为永久站点进行设置及运行。

（4）以动物习性及动物福利要求为前提，同时考虑设施的经济性和安全性。

（5）以符合小规模救护为使用功能。

5.5.2 救护对象

救护对象主要是受工程施工和蓄水淹没影响的珍稀保护动物及其他需要救护动物的幼小个体（包括鸟类、两栖爬行类的卵）或老、弱、病、残、伤等不具备快速回避库水上升能力的动物为主。

5.5.3 站址选择原则

动物救护站的场址应综合考虑上位用地规划符合性、自然环境条件、工程建设运营便利性等因素，提出两个及以上场址进行比选，并推荐最终场址。主要比选因素如下：

（1）区域用地符合项目区域用地规划、保护规划等上位规划要求。

（2）工程地质稳定，避开断层活动区域和洪泛、泥石流、滑坡等自然灾害频发的地区。

（3）生态环境良好，阳光充足、空气流通，适于野生动物栖息的、舒适的地理环境。

（4）环境安静，远离城镇、居民区、工厂区、交通要道、医院等，无强大而持续的外界刺激干扰，离生活区 500m 以上距离。

（5）生境条件丰富、水源充足、供排水方便、交通较为便利，易于工程建设。

（6）结合区域气候气象条件，在经济性前提下最大限度地满足动物福利要求。

5.5.4 总体布局及功能分区

糯扎渡动物救护站根据库区动物数量及生态习性要求，划定了办公区、动物救护饲养区、野化放养区三个区域，规划总面积 10 亩，其中动物救护饲养区占地 6 亩，动物野化放养区 3 亩，办公区 1 亩，各区以植被、道路相间隔。珍稀野生动物救护站总体布局及分区如图 5.5－1 所示。

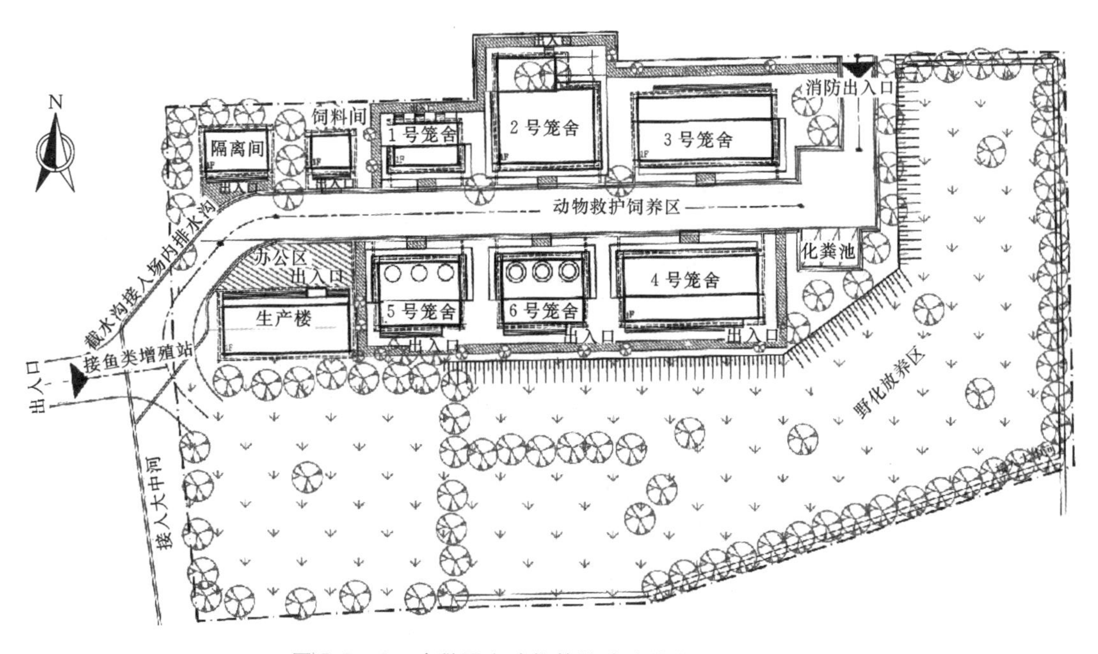

图 5.5－1　珍稀野生动物救护站总体布局及分区图

动物救护饲养区分设隔离区、两栖爬行类救护饲养区、鸟类救护饲养区、哺乳类救护饲养区等区域，其中规划两栖爬行类救护饲养区 1 亩、鸟类救护饲养区 2 亩、哺乳类救护饲养区 1 亩，其余地段以道路和树木隔离。各动物笼舍根据动物生活习性，综合考虑通风、采光、日照、水分要求，尽量就地取材，结合地形地貌，采用挖洞建舍或选用木材、茅草搭棚，或用人工塑石造房，根据不同种类动物的生活习性或依山、或傍水、或高或低、或方或圆、或轻巧或凝重，力求朴素实用。

动物野化放养区为标志放生作准备，设计为长条形，可以为鸟类提供足够的飞行距离。场地采用原始地形条件，不进行人为设施设置。

办公区设立科研实验办公楼一栋，主要供日常管理人员及科研人员使用。

5.5.5 动物笼舍设计

1. 笼舍类型选择

动物笼舍一般有建筑式、网笼式、自然式（沉浸式）和混合式几种，动物笼舍形式比选见表5.5-1。糯扎渡动物救护站救护对象不多且具有不确定性，救护时段以水电站施工期至运行初期为主，规划占地有限，经费有限。经比较采用网笼式作为动物笼舍的设计类型。

表5.5-1 动物笼舍形式比选

类型	笼舍适用性		项目适用性	结论
建筑式	适用于展出不能适应当地生活环境、饲养时需要特殊设备（如喷雾等）的动物	适用于室内展览	功能以普遍适用性为主，特殊时转至其他专业救护站	不采用
网笼式	主要适用于禽鸟类	可作为过渡性笼舍	项目以过渡性为主	采用
自然式（沉浸式）	可真实反映动物的生活环境，适于动物生长生活	用地较大，投资巨大	项目占地及经费有限	不采用
混合式	采用以上两种或两种以上组合形式，最大限度地使动物生活条件接近原居住自然条件	同时兼顾游客安全、参观等需要	项目规模小，不适用	不采用

2. 笼舍空间功能设计

根据糯扎渡库区动物分布类型及数量情况，笼舍空间基本功能以动物活动场地为主，不考虑串笼和繁殖室功能。

（1）灵长类哺乳动物。以糯扎渡库区的蜂猴等灵长类哺乳动物为主要救护设计对象。

笼舍采用室内＋封闭式半露天室外形式。灵长类哺乳动物笼舍设计技术参数见表5.5-2。

表5.5-2 灵长类哺乳动物笼舍设计技术参数

对象类型	笼舍面积	建筑结构	围网	配套福利
灵长类动物	室内15m^2，室外45m^2	砖混＋围网，半露天式	围网高度3.0m，围网直径6mm，网孔为菱形，孔径为28mm×17mm，顶部钢丝网覆盖	斜梯和架子各1个，食物槽1个

（2）水生哺乳动物。以糯扎渡库区的小爪水獭、水獭为主要救护设计对象。

水獭笼舍采用室内＋封闭式半露天室外式笼舍。室内部分采用砖混结构，面积50m^2，与室外部分相连。室内部分主要用于存放小爪水獭和水獭的食物、饲养工具、笼舍清扫工具。室外部分主要用于其活动、栖息等，占地面积175m^2。室外部分采用钢筋丝网进行围绕隔离，屋顶采用露天式钢丝网封闭。室外设置一个水面面积约50m^{2}的溪水、小池塘环境，圆形，半径约4m，池岸为跌坎式，从岸边逐渐向池中心加深，最深处为2m，最浅处为10～20cm。底部铺设石头，岸边种植灌草、布设细沙石头等。水獭等水生哺乳动物笼舍设计技术参数见表5.5-3。

表 5.5-3　水獭等水生哺乳动物笼舍设计技术参数

对象类型	笼舍面积	建筑结构	室外围网	室外护栏	配套福利
小爪水獭、水獭（半两栖类）	室内 $50m^2$，室外 $175m^2$	砖混＋围网	围网高度 3.0m，围网直径 6mm，网孔为菱形，孔径为 28mm×17mm，顶部钢丝网覆盖	高 1m	室外水池 1 个，面积 $50m^2$，石头堆砌的洞穴若干个，种植适量的灌草

（3）其他哺乳动物。其他哺乳动物又分为擅于掘洞和喜穴居、性情稍凶猛、性情较温顺三种习性类别，不同类型分别设置一间笼舍。三间笼舍并排布置。笼舍采用室内＋封闭式半露天室外形式。其他哺乳动物笼舍设计技术参数见表 5.5-4。

表 5.5-4　其他哺乳动物笼舍设计技术参数

对象类型	笼舍面积	建筑结构	室外围网	室外护栏	配套福利
中国穿山甲（擅于掘洞和喜穴居）	室内 $15m^2$，室外 $50m^2$	砖混＋围网	围网高度 3.0m，围网直径 6mm，网孔为菱形，孔径为 28mm × 17mm，顶部钢丝网覆盖	高 1m	石块洞穴若干、种植草本和灌丛
青鼬、小灵猫、大灵猫（性情稍凶猛）	室内 $15m^2$，室外 $50m^2$	砖混＋围网		高 1m	种植草本和灌丛
林麝、巨松鼠（性情较温顺）	室内 $15m^2$，室外 $50m^2$	砖混＋围网		高 1m	种植草本和灌丛

（4）鸟类。以猛禽鹰鸮和非猛禽白鹇为救护设计对象。

鸟类分为较凶猛类和不凶猛类，分别设置一间笼舍。两间笼舍并排布置。笼舍采用室内＋封闭式半露天室外形式。鸟类笼舍设计技术参数见表 5.5-5。

表 5.5-5　鸟类笼舍设计技术参数

对象类型	笼舍面积	建筑结构	室外围网	室外护栏	配套福利
鸟类	室内 $15m^2$，室外 $50m^2$	砖混＋围网＋玻璃	围网高度 3.0m，围网直径 6mm，网孔为菱形，孔径为 28mm×17mm，顶部钢丝网覆盖	高 1m	乔木 1～2 株

（5）两栖爬行类。两栖爬行类笼舍分为陆栖蛇类和非毒性两栖爬行类两种样式。

由于蟒蛇、眼镜蛇、眼镜王蛇均为剧毒性或危险性蛇类，栖息环境主要为森林或溪涧附近，室外部分采用玻璃进行围绕隔离，墙角玻璃设置为圆弧形，防止其往上爬行。笼舍顶部采用钢丝网。同时室外布设一个面积约 $10m^2$ 的小水塘，池深 10～30cm，满足其活动栖息。室外需布置一些石头洞穴，配置种植一些灌木、小型乔木及草丛，尽可能模仿其栖息生境。

山瑞鳖、红瘰疣螈、大壁虎等非毒性两栖爬行类饲养笼舍采用室内＋封闭式半露天室外形式，共设置三间，每个笼舍形式相同。室内部分采用砖混结构，面积 $15m^2$，与室外部分相连。室外部分占地面积 $50m^2$，采用钢丝网进行围绕隔离，屋顶采用露天式钢丝网封闭。室外设置一个水面面积约 $10m^2$ 的溪水、小池塘环境，圆形，直径约 3m，最深处为 1m，最浅处为 10～20cm。底部铺设泥沙或碎卵石，岸边种植灌草、布设细沙石头等。同时布置岩石洞穴、树洞等，小水池周围需配置种植草丛、小型乔灌木等，尽可能使生境丰富。

两栖爬行类笼舍设计技术参数见表 5.5-6。

表5.5-6 两栖爬行类笼舍设计技术参数

对象类型	笼舍面积	建筑结构	室外围墙	室外护栏	配套福利
陆栖蛇类	室内$15m^2$，室外$30m^2$	砖混+玻璃围墙	玻璃幕墙，高度3.6m，顶部细密钢丝网覆盖	高1m	$10m^2$生态水池1个，石头洞穴若干个，小型乔木及灌草
非毒性两栖爬行类	室内$15m^2$，室外$50m^2$	砖混+围网	围网高度3.0m，围网直径6mm，网孔为菱形孔径，为28mm×17mm，顶部钢丝网覆盖	高1m	$10m^2$室外生态水塘1个，石洞穴、树洞若干，小型乔木及灌草

5.5.6 其他辅助设计

1. 隔离间设计

隔离间的主要作用是对刚从现场搜救的动物进行暂时的隔离处理，观察和检测动物是否有传染性疾病，以便进一步制定并采取救助方案。隔离间应布置于常年主导风向的下风向，要求建筑净高高于3m，通风良好，配置紫外光消毒灯、饲料喂养工具、饮水工具等设施。隔离间内设简易笼舍若干，以边长0.8～1.5m方形网笼为佳。

2. 野化放养区

为放生做准备，原则上应要求场地开阔，不设置高大乔木，不建设其他设施，除场地周边适当种植乔木等以达隔离及遮蔽效果外，维持现有植被现状。

3. 绿化种植设计

绿化种植设计应遵循采用适地适树（草）、考虑动物自然栖息地特征和生态习性要求、苗种易获得、兼顾一定的景观美化功能的原则，并根据道路区、笼舍外区、笼舍内区等不同要求进行设计。园区道路绿化区和办公区及笼舍四旁绿化突出乔灌草结合的立体种植模式，结合园林造景疏植。笼舍室外部分绿化以模拟动物天然栖息地，使之栖息生境多样化为目标，采用乔灌草或乔草结合模式立体种植，各笼舍内乔木以2～3株不同树种组合为宜，因地制宜疏植；水池周边选用水生植物，采集野生物种分蘖的植株种植。笼舍后墙部分采用垂直绿化攀援至笼舍屋顶。场内草本因地制宜随地点缀，用不同草种撒播种植。

4. 场内给排水

场内给水主要供给办公区、笼舍及饲养间。给水采用业主营地自来水管道供水。水量根据站内人员及动物需水量确定，最大设计水量为$10m^3/d$。

场内排水主要为场地雨水排水和场内污水排水。场地雨水排水根据地形条件经暴雨强度计算后，设置简易排水明渠排至场外公路排水沟中。场内污水设置化粪池1座，各笼舍四周截污暗沟汇集排入$50m^3$集污调蓄池，经消毒处理后定期抽取至业主营地污水处理设备进行集中处理。

5. 场内道路

场内道路主干道为4m宽水泥路面，将办公区、救护饲养区和野化放养区进行隔离，同时满足消防要求。笼舍间采用2m塘石路或土路并种植绿化带进隔离，仅满足步行要求。

6. 安全防护设计

动物救护站与外界采用清水围墙进行封闭式防护，高度 2m；笼舍内设置室内躲避及藏匿设施；笼舍顶部采用加盖钢丝网。笼舍外设置 1m 高隔离防护栏。

7. 其他

配套标识说明牌若干。

5.6 实施情况和效果分析

（1）动物救护站的实施取得了良好的效果，为糯扎渡水电站及区域珍稀野生动物保护发挥了积极的作用。

珍稀动物救护站于 2009 年 10 月开工建设，2010 年 4 月建设完成并经过验收。珍稀动物救护站及实施建设情况如图 5.6－1 所示。

(a) 救护站全景

(b) 站内笼舍

图 5.6－1 珍稀动物救护站及实施建设情况

动物救护站建成后，澜沧江公司联合普洱市野生动植物繁育救护中心开展了库区及枢纽区野生动物的收救、暂养及放生工作。截至 2016 年 6 月，动物救护站已累计救护、暂养国家Ⅰ级保护动物蜂猴、熊猴（*Macaca assamensis*）、印度野牛（*Bos gaurus*）、绿孔雀等 14 只（头），国家Ⅱ级保护动物猕猴（*Macaca mulatta*）、黑熊（*Selenarctos thibetanus*）、原鸡、白鹇等 78 只（头），其他动物如蛇雕（*Spilornis cheela*）、鹰鸮（*Ninox scutulata*）、巨蜥（*Varanus salvator*）、蟒蛇等 20 只（头或条），合计 112 只（头或条），并选择了部分体质较好的动物进行了野化训练并放生至糯扎渡自然保护区等区域。

同时，动物救护站建设单位与中科院昆明动物研究所建立长期合作，对动物救护过程中的物种鉴定、收救、暂养工作进行技术指导；施工期和试运行期，该站也作为普洱市林业局的珍稀动物救护站和珍稀动物繁育中心，为区域珍稀动物保护发挥了积极的作用。

（2）糯扎渡水电站通过动物救护站的建设，与珍稀植物园和鱼类增殖放流站为基础，成立了糯扎渡生物多样性保护教育基地，建设了展厅、标本展示及宣传教育场所，是糯扎渡水电站和普洱市教育基地的重要组成部分，为糯扎渡水电站和普洱市在生态环境保护及生物多样性保护教育方面提供了典型案例。

5.7 动物救护站的创新点和亮点

（1）是国内首个在水电站业主营地内自行建设的动物救护站工程。糯扎渡水电站周边分布有糯扎渡、澜沧江、威远江三个省级自然保护区，具有较好的在保护区内建设动物救护站的生境条件。但糯扎渡水电站环境影响评价和环境保护批复中大胆明确提出将动物救护站等“两站一园”建设在业主营地内，由业主自行开展运营管理的理念和要求，提高了国内大中型水电工程环境保护的要求和目标，强化了水电站建设单位的环境保护责任，进一步推动了我国水电水利工程生态环境保护措施的升级和发展。

（2）开启了水电开发企业与科研单位、地方政府合力研究救护野生动物的新模式。糯扎渡动物救护站创新了一直以来由地方政府主导动物救护的理念，实践了企业自主投资合法运营管理动物救护的新模式。同时，水电站也积极探索与政府和科研院所合力研究保护和救护野生动物的救护机制，通过引入专业的运营管理队伍和科研试验队伍，开启了云南省乃至国内第一个企业自主投资建设和运行管理的动物救护站。这是国内水电建设中陆生野生动物保护体系中的一个重大创新，为国内大中型企业自行合法建设及运行动物救护站提供了更多的经验，起到了示范引领作用。

（3）是对小型、临时性的野生动物救护站建设运行模式的有效探索。糯扎渡动物救护站的设计以就近、及时、经济、科学为原则，有效借鉴国内外专业动物园、专业动物救护繁育中心站等的设计理念，针对水电站施工和运行过程中救护对象不确定、救护时间短、经费投入有限等问题，提出了笼舍、隔离等设施设计方案，满足了专业救护和经济技术合理的双重要求，有效解决了小型、临时性野生动物救护站建设和运行中存在的诸多难题，在一定程度上减缓了水电站施工期生产生活及人员活动、水电站蓄水及运行对动物栖息地、动物种群数量的不利影响。

5.8 存在的问题及建议

动物救护站的运行对糯扎渡工程区及库区野生动物保护起到了积极作用。从动物救护站设计、建设和运行来看，有以下问题和建议：

（1）应加强对救护对象不确定性的设计考虑。此次设计了一定数量的笼舍，但从实际救护的对象来看，水电站救护的动物中哺乳类和两栖爬行类救护数量最大，分别为49只和58只，鸟类仅为14只，设计时考虑的小爪水獭、水獭、中国穿山甲、青鼬、小灵猫、大灵猫、林麝、巨松鼠等动物并未需要实际救护。因此，水电工程野生动物救护对象具有很大的不确定性，在设计阶段，应充分分析并适当预留部分笼舍数量，以满足实际救护的需要。

（2）受环评和设计阶段对动物救护站建设规模要求的限制，野生动物救护站的场地规模较小，使得在救护笼舍的数量及室外场地的设置中受到较大的限制。从实际运行情况来看，大型哺乳类、两栖爬行类等部分笼舍数量不足或偏小等问题只能通过各笼舍间的调配解决。

（3）笼舍室外设计中应进一步加强救护对象生境的多样性，以充分适应多种救护动物的栖息生境需求，特别是水生哺乳动物及两栖动物对水面面积、水深及隐蔽性等的要求。

（4）野化放养区安全防护措施体系不足，场地利用率不高，在场地条件允许时应适当加大放养区范围，改善放养区的环境条件，提升野化放养效果。

（5）建议充分利用糯扎渡动物救护站这个平台，充实和完善糯扎渡动物救护站在野生动物资源及变迁监测和科学研究中的作用与力量，进一步研究水电工程建设对野生动物的长期影响及分布区的变迁变化，为水电行业甚至国家制定有关野生动物保护管理政策提供有力的科学依据。

5.9 小结

糯扎渡动物救护站是云南省乃至全国第一个由企业自主投资建设并合法运营管理的动物救护站，其在糯扎渡水电站及周边珍稀动物保护中发挥了显著的作用，产生了较大的生态保护效益，是水电工程陆生生态保护措施中一张靓丽的名片。

糯扎渡动物救护站的运行实践，打破了国内野生动物救护仅由政府部门主导的格局，成功探索了合法合规引入企业及第三方人力、物力、财力进行动物救护站建设和运行的案例，有利于推动野生动物救护相关法律法规及保护机制的进一步完善，丰富了水电工程野生动物保护的模式。

第 6 章

水土保持工程

6.1 水土流失特点及危害分析

6.1.1 项目区水土流失因子现状分析

糯扎渡水电站工程建设征地及水库淹没涉及云南省普洱、临沧2市的9个县（区）。工程区位于高温湿润的亚热带低纬高原季风气候区。由于低纬度高海拔的地理位置和复杂的地貌地形，形成该地区光热充足、雨量充沛，旱、雨季分明和气候垂直变化明显的气候特点。水库区域年平均气温为17.3～20.2℃，年日照时数一般在1800～2000h，多年平均年蒸发量在1500～2300mm，多年平均相对湿度为73%～80%。年降水量一般在1100～1500mm，且年内变化大，旱季雨量在150～200mm，雨季在850～1200mm。多年平均年降水日数（≥0.1mm/d）在150～190d，雨季（5—10月）占全年降水日数的75%。最大一日降水量超过100mm，其中，北回归线以南达150mm左右。工程区域土壤以硅铝土纲的砖红壤、赤红壤、红壤和黄壤居多，有机质和总氮含量高。糯扎渡水电站工程涉及区域森林资源丰富，受水库淹没影响各县林业用地总面积占各县土地总面积的62.99%，森林覆盖率为53.23%，林灌覆盖率为60.73%。优势树种有思茅松、栎类、木荷、桦木、桤木等，经济林有油桐、油茶、柑橘、茶叶、紫胶寄生树、橡胶等。

糯扎渡水电站工程周边分布有糯扎渡自然保护区，区内主要植被类型为河谷季雨林（含季节雨林）和热性竹林、季风常绿阔叶林、暖热性针叶林（植被亚型）中的思茅松林（群系）以及干热河谷稀树灌木草丛等。受地形、气候、土壤垂直变化影响，工程区植被具有垂直分布的特点：①澜沧江河谷两侧海拔812.00m以下区域，地形陡、土壤薄、石砾多，土壤保水性差，加之受河谷焚风效应影响，致使该区空气和土壤较为干燥，形成较大面积河谷季雨林（含季节雨林），而耐干旱、落叶性的黄竹林，成为这一区域最具景观特色和代表性的植被类型，它是在原生河谷季雨林遭到破坏之后形成的次生植被。②偏离澜沧江河谷的支流，空气和土壤趋于湿润，在海拔800.00～1000.00m形成少量以千果榄仁为标志物种的半常绿季雨林。③海拔900.00～1300.00m的广大山地、山坡地段，分布面积最大的植被类型为季风常绿阔叶林。④海拔1200.00m以上贫瘠的砂岩山地分布原生性的思茅松林（海拔1100.00m以下思茅松林面积相对较小，主要是季风常绿阔叶林遭到破坏后形成的次生林）。构成思茅松林的植物种类相对贫乏，除思茅松外，主要是一些耐干旱和耐贫瘠的种类。⑤由于垦殖、轮耕、放牧、砍柴等人为活动，工程区形成一定面积的干热河谷稀树灌木草丛，如澜沧江河谷坡面海拔650.00～900.00m的虾子花—香茅草稀树灌木草丛；海拔1000.00～1500.00m的飞机草—余甘子—潺槁木姜子—偏叶榕群落等。

6.1.2 工程建设可能造成的水土流失特点及危害分析

糯扎渡水电站为特大型水电站，工程规模巨大，施工项目多，技术复杂，专业性强，施工工期长，其坝高、坝体填筑方量及施工技术指标均居世界同类工程前列。工程由枢纽工程、施工临时工程、移民安置工程及水库淹没改线工程等组成，其建设过程中，工程征占地影响范围内地表将遭受不同程度的人为破坏，局部地貌发生较大改变，如不采取水土保持措施，可能对区域土地生产力、区域生态环境、河道水质及行洪安全、糯扎渡等水电站运行安全，以及周边群众的生产生活等造成不同程度的危害。

1. 工程枢纽施工区水土流失特点及危害

糯扎渡水电站坝址区为中山峡谷地貌，坝址河谷呈不对称V形，两岸地形总体较陡，阶地不明显，冲沟较发育。土壤侵蚀类型属水力侵蚀为主的西南土石山区，原生水力侵蚀形式主要为面蚀，其次为沟蚀，但崩塌堆积体不发育。对项目施工区水文气象、地形、坡度、坡长、土壤及植被等现状调查分析的结果表明，工程枢纽施工区天然状态下，水土流失程度较轻，除少量坡耕地、疏林地和园地有中、轻度水土流失发生外，大部分区域基本不存在水土流失，良好的植被是该区域水土流失程度较轻的重要保障。

枢纽工程施工区水土流失主要集中在工程施工期，具有典型的人为加速侵蚀特点，主要体现为水土流失区集中、流失形式多样、对地表扰动幅度大、土石方挖填数量巨大、水土流失危害显著等特点。糯扎渡水电站为特大型水电工程，沿澜沧江两岸数千米范围内集中布置数量众多、规模较大的永久和临时施工建筑物，包括大坝、厂房、溢洪道等永久建筑物和场内外施工公路、土石料开采区、存弃渣场及大量临时施工生产生活设施，水土流失主要集中产生于这些建筑物及施工设施的建设过程，由于各施工区开挖扰动形式不同，产生的水土流失形式和侵蚀强度也各不相同，主要表现为面蚀、沟蚀、重力侵蚀（滑坡、塌方）等。糯扎渡水电站工程枢纽施工区占地面积约11.52km^2，土石方开挖量达6815.98万m^3（自然方），其对原地貌的扰动不仅仅局限于施工区表面，而是深达地下数十米，大坝基础、地下厂房洞室、各种隧洞开挖及土石料开采过程中，均会使区域内地表植被和土壤遭到严重破坏。糯扎渡水电站工程共设置16个存弃渣场，存弃渣总量约9590万m^3（松方），其中勘界河存弃渣场最大堆渣量达2447万m^3（松方），右-Ⅰ和右-Ⅱ弃渣场最大堆渣高度甚至超过200m，存在较大的安全稳定风险。据预测，糯扎渡水电站枢纽区工程建设期间将扰动地表面积1022.64hm^2，损坏水田、园地、林地等水土保持设施782.86hm^2，产生弃渣7972万m^3（松方）。如不采取水土流失防治措施，项目施工区因工程建设将新增水土流失量1766.30万t，水土流失将达到强度—剧烈侵蚀程度。

糯扎渡水电站工程建设造成的水土流失危害主要表现为大量表土被剥离和破坏，土壤保土、保水、保肥能力降低，导致区域土壤贫瘠化，土地生产力降低；区域植被在施工过程中遭到严重破坏，导致区域林草覆盖率降低，物种数量减少，一些野生动物生境受到干扰；暴雨季节弃渣形成泥石流等灾害，影响电站、公路设施正常施工和安全运行，对施工人员和当地居民人身安全构成威胁；大量弃渣随暴雨洪水进入河道，侵占行洪断面，影响行洪安全，侵占下游景洪水电站水库库容，影响其发电效益，同时因景洪水电站水库回水位抬高而影响糯扎渡水电站的发电效益等。

2. 水库淹没改线公路水土流失特点及危害

糯扎渡水电站水库淹没改线公路主要贯穿的澜沧县糯扎渡镇为澜沧县东部中山轻度流失区，森林覆盖率较高。改线公路沿线原生水土流失程度较轻，土壤侵蚀模数为850t/(km^2·a)。除K129＋000～K140＋400段为中度侵蚀外，其他路段为微度或轻度侵蚀。

公路工程为线状工程，水土流失集中在公路施工期间，尤其是路基开挖过程，挖损破坏原来的地形地貌、植被、土壤，流失范围呈线状分布，流失形式以重力侵蚀为主，其次为面蚀和沟蚀，也是典型的人为加速侵蚀。据预测，淹没改线公路建设期间，将扰动地表面积 164.12hm^2，损坏水土保持设施 142.27hm^2，产生弃渣 307.89 万 m^3（自然方）。如不采取水土流失防治措施，该区将新增水土流失量 78.81 万 t。

公路建设过程将导致沿线地表遭受不同程度扰动，局部地貌发生较大改变，大量公路沿线分布的弃渣场在暴雨季节极易发生滑坡、塌方，甚至形成泥石流，严重影响沿线农田、道路安全和沿线景观，增加下游河道含沙量；公路施工过程中路基及边坡滑塌，将影响电站正常施工。

3. 移民安置区水土流失特点及危害

糯扎渡水电站移民安置工程涉及普洱市和临沧市 9 个县（区），安置区所属各县（区）森林植被覆盖度相对较高，区域土壤侵蚀强度总体为轻度。移民安置规划选定的移民安置点多为地形坡度较缓的平坝区或微丘陵地貌区，土地利用现状为水田、旱地、林地、园地及其他用地。移民安置区原生土壤侵蚀强度以轻度侵蚀为主，局部区域可达到中度侵蚀。水土流失形式以面蚀为主，其次为沟蚀，多发生在裸露的坡耕地、园地和疏林地上。

移民安置区水土流失主要发生在各安置点及其配套基础设施建设、耕地开发利用过程中，具有流失面积大、流失形式多样、涉及面广、流失点多且分散的特点。据预测，移民安置过程中将扰动地表面积 7390hm^2，产生弃渣 406.65 万 m^3（自然方）。如不采取水土流失防治措施，该区因工程建设将新增水土流失量 392.26 万 t。

移民安置是一个庞大的系统工程，安置过程中如果不做好水土流失防治工作，将会给这些地区造成新的水土流失。主要表现为安置区局部地貌发生较大改变，部分具有水土保持功能的林地被开垦成耕地和园地，导致区域林草覆盖率降低；大量弃渣堆置于各安置区周边，雨季极易发生滑坡、塌方，甚至形成泥石流，影响周边农田、道路安全和景观，增加河道含沙量，影响当地居民及移民正常生产生活，甚至对他们的人身安全构成威胁。

4. 库岸失稳区水土流失特点及危害

水库库岸区的水土流失以滑坡、塌方等重力侵蚀形式为主，分布于水库沿岸，发生在工程运行期间，是由水库蓄水后发生库岸再造而引起的，是不可避免的环境地质现象。

6.1.3 分析结论

综上所述，糯扎渡水电站工程区具有光热条件较好、水资源丰富、土壤有机质和总氮含量高、工程区植被垂直分布、经过建设扰动的地表地形差异较大等特点。糯扎渡水电站工程施工将大幅改变工程扰动区天然地貌，其中枢纽工程区及道路区将形成高陡硬质边坡，存弃渣场由于开挖土石堆弃，形成松散堆垫地貌，土料场和石料场开采结束后形成典型的挖损地貌，施工场地是被占压若干年的原土地，施工临时建筑拆除后，地表一般较为平整，但土壤多被压实，且地表多有杂物、石块。如不采取水土保持措施，可能对区域土地生产力，区域生态环境、河道水质及行洪安全、电站运行安全，以及周边群众的生产生活等造成不同程度的危害。必须采取强有力的水土保持工程措施和植物措施以减轻工程施工造成的水土流失危害。其中工程措施主要包括拦挡、边坡防护及截排水等措施。水土保持植物措施应充分考虑各防治分区的施工特点、地形等立地条件，选择水土保持效益较好、速生、适宜当地生长的树草种进行施工迹地植被恢复。

6.2 国家对水土保持的相关政策法规要求

水土保持是指对自然因素和人为活动造成的水土流失所采取的预防和治理措施。20世纪80年代以来，我国的水土保持工作主要以小流域为单元开展水土流失综合治理。通过层层设防，节节拦蓄，增加地表植被，以涵养水源，调节小气候，有效地改善生态环境和农业生产基础条件，减少水、旱、风沙等自然灾害，促进产业结构调整和农业增产、增收。

1991年6月29日，第七届全国人大常委会第二十次会议审议通过了《中华人民共和国水土保持法》。这是我国出台的第一部关于水土保持的专门性法典。该法及其实施细则对水土流失的预防、治理及水土保持工作的监督管理等进行了系统规定，主要提出水土保持规划制度、划定水土流失重点预防区制度、水土流失公告制度、水土保持方案和“三同时”制度、水土流失治理的行政代执行制度等；明确提出在建设项目环境影响报告书中，必须有水行政主管部门同意的水土保持方案的规定，并提出了水土保持方案编制规定。

1993年1月，国发〔1993〕5号文《国务院关于加强水土保持工作的通知》要求各级人民政府和有关部门必须从战略的高度认识水土保持是山区发展的生命线，是国土整治、江河治理的根本，是国民经济和社会发展的基础，是我们必须长期坚持的一项基本国策。

1994年11月22日，水利部、原国家计委、原国家环境保护总局发布的《开发建设项目水土保持方案管理办法》（水保〔1994〕513号，2017年12月水利部令第49号文废止）第二条规定：在山区、丘陵区、风沙区修建铁路、公路、水工程、开办矿山企业、电力企业和其他大中型工业企业，其建设项目环境影响报告书中必须有水土保持方案。第三条规定：水行政主管部门负责审查建设项目的水土保持方案，建设项目环境影响报告书中的水土保持方案必须先经水行政主管部门审查同意。

1998年11月18日，国务院第10次常务会议通过《建设项目环境保护管理条例》（中华人民共和国国务院令第253号），第八条第七款明确：环境影响评价结论部分，涉及水土保持的建设项目，还必须有经水行政主管部门审查同意的水土保持方案。该条例从保护环境的角度进一步确立了水土保持方案的法律地位，正式拉开了单独编制和审查开发建设项目水土保持方案的序幕，并在以后的实践中，从水土保持方案及水土保持后续设计，水土保持措施落实，水土保持监测、监理和监督管理，以及水土保持工程专项验收等方面不断强化和完善水土保持政策、技术标准和监督管理体系。

2011年3月1日，修订后的《中华人民共和国水土保持法》正式施行，新修订的水土保持法充分体现了新形势下我国对水土流失治理和水土保持工作的新要求，体现了和谐发展、可持续发展、科学发展观的时代特点，主要表现在凸显了水土保持规划的作用，加强了政府部门的职责，细化了生产建设项目的监管内容，明确提出单独编制水土保持方案报告书的要求，并对生产建设项目的选址选线，水土保持方案报告书的编制、审批、实施、检查和法律责任等进行了详细规定，强化了违反水土保持法应承担的法律责任和可操作性。

6.3 水土流失分区防治措施体系及实施

6.3.1 水土流失防治责任范围及防治分区

糯扎渡水电站工程水土流失防治责任范围总面积为52361hm²，其中项目建设区33433hm²，包括项目施工区、进场公路局部改建区、水库淹没区；直接影响区18928hm²，包括水库淹没改线公路区、移民安置区、水库库岸失稳区。

根据糯扎渡水电站工程水土流失防治责任范围、主体工程布局和可能造成的水土流失危害，将需进行防治的水土流失防治范围划分为5个防治分区，即：项目施工区、进场公路局部改建区、水库淹没改线公路区、移民安置区和水库库岸失稳区。为使水土保持措施更具针对性，各防治分区又被进一步划分为二级分区，糯扎渡水电站工程水土流失防治分区如图6.3-1所示。

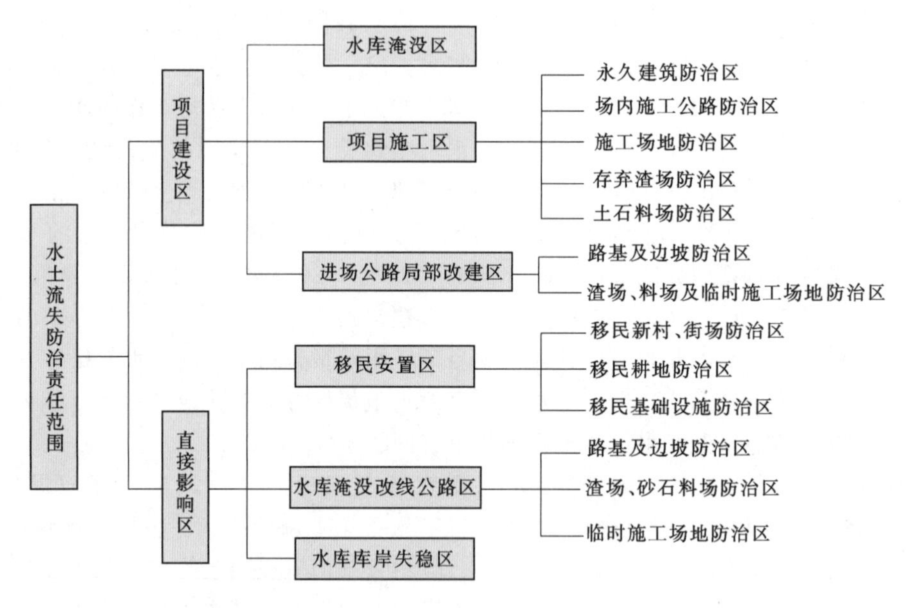

图6.3-1 水土流失防治分区图

6.3.2 水土流失防治措施体系

根据糯扎渡水电站工程水土流失防治分区工程特点和当地自然条件，在考虑主体工程设计已有水土保持设施的基础上，因地制宜，建立水土流失分区综合防治措施体系：坚持工程措施与植物措施相结合，“点、线、面”相结合，通过拦挡工程、排水工程、场地整治工程、边坡防护工程、植树、种草及复耕等措施进行综合治理，并做好施工过程中水土流失的预防和控制工作。糯扎渡水电站工程水土流失防治措施体系如图6.3-2所示。

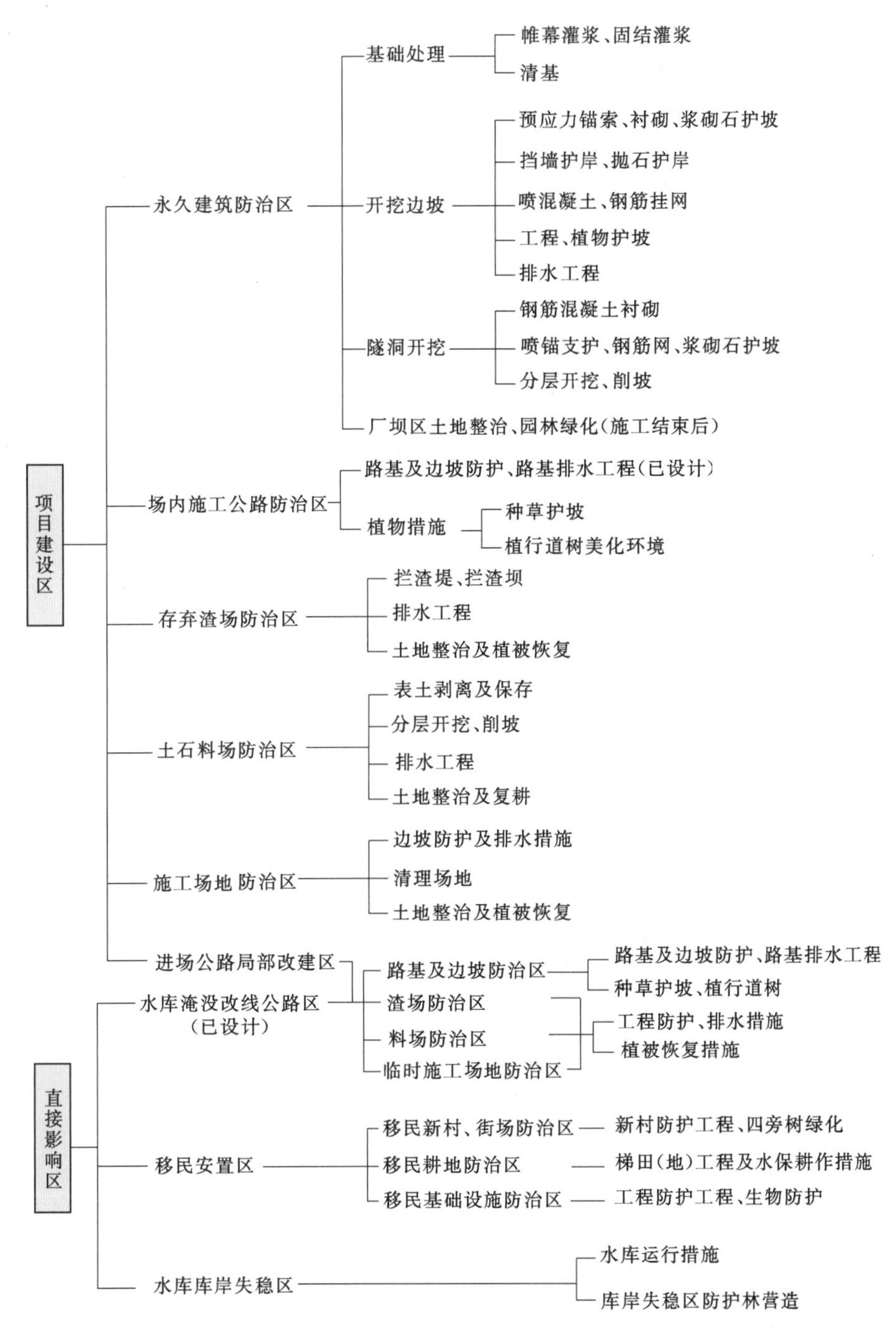

图 6.3-2 水土流失防治措施体系图

6.3.3 项目施工分区防治措施及实施情况

1. 永久建筑防治分区

(1) 分区防治措施。该区主要包括水库大坝、发电厂房、溢洪道、左右岸泄洪洞、进水口、观景平台等永久建筑物，以及电站永久办公和生活区等区域，占地面积156.20hm²。由于主体工程在大坝、厂房基础处理和大坝边坡开挖设计中已采取支护、固结灌浆、衬砌、挡护、排水等工程措施确保永久建筑物基础、边坡的稳定，因此，该区水土流失防治是以植物措施为主，辅以必要的挡护、排水、土地整治等工程措施，通过园林化设计与实施，改善项目区生态环境，创建优美的工作、生活环境。

（2）实施情况及效果。糯扎渡水电站水库大坝、溢洪道、导流洞等永久水工建筑物形成的高陡边坡坡比为 1∶0.3～1∶0.5，在采取分级削坡、边坡锚杆支护、网格梁护坡、喷混凝土等工程措施进行硬化防护的基础上，积极采用新技术，提升项目区生态环境质量，选用植生网坡面＋马道种植槽（池）绿化技术、网格梁护坡植草等措施，对永久建筑形成的高陡硬质边坡进行生态恢复，并对电厂平台、业主营地（实际位置调整至坝下澜沧江左岸支流大中河左岸思澜公路 82km 处）及周边打造相应园林景观。

永久建筑防治分区植物措施实施效果如图 6.3－3 所示（本节图片均由华能澜沧江水电有限公司糯扎渡水电工程建设管理局提供）。

2. *存弃渣场防治分区*

（1）分区防治措施。该区主要包括大坝右岸上游弃渣场、勘界河弃渣场、火烧寨沟弃渣场、左右岸下游沿河弃渣场，以及勘界河、火烧寨沟、左岸上游存料场，总占地面积281.08hm²。存弃渣场是松散的堆积体，存在不均匀沉降现象，降水易于入渗，极易成为滑坡或泥石流的策源地，是水土流失防治的重点之一。因此，该区水土保持措施体系是将每个渣场看成各自独立的系统，堆渣体作为主要建筑物，周边排水、挡渣设施等为次要建筑物。根据渣场的容量、堆渣高度、失稳可能造成的危害及程度等，选用适宜的工程设计标准和工程措施，并与水土保持植物措施相结合，即：在渣体下方修筑挡渣墙、拦渣坝及拦渣堤护住渣体坡脚，坡面采取必要的削坡、护坡工程，结合地形在渣体周边及渣体内布置截排水设施。堆渣结束，对渣体进行整治，尽快进行土地复垦或植被恢复。其中，堆渣平台拟选用思茅松、红木荷（*Schima wallichii*）、麻栎（*Quercus acutissima*）、西南桦（*Betula alnoides*）、旱冬瓜（*Alnus nepalensis*）、重阳木（*Bischofia polycarpa*）等树种营造水保型用材林，堆渣坡面选用炮火绳（*Eriolaena spectabilis*）、余甘子（*Phyllanthus emblica*）等树种营造水土保持林或者选用龙舌兰（*Agave americana*）进行绿化。

（2）实施情况及效果。

1）工程措施：糯扎渡水电站 16 个存弃渣场水土保持工程措施全部落实，主要分布于大坝上下游大小沟道及坝下河道左右岸。各渣场主要采取的工程措施为：渣场下部修建拦渣坝（墙、堤），根据各渣场的实际地质地形条件、渣场容量及当地材料情况，主要选用浆砌石或钢筋铅丝石笼，地质条件较差的，则采用混凝土挡墙；对堆渣边坡进行整治和防护，堆渣边坡坡比为 1∶1.5，永久边坡坡比为 1∶1.5～1∶3。堆渣体约 20m 高差设置一条马道，马道宽度一般为 5m，个别为 2m，也有 15～36m 宽的；渣场上游设置截排水设施，渣面设置纵横向排水沟渠，其中，对堆渣容量较大的勘界河存弃渣场、火烧寨沟存弃渣场，根据沟谷型渣场情况设截水坝和排水洞，将沟内长流水集中通过隧洞直接引至澜沧江中，减小渣体两侧截排水压力。堆渣结束后，渣坡根据需要进行工程及植物护坡，其中，火烧寨沟渣场采用网格梁护植草护坡；勘界河存弃渣场位于正常蓄水位以下，其出口

(a) 右坝肩开挖边坡植生网坡面绿化

(b) 右坝肩开挖边坡喷混植草绿化

(c) 左岸溢洪道开挖边坡网格梁植草护坡

(d) 电厂平台绿化

(e) 业主营地院内绿化

(f) 业主营地场外河道治理

图 6.3-3　永久建筑防治分区植物措施实施效果图

位于电站进水口前，渣坡全坡面采用干砌石护坡。目前，该渣场已全部淹没于水下，从运行效果看，干砌石护坡运行良好；据调查，左、右岸下游沿河弃渣场未采用钢筋石笼压坡。

2）植物措施：存弃渣场在堆渣平台选用思茅松、金合欢（*Acacia farnesiana*）、狗牙根（*Cynodon dactylon*）及香根草（*Vetiveria zizanioides*）等进行乔、灌、草混交，在渣场网格梁护坡坡面的网格内撒播木豆（*Cajanus cajan*）和猪屎豆（*Crotalaria pallida*），以及装填狗牙根和香根草草籽的植生袋；在渣场马道种植金合欢、狗牙根、香根草等进行灌、草混交，同时在马道外侧栽植爬山虎（*Parthenocissus tricuspidata*）及常春油麻藤（*Mucuna sempervirens*）等藤本植物辅助进行坡面绿化。

存弃渣场防治分区工程措施及植物措施实施效果如图 6.3-4 所示。

(a) 火烧寨沟渣场上部挡水坝

(b) 火烧寨沟存弃渣场上部截排水沟

(c) 火烧寨沟Ⅱ区料存渣场场地排水沟

(d) 火烧寨沟 A 区弃渣场绿化

(e) 勘界河存弃渣场沟口

(f) 勘界河存弃渣场沟口干砌石护坡

(g) 左右岸下游沿江弃渣场钢筋石笼挡墙及植被

(h) 上游弃渣场下部钢筋石笼挡渣墙及植物措施

图 6.3-4 (一) 存弃渣场防治分区工程措施及植物措施实施效果图

(i) 火烧寨沟排水洞进口　(j) 火烧寨沟排水洞出口

(k) 勘界河弃渣场绿化　(l) 右岸上游弃渣场绿化

图 6.3-4（二） 存弃渣场防治分区工程措施及植物措施实施效果图

3. 土石料场防治分区

（1）分区防治措施。土石料场指白莫箐石料场和农场土料场，总面积 83.74hm^2。水土保持方案提出在料场使用期间，应分层开挖，开挖坡度满足边坡稳定要求，视地形的需要修建排水设施。采料结束后，清理石渣，通过场地整治后，进行土地复垦或植被恢复。其中，由于白莫箐石料场终采平台位于水库淹没线以下，方案仅考虑覆土 30cm，选用狗牙根、类芦（*Neyraudia reynaudiana*）等草种进行绿化的临时措施。

（2）实施情况及效果。

1）白莫箐石料场：实际仅启用了Ⅱ号采区，Ⅰ号采区剥离表土后未进行石料开采。石料开采程序和爆破方法满足设计要求，开采前在石料场开采范围上部建设截水天沟，施工过程中，对位于料场开采范围内的冲沟设置钢筋石笼挡渣坝，在石料场底部高程 800.00m 施工便道内侧布置钢筋石笼挡渣墙。开采过程中及时对边坡进行喷锚防护，施工结束后对垂直开采面实施了挂网混凝土喷锚护坡，全面实施了场地浆砌石排水设施；对已剥离表土的Ⅰ号采区裸露地表实施了浆砌石挡坎墙及撒草防护措施。目前，石料场Ⅱ号采区终采平台已被淹没，库水面以上垂直开采边坡稳定。

2）农场土料场：按设计提出的开采时序分级开采、分级拦挡，并修筑了场地排水沟。在土料场两侧冲沟分级设置拦沙坝，防止开采期间土料顺坡流入两侧冲沟。开采结束后对开采迹地整治并撒播种草绿化，未按设计实施复耕。

土石料场防治分区工程措施及植物措施实施效果如图 6.3-5 所示。

(a) 石料场Ⅱ区开采区边坡锚喷护坡　(b) 石料场上部截水天沟

(c) 石料场Ⅰ区地表剥离后的治理　(d) 土料场天然冲沟拦沙坝

(e) 土料场场地排水沟　(f) 土料场开采平台绿化

图6.3-5 土石料场防治分区工程措施及植物措施实施效果图

4. 场内施工公路防治分区

(1) 分区防治措施。该区包括永久公路R1、R2、R3、R5、R16和临时公路R4～R15及R17～R23共23条公路。经分析，主体工程已对场内施工公路路面进行硬化设计，路两侧视地形提出削坡、浆砌石挡墙护脚、浆砌块石、喷混凝土等护坡工程，以及截水沟、浆砌石边沟等排水措施设计，满足公路路基及边坡稳定要求。水土保持方案提出采取种植行道树、种草护坡等生物防护措施，进一步巩固路基及边坡，减轻水土流失，美化施工区环境。

(2) 实施情况及效果。施工过程中对场内施工道路进行了调整，实际修建了21条。按主体工程设计要求，实施了路基及边坡工程防护措施，建设了道路排水系统。生态恢复措施主要为在道路两侧种植行道树，道路边坡绿化以植被恢复为主，采用草灌播种，结合藤本植物进行绿化，起到了良好的水土保持效果。施工过程中，增加了进场公路外侧弃渣填筑平台景观绿化，并结合工程实际，选用植生网坡面＋马道种植槽（池）绿化技术，对道路高陡硬质边坡进行生态恢复，达到了绿化、美化、软化边坡的目的。选用的植物主要有红花羊蹄甲、小叶榕（*Ficus microcarpa*）、高山榕（*Ficus altissima*）、黄槐（*Cassia surattensis*）、喜树（*Camptotheca acuminata.*）、铁刀木（*Cassia siamea*）、鱼尾葵（*Caryota ochlandra*）、散尾葵（*Chrysalidocarpus lutescens*）、朱槿（*Hibiscus rosa - sinensis*）、美蕊花（*Calliandra haematocephala*）、金边龙舌兰（*Agave americana var. marginata aurea*）、猪屎豆、常春油麻藤、薜荔（*Ficus pumila*）、萼距花（*Cuphea hookeriana*）、铁丝草（*Adiantum capillus - veneris*）、地毯草（*Axonopus compressus*）、马尼拉草（*Zoysia matrella*）等。

场内施工公路防治分区植物措施实施效果如图 6.3-6 所示。

(a) 场内施工道路上边坡绿化

(b) 场内施工道路下边坡网格梁植草

(c) 右岸坝顶公路混凝土边坡挂网及藤本植物

(d) 道路行道树及草坪

图 6.3-6　场内施工公路防治分区植物措施实施效果图

5. 施工场地防治分区

（1）分区防治措施。该区主要包括砂石加工系统、混凝土生产系统、承包商营地等临时房屋建筑工程及其他施工辅助企业占用的场地，总面积约 102.77hm^2。该区水土流失防治措施是在施工期间，做好施工场地周边的排水，辅以适当挡护工程，保障其自身的安全；施工结束后，及时拆除施工场地不再使用的施工设施、临时房建后，进行土地整治，视周边环境，恢复植被或复垦。

（2）实施情况及效果。施工期按设计要求落实了施工场地的拦挡（拦水坝）、截水天沟、排水沟、护坡等措施，以及植被恢复措施，采用乔、灌、草及藤本植物实现立体搭配，通过规则式与自然式相结合的植物配置手法进行景观配置，在绿化美化的同时，发挥了很好的水土保持效果。主要选用的植物有小叶榕、高山榕、铁刀木、鱼尾葵、金边龙舌兰、常春油麻藤、铁丝草、地毯草、马尼拉草等。

施工场地防治分区工程措施及生态恢复实施效果如图6.3-7所示。

(a) 骨料存放场浆砌石挡墙

(b) 承包商营地院外开挖边坡挡墙

(c) 右岸下游施工迹地植被恢复

(d) 承包商营地院内植物绿化

图6.3-7 施工场地防治分区工程措施及生态恢复实施效果图

6.3.4 进场公路局部改建分区防治措施及实施情况

转弯半径或路桥涵荷载不能满足糯扎渡水电站重大件运输要求的思（茅）—澜（沧）公路思茅—坝址段12处需改建进场公路路段，路面应进行硬化设计，视工程需要，采取设置路肩，削坡、浆砌石挡墙护脚、浆砌块石、喷混凝土、种草等护坡工程及截水沟、浆砌石边沟等排水措施，以确保路基及边坡稳定。同时采取种植行道树、种草护坡等生物防护措施，进一步巩固路基及边坡，恢复进场公路沿线植被。另外，应采取挡护、排水及植物措施做好改建区渣场、料场、临时施工场地的水土流失防治及植被景观恢复工作。

左右岸进场公路工程措施及植物措施实施效果如图6.3-8所示。

6.3.5 移民安置分区防治措施及实施情况

（1）分区防治措施。糯扎渡水电站移民安置主要包括移民安置点、景谷县益智乡政府

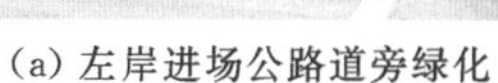

(a) 左岸进场公路道旁绿化

(b) 右岸进场公路边坡防护

图 6.3-8　左右岸进场公路工程措施及植物措施实施效果图

驻地（为非建制镇）、澜沧县的虎跳石和热水塘街场异地搬迁，以及专业项目改（复）建等，具有建设点多且较为分散，但工程规模及扰动范围相对较小的特点。受当时移民安置主体工程设计深度限制，编制水土保持方案时，根据安置区工程组成特点，从移民新村、街场建设，移民耕地建设和移民区公路、水利、输电线路等专项设施建设等三大类建设内容，提出水土流失防治措施的设计原则和基本要求，用以指导移民安置区后续水土保持工作，供地方政府在建设、管理移民安置区时进行参考。

（2）实施情况及效果。在移民安置工程实施过程中，由于国家有关移民安置政策发生了重大调整，生产安置调整为货币补偿，导致移民方案也发生了较大变化，加之国家对水电工程移民安置环境保护和水土保持工作要求不断提高，原云南省移民开发局先后委托昆明院开展了移民新村、益智乡政府驻地搬迁、安置区配套道路等项目的水土保持方案编制，以及相应安置点的初步设计阶段、施工详图阶段的水土保持设计，针对移民安置水土流失特点优化和细化了移民安置区水土流失防治分区和措施体系。

移民安置区水土保持措施实施效果参见景谷县益智乡水土保持措施实施效果，如图 6.3-9 所示。

6.3.6　水库淹没改线公路分区防治措施及实施情况

（1）分区防治措施。该区系指因糯扎渡水电站水库建成蓄水后将淹没思澜公路 K98～K134 约 36km 路段，需新建一条长约 63.33km 的改线公路恢复思澜公路畅通，总占地约 164.12hm^2，包括公路路基及边坡，以及沿线弃土场、砂石料场及临时施工用地区。各区水土流失防治措施体系同项目施工区场内施工公路防治区措施体系。

（2）实施情况及效果。水库淹没改线公路在糯扎渡水电站筹建期由建设单位出资交由当地政府组织实施。目前，已由当地公路管理部门负责管理及日常维护，相应水土保持措施已落实。

6.3.7　水库库岸失稳分区防治措施及实施情况

该区结合电站库岸失稳区处理措施规划，对水库的运行和管理提出相应要求，结合澜沧江防护林体系建设工程，对库岸失稳区防护林的营造提出水土保持要求和建议，并对水库周

(a) 益智乡安置点周围挡墙

(b) 益智乡安置点边坡网格梁防护

(c) 益智乡安置点边坡防护及景观绿化

(d) 益智乡安置点排水沟

(e) 益智乡移民新村房屋建设及村内道路

(f) 益智乡安置点边坡绿化

(g) 益智乡安置点景观绿化

(h) 益智乡安置点道路两侧草坪

图 6.3-9 景谷县益智乡水土保持措施实施效果图

边及上游地区提出实施封山育林育草，退耕还林还草，涵养水源，减少水土流失的建议。

6.4 水土保持措施典型设计

6.4.1 勘界河沟道型存弃渣场水土保持措施设计

存弃渣场是松散的堆积体，存在不均匀沉降现象，降水易于入渗，极易成为滑坡或泥石流的策源地，是水土流失防治的重点之一。受地形限制，利用电站开发河段支沟进行渣料堆存，是水电工程建设中最常见的堆渣方式。本节以糯扎渡堆渣规模最大的勘界河渣场为例，对水电工程沟道型存弃渣场水土保持措施设计进行介绍。

6.4.1.1 渣场基本情况及特点

（1）勘界河是位于坝址上游澜沧江左岸的一级支沟，其汇口距坝轴线约500m，河道全长约5000m，为有常年流水的冲沟。选定的勘界河渣场布置于该支沟汇口以上2950～3000m长的沟段范围内，河床平均坡度为2.67%，河段河床弯曲，河谷较开阔，两岸冲沟发育，但多数仅在雨季有洪水产生。

（2）堆渣区为一单斜地层，产状基本一致。断裂构造不发育，未见Ⅲ级和Ⅳ级结构面，节理发育规律性差，延伸短小，在局部地段泥岩中节理密集发育，岩石呈鳞片状。物理地质作用较弱，以风化作用为主，其次为表层的崩塌。河床部位岩石一般为弱风化，局部有强风化，两岸随着高程的增加，出现全风化及强风化岩体，其厚度逐渐增加。

（3）堆渣区出露的地层为三叠系中统忙怀组下段的粉砂岩、泥岩及砂砾岩、角砾岩，顶部为长石石英砂岩，三叠系中统忙怀组上段的硅质岩或流纹岩，侏罗系中统和平乡组的粉砂岩或泥岩，底部可见硅质岩及砾岩，以及分布于河床及两侧较低部位的冲积层，广泛分布于两岸山坡的坡积层，零星分布的崩积层和洪积层，主要为砂卵砾石、块石、碎石及粉土、黏土，成分混杂。

（4）勘界河渣场两岸未发现大的滑坡体和其他深厚的松散堆积体，其稳定性较好，堆渣场的拦渣坝部位除了较薄的坡积层外，均为砂、泥岩等，强度满足堆渣要求。

（5）勘界河渣场包括位于勘界河中的混凝土骨料存渣场、Ⅱ区料存渣场和勘界河弃渣场。渣场总容量为3400万m^3，实际堆渣量为3330万m^3，是糯扎渡堆渣规模最大的渣场，其堆渣总量占工程总堆渣量的34.7%，其中堆存弃渣的量占总弃渣量的35%。

（6）勘界河位于大坝上游左岸，电站进水口旁，高程680.00m以下两岸地形较陡、河底宽度较窄，可堆存容量不大，加之其下游有1号、2号、5号导流洞和左岸泄洪洞等建筑物，堆渣条件较差。高程680.00m以上至上游两条沟交汇处河底较平坦，可堆存容量较大。因此，渣场沿勘界河自下而上分别布置洞挖料、Ⅱ区料，由高程693.00m堆存至高程802.00m，高出糯扎渡水库死水位37.00m，低于水库汛限水位2.00m。

（7）由于勘界河渣场位于水库区，其下游为电站进水口，1号、2号、5号导流洞和左岸泄洪洞等建筑物，无论施工期，还是运行期，渣场的稳定对电站影响都较大。因此，做好渣场防护十分重要。

勘界河渣场特性见表6.4-1。

表 6.4-1 勘界河渣场特性表

名称	分布高程/m	最大堆高/m	规划容量/万 m^3	堆渣量/万 m^3	渣料来源
勘界河弃渣场	700.00～802.00	102	2550	2447	5号导流洞、左岸泄洪洞、左坝肩、电站进水口、溢洪道、引水发电系统、施工工厂及场内交通
勘界河Ⅱ区料存渣场	695.00～800.00	105	650	704	左岸泄洪洞进口、电站进水口、溢洪道、出线场明挖
勘界河混凝土骨料存渣场	693.00～760.00	67	200	179	1～5号导流洞、左岸泄洪洞、厂房洞室
合计			3400	3330	

注 渣料开挖堆存与回采上坝是一个动态平衡过程；勘界河渣场总占地面积为 79.4hm^2。

6.4.1.2 建立水土流失综合防治措施体系

1. 设计原则及标准

(1) 把每个渣场看成各自独立的系统，堆渣体作为主要永久建筑物，周边排水、挡渣设施等为次要永久建筑物。遇设计标准洪水不会因渣体坍塌影响电站的正常运行。

(2) 根据渣场的容量、堆渣高度、失稳可能造成的危害及程度等，选用适宜的工程防护措施，并与水土保持植物措施相结合；工程设计标准和工程设计参数的确定必需满足有关技术规范的要求，做到既经济合理又安全可靠。

(3) 根据《水电枢纽工程等级划分及设计安全标准》(DL 5180—2003)、《防洪标准》(GB 50201—94) 以及《水土保持综合治理 技术规范》(GB/T 16453—1996)，考虑渣场的规模、失事可能造成的危害，本着安全可靠、经济合理的原则，确定渣场建筑物等级、安全系数及排水渠（沟）等设计标准，渣场设计标准见表 6.4-2。其中，勘界河渣场堆渣规模巨大，使用年限长，所处位置较敏感，其失事对导流洞、溢洪道及电站进水口可能影响较大，确定其渣场拦渣坝、拦水坝和排水洞为3级临时性建筑物。

表 6.4-2 渣场设计标准

存弃渣场名称	建筑物级别	渣体稳定安全系数	拦渣坝稳定安全系数		渣场防洪标准/%		排水渠（沟）设计标准/%	
			抗滑	抗倾覆	设计	校核	设计	校核
勘界河渣场	3	1.25	1.3	1.5	3.33	2	5	3.33

2. 渣场支沟设计洪水计算

糯扎渡项目施工区区域暴雨强度中等，多年平均年降水量为 1093mm，1日最大降水量平均值为 69.6mm，1日最大降水量为 93.1mm（1995年）。勘界河等支沟洪水具有历时短、陡涨陡落的特点。针对渣场冲沟进行小流域设计洪水分析计算。

(1) 基础资料：糯扎渡水电站坝址附近 1∶10000 地形图、糯扎渡水文站降水资料、《云南省暴雨径流查算图表》和《云南省水文手册》。

(2) 计算方法及成果。分别采用云南省暴雨径流查算图表法、推理公式法和小流域洪水经验公式法等三种方法对勘界河设计洪水进行计算。最终采用云南省暴雨径流查算图表法计算的成果。该方法对云南省内小流域洪水计算适用性较强，已在云南省得到广泛使用，在实际应用中具有较高的精度。具体算法：由《云南省暴雨径流查算图表》查出小流域重心暴雨、暴雨分区号、产流分区号及汇流分区号，根据地形图量算得到流域参数，计算出不同频率的设计洪峰流量。支沟设计洪峰流量计算成果见表6.4－3。

表6.4－3 支沟设计洪峰流量计算成果表

项　目	集水面积/km^2	设计洪峰流量/(m^3/s)			
		2%	3.33%	5%	10%
勘界河	44.45	346	308	290	245
勘界河侧沟		21.5	19.4	18.4	15.9

3. 建设存弃渣场水土流失综合防治体系

(1) 堆渣前在渣场下部坡脚设置拦挡设施。

1) 主要目的是维护坡脚稳定，反滤渣体渗水，防止渣体滑动；提高渣体起坡点高程，增加渣场容量。

2) 参照国内同类工程实践，根据坝址区地质条件、渣场使用期限、当地材料等因素，勘界河渣场施工期间选用钢筋石笼拦渣坝，坝顶宽2m，长21.4m，坝高4m，坝顶高程639.00m，下游坝坡坡比1∶0.8。为了保证拦渣坝稳定，要求对基础进行处理，使钢筋石笼置于较完整的基岩上，并使接触面倾向渣体。

3) 为保证运行期堆渣体稳定，确保电站进水口的安全，渣场使用结束后，考虑在勘界河拦渣坝以下新设3座混凝土拦渣坝。其中，A坝坝高6m，坝顶长45m，顶宽2m，上游坡比为1∶1，下游为直角，坝高10m；B坝坝高6m，坝顶长36m，顶宽2m，上游坡比为1∶1，下游为直角；C坝坝高6m，坝顶长54m，顶宽2m，上游坡比为1∶1，下游为直角。

(2) 设置畅通的排水体系。水电工程最初形成的存弃渣场弃渣以石渣为主，是非常松散的堆积体，受降水下渗及周边支沟洪水的影响，极易成为滑坡或泥石流的策源地，尽可能将渣场及周边来水拦截并排至下游，是防治水土流失的重要措施之一。糯扎渡水电站勘界河渣场通过设置相互贯通的排水体系，可保证渣场小流域范围内洪水安全排出。

1) 由于勘界河洪峰流量较大，考虑在渣场上游设置1座拦水坝和1条排水隧洞，将上游来水引至澜沧江排放。拦水坝为堆石坝，坝高31.1m，坝顶宽16m，高程为791.10m，迎水面坝体坡度为1∶3.5，背水面坝体坡度为1∶2.5。排水洞长3215m，断面为6.0m×7.8m（宽×高），坡度5.30%，出口高程610.00m。

2) 为防止渣场周边坡面径流对堆渣体造成冲刷，沿渣场堆渣范围线两侧设置浆砌石截排水沟，将坡面径流引至渣场下游天然冲沟。截水渠宽浅段断面尺寸为6.5m×0.4m（宽×高），明渠段过水断面为普通梯形断面，上底宽5.2m，深2.7m，内边坡坡比1∶0.5，外边坡坡比1∶0.3；排水沟过水断面为梯形，上底宽1.6m，深1.0m，内边坡坡比1∶0.5，外边坡坡比1∶0.3。截排水沟全部采用M10水泥砂浆抹面5cm，沟底设碎石垫层15cm。

3) 堆渣体的马道上设置马道排水沟，收集堆渣体坡面流，并与两侧截排水沟相连。马道排水沟排水纵坡为1%，断面尺寸为30cm×40cm（宽×深），为浆砌石排水沟。同时，在马道两侧设置积水井，用于排水沟消能，积水井尺寸为2m×2m×1m（长×宽×深）。

4）采用水力最优断面法计算截排水沟水力要素，保证截排水沟不冲不淤。

（3）严格控制堆渣程序，合理确定边坡坡角和护坡措施，维护堆渣体稳定，减少坡面水土流失。

1）渣场的边坡角度与弃渣渣体的边坡稳定及水土流失的防治关系密切，应充分利用渣料自身的稳定，同时考虑施工机械在坡面施工的需要，合理确定边坡角度。施工过程中应严格按照设计要求弃渣，杜绝因弃渣不当形成高陡边坡。糯扎渡勘界河渣场边坡施工期的设计坡比为1∶1.5，马道宽度为5m，相邻马道的高差为20m。工程运行期间，Ⅱ区料回采上坝后，将水下部分弃渣的边坡修至1∶3，以保证运行期堆渣体的稳定。

2）护坡工程一般采用工程措施与植物措施相结合的方法。工程措施主要为削坡、修建马道，对可能受河水冲刷影响的堆渣坡面，采用钢筋铅丝笼进行压坡。植物措施主要在堆渣体坡面或堆渣渣顶覆土绿化或复耕。糯扎渡勘界河渣场位于库区，最终堆渣高程为802.00m，（位于死水位765.00m与正常蓄水位812.00m之间），从表6.4-4糯扎渡水库丰、平、枯水代表年月末水库水位变化过程分析，水电站运行期间，整个渣体大多数时间都将淹没于汛限水位（804.00m）以下，无须排水。但设计枯水年库水位在2月、3月、4月、5月可能出现低于800.00m的情况，导致堆渣体有可能露出水面。为避免堆渣面受洪水冲刷，设计提出堆渣结束后，放缓堆渣体坡度至1∶3，并对堆渣面采用块石钢筋铅丝石笼整体护面，铅丝石笼断面为（长×宽×高）2.0m×0.5m×1.0m，压坡厚0.5m。由于电站运行期间，渣场大部分时间将被水库淹没，故不考虑采取植物措施。

勘界河渣场水土保持综合防治平面布置示意图如图6.4-1所示。

表6.4-4　糯扎渡水库设计代表年月末水位过程表　单位：m

代表年	6月	7月	8月	9月	10月	11月
丰水年	803.99	804	804	805.9	812	812
平水年	800.49	801.19	804	805.9	809.04	812
枯水年	804	804	804	805.90	806.63	811.69
代表年	12月	1月	2月	3月	4月	5月
丰水年	812	812	812	812	812	804
平水年	812	812	812	812	810.33	804
枯水年	812	807.86	790.85	770.65	765	765

6.4.1.3　渣场安全稳定分析及处理

1. 堆渣体的抗滑稳定分析计算

（1）工程渣料特性分析。

1）糯扎渡水电站工程渣料由石料、土料及部分有机质组成，石料占主要成分，可视为无黏性土考虑。渣料堆存时仅受到运输车辆和推土机械的初步碾压，不同于水工结构中经层层碾压的土石坝，堆渣体的密实性低，孔隙率高，不利于堆渣体稳定。随着时间推移，弃渣受自重、风化和降水（渗透水）侵蚀等作用影响，会逐渐固结沉降，密实度会有所提高，有利于提高堆渣体的整体稳定性。

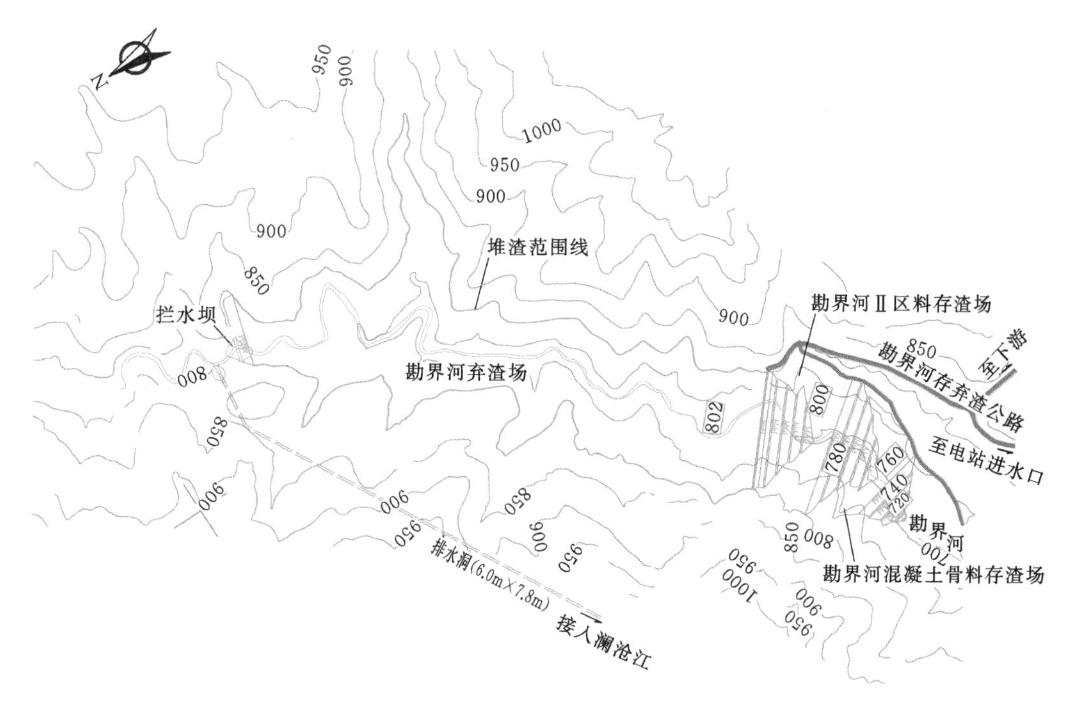

图 6.4-1　勘界河渣场水土保持综合防治平面布置示意图（单位：m）

2）堆渣体以石料为主，渗透系数高，在堆积过程中，粒径较大的颗粒也将先到达沟底，在渣场底部自然形成良好的排水垫层，对降低堆渣体浸润线、提高渣场稳定有利。

3）渣场在施工过程中逐层逐级弃渣，渣体会随施工进度出现不同的形象面貌。施工期间，必须保证堆渣体稳定，不发生滑坡和泥石流，确保安全弃渣和安全施工。渣场使用完成后，必须对堆渣体进行修整，使其最终体型满足稳定要求，且有利于覆土绿化。

（2）堆渣体抗滑稳定计算方法。

1）堆渣体的抗滑稳定计算，重点分析堆渣体在自重及外荷载（主要为地震荷载）作用下，是否会发生通过堆渣体或堆渣体与渣场基础的整体剪切破坏。糯扎渡渣场堆渣体的最大设计坡比为 1∶1.5，对应角度为 33.7°，缓于堆渣体的自然休止角，一般不会发生通过堆渣体的剪切破坏而导致堆渣体的边坡失稳。最有可能沿堆渣体与渣场底部的接触面发生整体剪切破坏，导致堆渣体整体滑动。因此，勘界河渣场仅计算堆渣体沿圆弧的抗滑稳定安全系数，判断堆渣体的稳定性。

2）抗滑稳定安全系数采用简化毕肖普法进行计算。

（3）计算成果分析。

1）根据勘界河渣场施工期和运行期的特点，拟定勘界河渣场 3 种堆渣坡度、5 种运行工况（即：施工期、施工期+7 度地震、运行期、运行期+7 度地震、水库水位骤降），分析堆渣体沿圆弧的抗滑稳定安全系数。

2）根据钻孔、注水、压水试验，通过分析整理及工程类比，确定堆渣料物理力学指标（表 6.4-5）。

3）计算表明，勘界河渣场在堆渣坡度小于等于 42°时，在各种工况下，堆渣体的抗滑稳定安全系数基本都大于允许安全系数1.25。而渣场实际堆渣坡度小于等于33.7°，而且勘界河渣场在运行期堆渣坡度将削缓至20°左右（表6.4-6）。

表6.4-5 堆渣体抗滑稳定安全系数计算采用参数表

<table>
<tr><th rowspan="2">渣料名称</th><th rowspan="2">编号</th><th rowspan="2">湿容重/(t/m³)</th><th rowspan="2">饱和容重/(t/m³)</th><th colspan="2">有效强度指标</th></tr>
<tr><th>凝聚力/kPa</th><th>内摩擦角/(°)</th></tr>
<tr><td rowspan="3">堆渣料</td><td rowspan="3">1</td><td rowspan="3">1.80</td><td rowspan="3">1.90</td><td rowspan="4">0</td><td>36</td></tr>
<tr><td>42</td></tr>
<tr><td>50</td></tr>
<tr><td>存渣</td><td>2</td><td>1.90</td><td>1.95</td><td>40</td></tr>
</table>

表6.4-6 勘界河堆渣体抗滑稳定安全系数计算成果表

<table>
<tr><th rowspan="2">计算工况</th><th colspan="3">计算安全系数</th><th rowspan="2">允许安全系数</th><th rowspan="2">实际堆渣坡度/(°)</th></tr>
<tr><th>50°</th><th>42°</th><th>36°</th></tr>
<tr><td>施工期</td><td>1.094</td><td>1.356</td><td>1.795</td><td rowspan="5">1.25</td><td rowspan="2">33.7</td></tr>
<tr><td>施工期+7度地震</td><td>1.004</td><td>1.244</td><td>1.646</td></tr>
<tr><td>运行期</td><td>2.185</td><td>2.708</td><td>3.584</td><td rowspan="3">18.4°</td></tr>
<tr><td>运行期+7度地震</td><td>1.457</td><td>1.806</td><td>2.389</td></tr>
<tr><td>水库水位骤降</td><td>2.081</td><td>2.604</td><td>3.480</td></tr>
</table>

2. 拦渣坝抗滑、抗倾覆稳定分析计算

根据工程实际，计算渣场拦渣坝（挡渣墙）抗滑稳定安全系数和抗倾覆稳定安全系数。计算成果表明，各渣场的拦渣坝整体抗滑稳定和抗倾覆稳定均满足规范要求，并留有一定的裕度，结构稳定，安全可靠。

3. 排水洞过流能力分析及处置

勘界河渣场排水洞设计洪水标准为30年一遇、50年校核，相应洪峰流量为308m³/s和346m³/s。排水洞断面尺寸为6.0m×7.8m（宽×高），设计最大过流能力为997m³/s，大于排水洞设计及校核洪峰流量。施工期间，勘界河排水洞采用无压隧洞引水，出口高程610.00m高于施工期水库20年一遇洪水相应水位，不存在排水受阻问题。分析表明，施工期间勘界河排水洞能够满足工程排水需要。电站蓄水运行后，水库将维持在死水位765.00m以上水位运行，高于排水洞出口高程610.00m，排水洞将失去排水功能。

6.4.2 左右岸下游沿河弃渣场边坡安全防护设计

除沟道型弃渣场外，将弃渣沿河两岸堆存，并作为水电施工场地，也是水电工程建设过程中的主要存弃渣形式之一。这一类渣场的设计，除应遵循沟道型渣场设计原则和要求外，必须充分考虑河道洪水对其边坡安全和渣体稳定的影响，尤其位于电站大坝下游的沿河型渣场。本节以糯扎渡水电站左右岸下游沿河弃渣场为例，介绍该类型渣场边坡安全防护设计的思路和主要措施。

6.4.2.1 渣场基本情况及特点

（1）左岸下游沿河弃渣场。位于糯扎渡大坝左岸下游约1.5km澜沧江沿岸的缓坡地带，主要利用开挖弃渣填筑形成35.32hm²的弃渣平台，作为Ⅰ标、Ⅲ标下游工作面施工场地、Ⅴ标施工场地及其他标的施工场地。渣场特性见表6.4-7，设计标准见表6.4-8。

（2）右岸下游沿河弃渣场。位于糯扎渡大坝右岸下游澜沧江沿岸的缓坡地带，通过弃渣先期填筑形成27.04hm²的弃渣平台，用作Ⅱ标、Ⅲ标、Ⅳ标下游侧施工场地。渣场特性见表6.4-7，设计标准见表6.4-8。

表6.4-7　左右岸下游沿河弃渣场特性表

名　称	分布高程/m	最大堆高/m	规划容量/万 m³	堆渣量/万 m³	堆渣面积/hm²	渣料来源
右岸下游沿河弃渣场	600.00～628.00	28	224	213	35.32	尾水洞出口、右岸低线公路
左岸下游沿河弃渣场	600.00～628.00	28	506	460	27.04	1～2号导流洞、左岸泄洪洞、尾水洞、左岸低线公路
合计			730	673	62.36	

表6.4-8　左右岸下游沿河弃渣场设计标准

存弃渣场名称	建筑物级别	渣体稳定安全系数	拦渣坝稳定安全系数		渣场防洪标准/%		排水渠（沟）设计标准/%	
			抗滑	抗倾覆	设计	校核	设计	校核
左岸下游沿河弃渣场	4	1.15	1.3	1.5	3.33	2	5	3.33
右岸下游沿河弃渣场	4	1.15	1.3	1.5	3.33	2	5	3.33

（3）上述两渣场的堆渣体设计坡度均为1∶1.5，堆渣高度为28m。最终形成的堆渣面高程约628.00m，高于澜沧江100年一遇洪水水位，但渣场坡脚低于20年一遇设计洪水位，洪水期可能受水流冲淘影响，发生滑坡，影响渣面上的施工设施安全。因此，堆渣体安全防护十分重要。糯扎渡坝址下游澜沧江设计洪水水位流量成果见表6.4-9。

表6.4-9　糯扎渡坝址下游澜沧江设计洪水水位流量成果表

频率 P/%	流量/(m³/s)	断面	水位/m
5	14300	尾水渠末端	/621.65/*
2	17400	施工临时桥	623.95/623.73/622.07
		工程管理中心	623.62/623.42/621.85
		改线公路大桥	622.38/622.21/620.59
1	17668	施工临时桥	624.20/623.96/623.88
		工程管理中心	623.85/623.65/623.68
		改线公路大桥	622.61/622.44/622.42

* 第1组数字为糯扎渡坝址以下，景洪电站水库淤积50年水平淤积水位；第2组数字为景洪水库淤积30年水平淤积水位；第3组数字为天然状况水位。

6.4.2.2 沿河渣场边坡安全防护设计

（1）可行性研究设计阶段，施工和水土保持专业对糯扎渡水电站坝下左右岸沿河弃渣场的位置进行了优化调整，将左岸弃渣场向下移至下游施工桥附近（距坝1.5km），基本避开了大坝泄洪水雾影响区，有利于挡护设施的稳定与安全。

（2）提出加强边坡安全防护设计的水土保持措施。

1）糯扎渡水电站左右岸下游沿河弃渣场位于电站坝址下游澜沧江两岸，根据渣场挡渣护坡措施设计要求，分析确定澜沧江不同频率设计洪峰流量及其对应高程，详见表6.4-9。

2）左右岸下游沿河弃渣场边坡按坝址处澜沧江20年一遇设计洪水标准进行防护，同时考虑景洪电站水库30年淤积水平蓄水回水影响，将糯扎渡水电站尾水渠末端的水位621.65m作为防护的控制水位，考虑一定安全超高，确定防护高程为622.00m。

3）弃渣填筑前，首先沿渣场下部坡脚修筑浆砌石拦渣堤，堤顶宽2m，高5m，顶高程605.00m，临渣面坡度为1∶0.2，临江面坡度为1∶0.5，堤底采用1∶5的倒坡，墙体设排水孔，孔径为10cm。弃渣堆存完成后，采用块石钢筋铅丝笼护面，防护范围为高程605.00～622.00m，钢筋铅丝石笼尺寸为2.0m×1.0m×1.0m（长×宽×高）。左右岸下游沿河弃渣场工程防护措施布置示意图如图6.4-2所示。

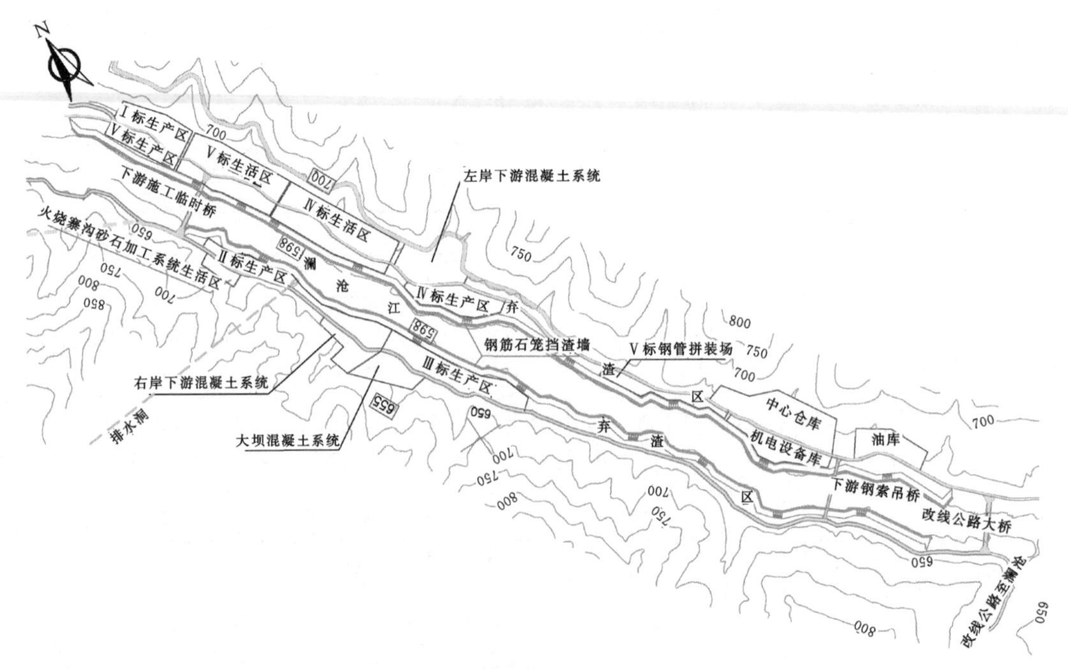

图6.4-2 左右岸下游沿河弃渣场工程防护措施布置示意图（单位：m）

6.4.2.3 渣场对糯扎渡水电站发电尾水及泄洪的影响分析

针对沿河渣场的选址，在考虑工程对渣场稳定可能造成影响的同时，也应该分析沿河弃渣对工程的影响，是否符合河道管理的要求，避免占用行洪通道。因此，水土保持方案设计时，分析了左右岸下游沿河弃渣场设置对将来水电站发电尾水及河道行洪的影响。

（1）糯扎渡水电站建成投产后，9台机组同时运行所需最大发电流量为3537m^3/s，天然情况下，相应电站尾水位为609.04m（枯水期天然河道水面高程为600.00m），当形成左右岸下游沿河弃渣场后，电站尾水位为609.07m，比天然情况抬高0.03m。

（2）糯扎渡水电站在发电的同时，具有兼顾下游防洪、航运等综合利用要求。工程是按千年一遇洪水设计，可能最大洪水校核。当发生千年一遇洪水时，其下泄洪峰流量为

26610m³/s（考虑水库削峰），相应电站尾水渠末端断面水位为 630.61m，当形成左右岸下游沿河弃渣场后，相应尾水断面水位为 630.98m，比天然情况抬高 0.37m，对电站尾水位影响率为 1.21%。

以上分析表明，左右岸下游沿河弃渣场设置对电站尾水位及澜沧江河段行洪基本没有影响，渣场设置的位置、高程和规模是合适的。

6.4.3 农场土料场复耕措施设计

6.4.3.1 农场土料场基本情况及特点

农场土料场位于糯扎渡水电站坝址上游 N77°W 方向约 7.5km 的澜沧江支流黑河右岸的糯扎渡镇农场自然村附近，开采区位于场地南西侧两条冲沟之间的中上部，东西向最大宽度约 840m，最窄处约 170m，南北向长约 1060m，面积约 0.60km²。开采区北低南高，分布高程为 930.00～1150.00m，总体上地形较完整，山坡坡度平缓，多小于 15°，局部达 20°；两冲沟沟头附近及其东侧地形凹凸不平，大小沟槽发育。料场区现状土地利用类型主要为甘蔗地，西侧较高部位有少量灌木生长。

6.4.3.2 土料场复耕措施体系

根据农场土料场的用地性质、土地利用类型、地形地貌、土壤质地、交通等条件，以及土料场开采结束后地面形态特点，拟将具备复耕条件的土料场开采平台进行复耕形成梯平地。根据土地开发整理标准（TD 1011～1013—2000）的相关规定，为提高复耕后农田的生产力，后期可按照田、水、路、林、村的综合整治思路为复耕区域配备道路、防洪、生态防护、农田水利等配套设施。农场土料场水土保持措施主要包括土地整治工程、道路工程、截排水工程、边坡防护工程、土壤肥力培育及生态恢复措施等，土料场复耕措施典型设计如图 6.4-3 所示。

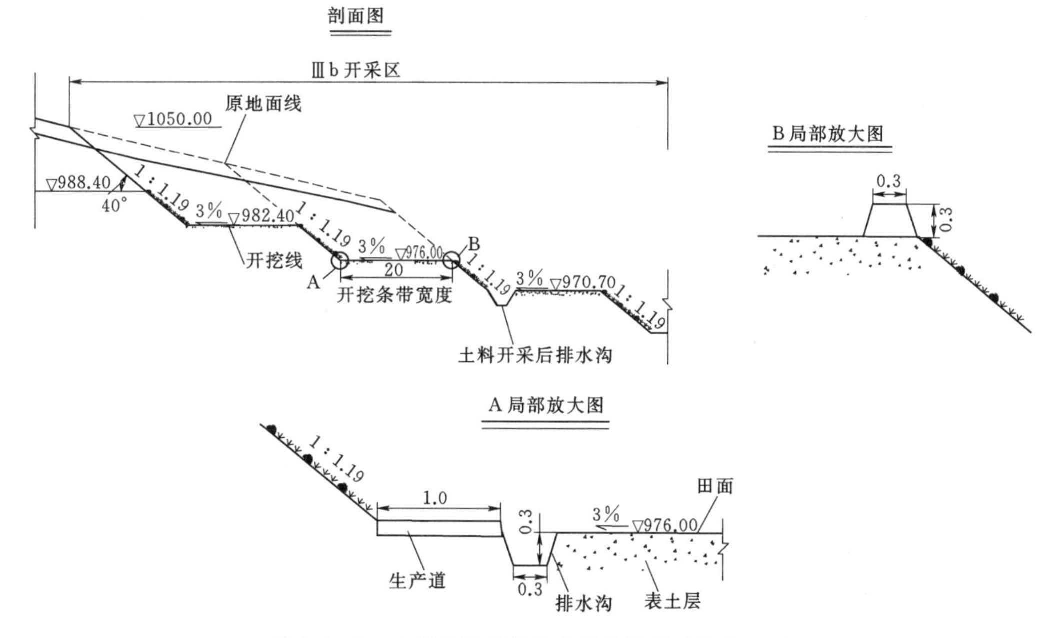

图 6.4-3 土料场复耕措施典型设计图（单位：m）

1. 土地整治工程

土地整治工程主要包括场地初步平整、覆盖表土、场地最终平整及田埂修筑等四个方面。

(1) 场地初步平整。将土料场的开采平台平整为复耕区，每个开采平台宽 20m，长 300～1000m 不等。

(2) 覆盖表土。利用开采初期保存的表土资源，在土地平整结束后，对复耕区域覆表土，厚度 50cm。采用 2.0m^3反铲回采表土，20t 自卸车运输到指定的覆土区域，等间距倾倒，推土机配合平地机均匀摊铺。

(3) 场地最终平整。覆土后对新造农田再次进行平整，场地平整度在 2°以下。为满足横向排水要求，田块应适当向内侧倾斜，坡度为 3%左右。同时，采用拖拉机或畜力对机械施工压实的表土进行耙松处理。

(4) 田埂修筑。在每个田块的外侧（开采平台外侧）和田块之间布设田埂，田埂按上顶宽 0.30m、高 0.30m、边坡比 1∶0.25 考虑。田埂夯筑要顺直，防止漏水，在田埂内侧用黏性土夯实，田埂外侧选择黏性较强的土壤，逐层压实后修坡，并拍打结实。

2. 道路工程

为方便当地群众出行、耕作，以及农业机械化耕作，充分利用现有道路，在复耕区规划建设田间道和生产道。

(1) 田间道。主要满足复耕区与农户之间的联络及相关农资的运输要求，路面宽度应大于 4.0m，其设置应结合地形、村庄布局。糯扎渡水电站工程为满足土料场开采和运输要求已修建的多条施工道路，可全部或部分保留作为田间道，并在田间道路外侧栽植行道树，在保持水土的同时，改善项目区的生态环境。

(2) 生产道。与田间道相接，主要满足各田块的耕作需要。根据复耕区特点，拟在每个开采平台的内侧布置，路面宽约 1.0m，建议采用夯实黏土路面，高出田面不小于 20cm。

3. 截排水工程

农场土料场复耕措施体系的截排水工程主要包括土料场周边截水及农田排水两部分。

(1) 周边截水。土料开采过程将破坏原坡面及周边的截排水体系，为保证土料开采及复耕后的农田不受径流冲刷侵蚀，拟在土料场周边设置截排水措施。首先，在土料开采前，在土料场 2 号、3 号、5 号冲沟内设置拦沙坝，并在开采区周边及每一开采分区上部修建截水沟，将来水拦截并排入开挖区外天然冲沟。截水沟为梯形断面，底宽 50cm，深 70cm。土料开采结束后，根据截水沟的保存及运行情况，进一步完善，必要时，可改造成浆砌石截水沟，以满足复耕土地长期截排水需求。

(2) 农田排水。结合田间道和生产道，在道路与农田之间布设农田排水沟，以疏导强降雨可能产生的农田积水。排水沟采用黏土夯实或浆砌块石砌筑，规格为 0.3m×0.3m。

4. 边坡防护工程

农场土料场开采高程为 930.00～1150.00m，土料开采自下而上分台阶分层进行，开挖台阶宽 20m，开挖边坡坡比为 1∶1.19，每层高差在 5～10m。复耕时应注意以下几个方面：

(1) 复耕施工应确保边坡满足设计要求，对不满足要求的边坡，尤其是坡度过陡的边坡，应通过修坡措施，放缓边坡，以保证边坡的稳定。

（2）为防止大面积裸露边坡垮塌发生水土流失、淤积淹没农田，需对边坡采取植物措施进行护坡。主要通过撒播或穴植灌草进行绿化，草种尽量选择乡土树种，也可以选择经济灌木，在满足边坡防护的同时，增加经济收入。

5. 土壤肥力培育措施

覆土结束后，应对复耕农田进行深耕，并结合深耕施用农家肥，以改良土壤结构，加强土壤的透水性和蓄水保墒能力，提高土壤的肥力。

6. 生态恢复措施

（1）从水土保持角度，在土料场清理过程中，尽量减小未开采区域的地表扰动和植被破坏，以减小土地资源的浪费和可能引起的水土流失；土料场各开采分区在开采结束后及时复耕并交地方村民耕种，未能复耕或耕种的地块，应对开采迹地或平台撒播种草进行临时绿化，耕作时直接铲草或犁翻土地即可耕种。

（2）选择种植当地灌草或经济树种，对田地边坡、田间道路等扰动地表采取植被恢复措施进行防护。

6.4.4 高陡硬质边坡生态修复典型设计

糯扎渡水电站枢纽区的水库大坝、溢洪道、导流洞等永久水工建筑物，以及厂坝区永久道路形成的高陡边坡通过采用分级削坡、边坡锚杆支护、网格梁护坡、喷混凝土等工程措施进行防护，施工结束后，边坡坡比为 1∶0.3～1∶0.5，且全部硬化，不适宜直接采取绿化措施。为提升项目区生态环境质量，创建优美的工作、生活环境，在充分调查同类工程植被恢复技术优缺点的基础上，选用植生网坡面＋马道种植槽绿化技术对糯扎渡高陡硬质边坡进行生态修复，下面以电站尾水出口边坡为例进行介绍。

1. 绿化技术方案比选

从绿化技术方案比选表 6.4－10 可见，植生网坡面绿化技术具有技术成熟、恢复速度快、景观效果好、与马道景观相协调、实施难度小、投资较经济的优点。

表 6.4－10 绿化技术方案比选表

<table>
<tr><th rowspan="2">项目</th><th colspan="5">比 选 条 件</th><th rowspan="2">水土保持评价</th></tr>
<tr><th>单位面积投资/元</th><th>实施难度</th><th>与马道绿化方案协调性</th><th>景观效果</th><th>恢复速度</th></tr>
<tr><td>客土种植喷播绿化方案</td><td>121.50</td><td rowspan="3">技术成熟，实施难度较小</td><td>★</td><td>以种草点缀灌木为主，景观效果较好</td><td rowspan="3">较快</td><td>恢复速度快，景观效果好，可与马道景观相协调，但投资高，优度为 4</td></tr>
<tr><td>植生网坡面绿化方案</td><td>47.80</td><td>★</td><td>以植草为主</td><td>恢复速度快，景观效果好，可与马道景观相协调，实施难度低，优度为 1</td></tr>
<tr><td>生态植被毯坡面绿化方案</td><td>52.30</td><td>★</td><td>以植草和灌木为主</td><td>恢复速度快，景观效果好，可与马道景观相协调，实施难度低，优度为 2</td></tr>
</table>

续表

项目	比选条件					水土保持评价
	单位面积投资/元	实施难度	与马道绿化方案协调性	景观效果	恢复速度	
飘台种植槽坡面绿化方案	150.10	需开挖砌筑种植池，实施难度较大	●	以栽植藤本植物为主，形成垂面绿化带		恢复速度慢，实施难度大，适用于生态、地质条件非常恶劣的区域，投资较高，优度为 4
废旧轮胎坡面绿化方案	31.50	取材方便，施工简单，实施难度小	◆	可栽植灌木、草本及藤本植物，景观效果较好	较慢	虽然恢复速度较慢，但从施工难度、景观效果、投资等方面均较优，优度为 2
常规坡面绿化方案	25.00	技术较成熟，施工工序简单，实施难度较小	★	以灌木和藤本植物为主，景观效果稍差		恢复速度慢，实施难度小，投资较低，优度为 2

注 ★表示较协调、◆表示协调、●表示不协调；在优度等级划分中，1 表示综合评价最优，2 表示综合评价优，3 表示综合评价一般，4 表示综合评价稍差。

2. 植生网坡面绿化技术

植生网坡面绿化技术是在裸露坡面通过铺设三维网，结合播种或喷播、铺草皮进行坡面植被恢复的一项技术。该技术应用于糯扎渡水电站尾水出口边坡、溢洪道边坡、局部道路开挖边坡等区域的硬质边坡绿化。

(1) 应用范围。

1) 常用于大开挖形成的坡面。

2) 适用于坡度缓于 1：1～1：1.5 的稳定坡面，坡度超过 1：1 时应慎用。

3) 当坡长超过 10m，需要进行分级处理。

4) 结合客土喷播、液力喷播技术使用时可适当扩大使用范围。

(2) 措施设计及施工要求。三维网坡面植被恢复的施工工序为：准备工作→铺网→覆土→播种→前期养护。

1) 对坡面进行人工细致整平，清除所有的岩石、碎泥块、植物、垃圾和其他不利于三维网与坡面紧密结合的阻碍物。

2) 三维网的剪裁长度应比坡面长 130cm。铺网时，应让网尽量与坡面贴附紧实，防止悬空。网之间要重叠搭接，搭接宽度约 10cm。

3) 采用 U 形钉或聚乙烯塑料钉在坡面上固定三维网，也可用钢钉，但需要配以垫圈。钉长为 20～45cm，松土用长钉。钉的间距一般为 90～150cm（包括搭接处），在沟槽内应按约 75cm 的间距设钉，然后填土压实。

4) 在上部网包层内回填改良客土，以肥沃壤土为宜，对于瘠薄土应填有机肥、泥炭、化肥等，以提高其肥力，填筑比例为 5：2：1。覆土应分层多次填土，并洒水浸润，至不外露为止。

5) 可采用人工手摇播种机撒播或液压喷播。人工撒播后，应撒 5～10mm 厚的细粒土。

6) 播种结束后，可在表层覆盖无纺布、稻草、麦秸、草帘等材料，防止坡面径流冲刷，保持表层湿润，促进植物种子发芽。

植生网坡面绿化设计示意图如图 6.4-4 所示。

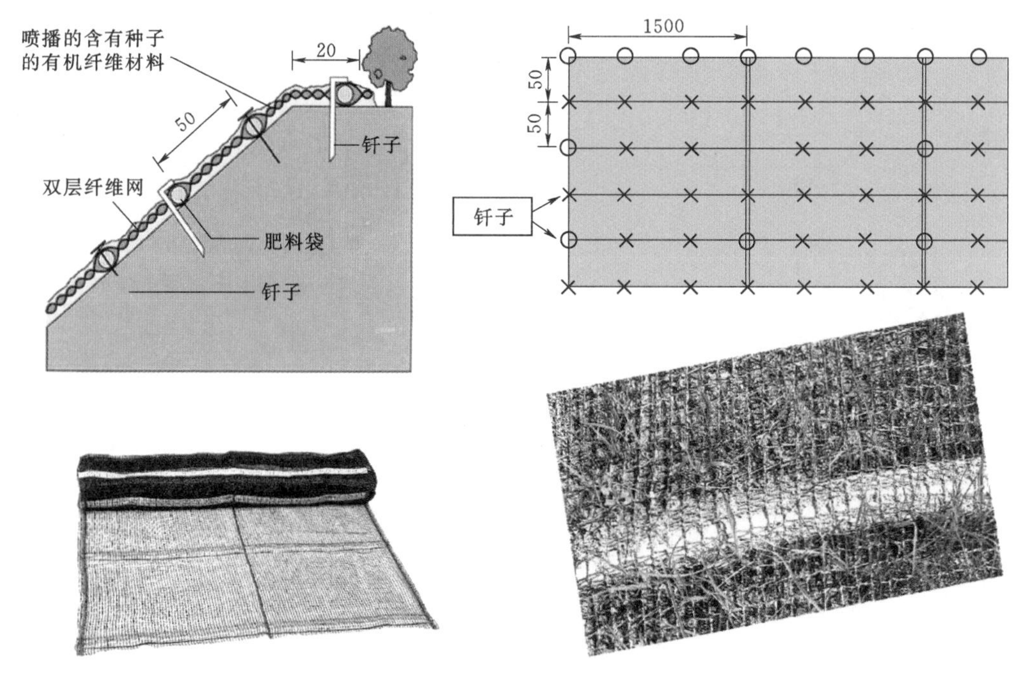

图 6.4-4 植生网坡面绿化设计示意图（单位：cm）

3. 马道种植槽绿化技术

由于马道全部硬化，已不适宜直接采取绿化措施，可考虑采用在马道排水沟外侧设置种植槽，种植槽回填耕植土后栽植藤本及灌草的绿化方案。种植槽宽约 1m，深 0.85m，槽底外侧设置孔径约 4cm 的排水孔，采用 24 砖墙或 C20 钢筋混凝土砌筑，种植槽内回填约 0.70m 厚的耕植土。马道种植槽的位置、间距、长度及宽度可根据现场实际情况确定，以便于边坡、马道、排水沟及种植槽的日常维护检修为原则，种植槽距马道外侧边缘保留至少 1.5m 的安全距离，且种植槽的布设应避让边坡变形监测点位。

马道种植槽绿化方案典型设计如图 6.4-5 所示。

6.4.5 火烧寨沟存弃渣场植物措施设计

糯扎渡水电站共布设 16 个存弃渣场，其渣料来源于施工开挖出来的弃土、弃石及岩石风化料，由自卸汽车装载运至指定渣场堆存，其形成的渣面多为堆状地貌，需用推土机推平和压实并进行渣体修整后，进行植被恢复。水电工程弃渣场需实施植物措施的部位主要包括渣场平台、边坡和马道等。糯扎渡水电站工程各存弃渣场立地条件相似，本节以火烧寨沟存弃渣场为例进行植物措施设计介绍。

6.4.5.1 水土保持植物措施设计思路

1. 调查工程区环境及植被恢复区域立地条件

首先对工程区域的植被现状进行调查和分析，确定工程区域主要的植物群落类型以及主要特征；其次根据糯扎渡水电站工程枢纽总布置和施工总布置分析工程建成运行后的功

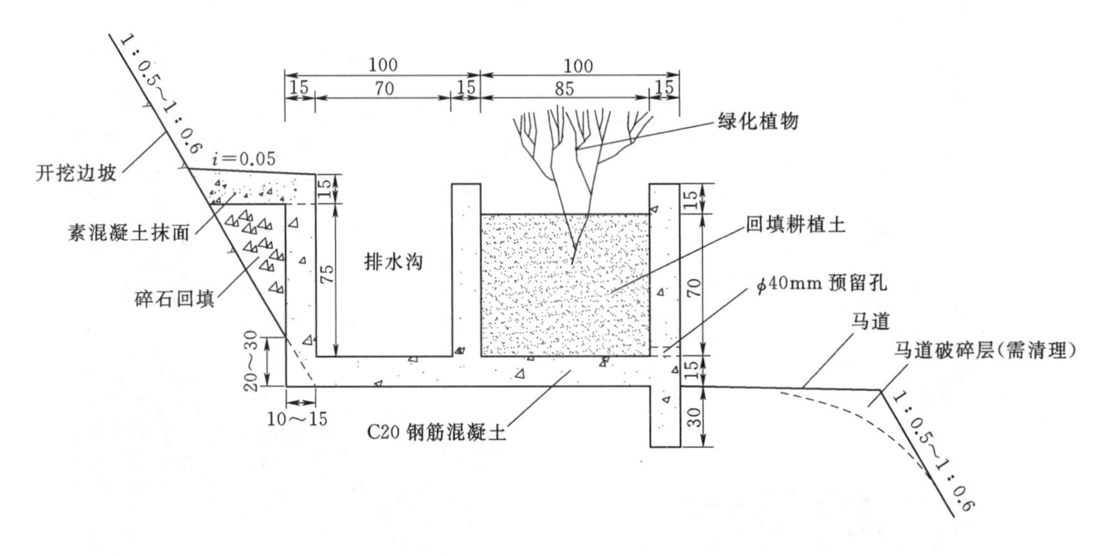

图 6.4-5 马道种植槽绿化方案典型设计图（单位：cm）

能要求；最后根据工程区域现状植被特征、各工程区域立地条件以及各工程区域功能要求确定水土保持措施规划及生态修复分区。

2. 确定生态修复设计原则

（1）保护原有生态系统的原则。工程区属于典型的人为强烈干扰后形成的次生性植被类型，生态系统相对脆弱。河谷谷底地带历史上人为活动强烈，稍平坦的河谷阶地或台地多已被开垦，河谷坡地陡坡耕种较为常见，承受外来因子干扰和冲击的能力较差。因此植被修复过程中，尽量保护施工占地区原有的河谷山地生态环境和陆生生态系统。

（2）保护生物多样性的原则。植被修复措施不仅考虑林草覆盖率，而且需要在利用当地原有物种的情况下，尽量使物种多样化，避免单一。

（3）因地制宜、突出重点原则。根据各地块立地条件和功能要求布设相应的植物绿化措施，在满足防护要求的同时，按照工程功能要求提高绿化标准，做到乔、灌、草合理搭配，针阔叶树有机结合，绿化与美化相互统一，并与周围植被和环境相协调。

（4）适地适树、优化树种原则。选择优良的乡土树种和草种，或经过多年种植已适应当地环境的引进树种、草种。

（5）可行性原则。根据对项目区市场现有苗木及供应情况的调查，选择市场苗木量充裕的树草种，以保证植物措施实施的可行性。

3. 确定生态修复设计目标

（1）对于受工程施工挖损、占压的地表，除采取工程措施治理的面积外，其余均考虑采用植物措施恢复地表植被，减少新增水土流失。

（2）在工程区建立以防护林为主，用材林、经济林、风景特用林为辅的多林种、多树种、多层次的防护林体系，结合工程防治措施，使工程区新增水土流失得到有效遏止，原生水土流失得到有效治理，区域生态环境向良性循环发展。

（3）厂坝生产生活区应进行园林式绿化，在满足景观和水土保持功能的同时，为电厂职工、附近居民创造一个优美的工作、生活环境，并为发展当地旅游、树立良好企业形象创造条件。

4. 林种与布局

根据水土保持总体布局，结合立地条件分析，确定各施工迹地拟营造的林种和布局。

(1) 防护林。为水土保持造林的主要林种之一。主要包括下列两种类型：

1) 护路林：营造于场内永久施工公路及场内临时施工公路两侧。

2) 水土保持林（或种草）：营造于存弃渣场边坡、石料场及临时施工公路中泥结石路面段。其中，水保型用材林主要培育中、小径木材，同时具有较好的水土保持作用，可营造于各存弃渣场顶部和土料场开采平台；水保型经济林可生产有经济价值的商品，同时兼顾水土保持功能和景观，主要营造于拆除后的各施工场地。

(2) 园林化绿化。特指对未来的糯扎渡电厂生活区及办公区进行的园林式绿化。

5. 树草种选择与优化

根据立地条件和营林类型，进行树草种的选择与优化。

(1) 树（草）种选择的原则。树（草）种选择是整个水土保持造林的关键，选择不恰当，不仅造成人力、财力和种苗的浪费，还起不到应有的水保作用。根据造林地立地条件和营林目的，树（草）种选择原则如下：

1) 贯彻“生物经济兼顾”的原则，在以生态效益为主要目标的情况下，适当考虑营林的经济效益。

2) 以林种为基础进行造林树种选择，根据林种不同的造林目的和培育方向选择合适的树种。

3) 尽量选用乡土树种，适当引进外来优良树种。

4) 贯彻“适地适树”的原则，为不同立地条件的造林地选择不同的生态学特性的树种。

5) 在渣场等立地条件差的造林地，应尽量多选用具有根瘤菌或落叶量大、可作为绿肥、能改良土壤的树种。

(2) 不同林种选用的树种。

1) 护路林：选择枝叶茂盛、滞尘效果好、树形高大、美观、根系发达、花叶艳丽且速生的树种，如喜树、铁刀木、云南梧桐（*Firmiana major*）、八宝树（*Duabanga grandiflora*）等。

2) 水土保持林：选择生长迅速，树冠茂密，落叶丰富，根系发达，根蘖性强，适应性强，耐干旱，耐贫瘠，且具有一定经济价值的树种，如余甘子、龙竹（*Dendrocalamus giganteus*）等。

3) 水保型用材林：应具有生长快、产量高，材质优良的特性。可选择思茅松、西南桦、杉木（*Cunninghamia lanceolata*）、旱冬瓜、铁刀木、八宝树、麻栎等。

4) 水保型经济林：要求经济收获对象产量高，经济价值高，销路好。根据工程区的具体情况，选择芒果（*Mangifera indica*）、荔枝（*Litchi chinensis*）、菠萝蜜（*Artocarpus heterophyllus*）等。

5) 园林化绿化：园林化绿化专业程度较高，讲究植物造景与周围建筑和环境的协调，所以树种和草种的选择应视具体的造景需要而定。根据当地干热的气候特点，乔木可选用凤凰木（*Delonix regia*）、台湾相思（*Acacia confusa*）、大叶相思（*Acacia auriculiformis*）、棕榈（*Trachycarpus fortunei*）、蒲葵（*Livistona chinensis*）、油棕（*Elaeis guineensis*）、山合欢（*Albizia kalkora*）、印度橡胶树（*Ficus elastica*）、黄葛树（*Ficus virens Ait. var. sublanceolata*）、菩提树（*Ficus religiosa*）、云南梧桐、白兰花（*Michelia alba*）等；灌木可选用九里香（*Murraya exotica*）、雀舌黄杨（*Buxus bodinieri*）、侧柏（*Platycladus orientalis*）等；草坪种植可选用沟叶结缕草（*Zoysia matrella*）、钝叶草（*Stenotaphrum helferi*）等；藤本植物可用炮仗花（*Pyrostegia venusta*）、叶子花（*Bougainvillea spectabilis*）、蔓长春花（*Vinca major*）等。

6. 整地措施

根据施工扰动地形地貌特点，提出以下整地措施：

（1）弃渣场渣料来源是各种工程开挖出来的弃土、弃石及岩石风化料，由自卸汽车装载，到指定堆渣场堆存为松散体，顶面最后形成堆状地貌，用履带式推土机推平。

（2）土、石料场开采结束后形成典型的挖损地貌，通过坑凹回填扒平或垫高，形成适合坡度，以便于植物措施施工。其中土料场仅进行坑凹回填和平整处理，不覆土，直接整地造林或复耕；石料场开采后开采面均为基岩，需在平整开采面后，整体覆土约30cm，再撒播种草。

（3）施工场地在施工临时建筑拆除后形成的地貌，地表一般较为平整，但土壤多被压实，且地表多有杂物、石块，对该区的土地整治重点是清理地表，挖松土壤（约30cm），捡净杂物和石块，恢复土地生产力。一般不覆土，清理平整后直接整地造林。

6.4.5.2 火烧寨沟存弃渣场植物措施典型设计

1. 渣场平台植物措施设计

对渣场平台采取乔、灌、草混交的方式进行植被恢复，树种选择思茅松、金合欢、狗牙根及香根草。乔、灌木混交比例为1：1，种植密度为2500株/hm^2，草籽的混播比例为1：1，撒播密度为80kg/hm^2。

2. 渣场马道植物措施设计

对渣场马道采取灌、草混交，同时在马道内外侧栽植藤本植物的方式辅助坡面进行植被恢复，树种选择金合欢、狗牙根、香根草、爬山虎及常春油麻藤。灌木的栽植方式为沿马道中心线栽植一排，株距为1.0m，种植密度为1000株/km，藤本植物的栽植方式为在马道内侧栽植爬山虎，外侧栽植常春油麻藤，株距为0.5m，种植密度为2000株/km，撒草技术要求同渣场平台。

3. 渣场边坡网格梁植物措施设计

火烧寨沟渣场坡面网格梁规格采用4.0m×4.0m，用土铆钉固定，同时在网格内直接撒播种草或采取植生袋护坡。其中，直接撒播种草的草种选择木豆和猪屎豆，撒播密度为60kg/hm^2，撒播比例为1：1；网格梁植生袋护坡措施中，植生袋规格为0.5m×0.5m×0.3m（长×宽×高），植生袋内装填由腐殖土、河砂、草炭土（各类土配置比例为5：2：1）组成的人工配置营养土，同时装填复合肥100g，狗牙根和香根草草籽各1.0g。

6.5 水土保持措施设计的创新性和亮点

糯扎渡水电站水土保持设计始于2001年5月，正处于我国建设项目开展水土保持工作的初级阶段，可借鉴的如此规模的当地材料堆石坝的水土保持设计案例基本没有。随着国家经济发展与生态文明建设协调发展的需要，水土保持专业得到了长足的发展，开发建设项目水土保持技术规范也已从行业标准发展为国家标准。对照当前开发建设项目水土保持技术规范和审查要点，主要从以下几个方面总结和提炼糯扎渡水电站工程水土保持设计工作的创新点，具体如下：

(1) 糯扎渡水电站主体工程始终将“预防为主”的水土流失防治方针和设计理念贯穿于整个设计过程之中，最大限度地保护现状水土资源和植被不受破坏，符合当前水土保持规范对主体工程的约束性规定。主要体现在以下几方面：

1) 枢纽工程总体布局及主要建筑物、存弃渣场、土石料场、施工设施均不涉及生态敏感区，坝址、坝型推荐方案，施工规划方案，避开自然保护区、生态脆弱区等生态环境敏感区，避开泥石流易发区、崩塌滑坡危险区，以及易引起严重水土流失和生态恶化的地区。

2) 糯扎渡水电站地处滇西纵谷山原区之永平—思茅中山峡谷亚区，区内山体切割强烈，水系发育，属中山峡谷地貌。主体设计从合理利用宝贵的土地资源，尽量减少新增占地角度出发，合理布局，精心规划，尽量减少新增占地和损坏水土保持设施面积。主要表现为：提前占用水库淹没区土地布设弃渣场、施工生产生活区，减少对库外土地和植被的占用、扰动和破坏；尽可能将开挖渣料用作大坝填筑和砂石骨料料源，减少弃渣和石料开采量，将弃渣场与施工场地布置有机结合，利用弃渣平台作为施工生产场地，以减少存弃渣场数量、石料开采规模和施工场地新增面积。上述施工规划方案有利于大幅减少工程总体占压扰动的土地面积和损坏林草植被面积，减轻因工程建设造成的水土流失危害。

3) 在开展移民安置工作过程中，根据环境保护和水土保持专业要求，提前拟定了移民安置区选址的生态环境可行性原则，并在移民安置点选址过程中贯彻执行。主要要求移民安置点选址应避开自然保护区、热带雨林及按国家林业法规建立的特殊用途林等生态环境敏感区；避开地质失稳区、严重水土流失区、植被单一区等生态环境脆弱区；避开国家明令禁止开荒的坡度大于25°的山坡等。

(2) 糯扎渡水电站工程量巨大，存弃渣规模巨大，处置稍有不妥，可能造成堆渣体失稳，危害较大。水土保持设计高度重视渣场的安全及稳定，在当时水土保持设计规范不足的背景下，借鉴水电水利工程主体设计经验，认真细致地提出渣场的水土保持综合防治措施体系和安全分析方法，确保渣场稳定可靠。主要体现在以下几方面：

1) 严格遵循水电水利工程有关设计洪水计算规范、防洪标准、水工建筑物设计规范，确定水土保持工程设计标准和工程等级，并考虑工程失事的危害，适当提高水土保持设施的工程等级和设计标准；将存弃渣场作为独立的水利工程进行设计，提出拦渣坝（堤）、边坡防护、截排水工程等措施，并进行工程稳定性分析计算，确保水土保持工程安全可靠。其设计思路符合当前建设项目水土保持设计规范要求，具有前瞻性和先进性。

2）拟定多种工况，对主要渣场的堆渣体抗滑稳定安全系数进行分析，对布设于流量较大沟道中的勘界河、火烧寨沟渣场上游排水洞过流能力进行复核。

3）充分论证左右岸下游沿河弃渣场对电站发电尾水及澜沧江行洪的影响，符合河道管理相关规定。

4）根据工程特点，除分析施工期水土保持设施功能的可靠性外，对运行期渣场可能存在的问题也进行全面分析并提出相应解决措施，避免留下隐患，对工程运行造成影响。

（3）糯扎渡水电站位于西南土石山区，工程施工过程中，对扰动地表区域内的表土资源进行剥离并保存，是保护水土资源的重要措施，也是保障施工迹地植被得以恢复的关键因素之一。1998年的水土保持方案编制技术规范中，尚未对表土的剥离和存储提出明确要求。而糯扎渡水电站工程水土保持方案已前瞻性地明确提出水土流失防治区复耕、绿化所需土料的数量、来源、存储去向及堆存要求等设计内容，为施工迹地生态修复创造条件，同时减少因获取表土对其他区域的扰动破坏。

（4）糯扎渡水电站工程水土保持方案编制较早，水土流失预测方法尚不成熟。工程水土流失预测在调查和计算出项目建设过程中可能损坏、扰动的地表植被面积，弃土、弃渣的来源、数量、堆放方式、地点及占地面积的基础上，根据水土流失发生机理，结合电站工程施工扰动特点和水土流失来源，分区、分时段、分流失强度预测施工过程中可能产生的新增水土流失量。其中，水土流失量采用侵蚀模数法和流弃比法进行预测，采用类比法确定预测参数，最终确定糯扎渡水电站加速侵蚀系数 A 和流弃比 a，明确提出存弃渣场、场内施工道路是产生水土流失的重点区域。糯扎渡水电站工程水土保持方案所采用的预测方法与当前规范推荐方法是一致的，长江流域水土保持监测中心站实际监测到的水土流失重点区域与当初水土保持方案预测结果是一致的，表明水土保持方案所采用的水土流失预测方法合理可行，在当时具有先进性。

（5）糯扎渡水电站工程施工期间，针对枢纽施工区先后编制完成或基本完成《澜沧江糯扎渡水电站农场土料场复耕技术要求》、《云南省澜沧江糯扎渡水电站尾水出口马道及边坡水土保持植被恢复措施设计》、《云南省澜沧江糯扎渡水电站工程招标及施工图阶段水土保持综合治理方案设计报告》、火烧寨沟存弃渣场A区水土保持综合治理，以及其他水土保持工程专项设计工作。其中，针对永久建筑及公路挖填形成的高陡边坡，方案阶段受治理理念和技术水平的限制，单纯从边坡稳定、工程安全等方面考虑，采用喷混凝土或挂网支护措施，造成硬质高陡边坡与周边环境不协调。随着边坡防治生态技术的发展，在施工图设计阶段，昆明院相关技术人员积极探索和总结硬质边坡绿化的主要技术特点和关键技术，综合岩石力学、土壤学、景观生态学、景观设计等多个学科，经调查、比选同类工程植被恢复技术，最终提出采用植生网坡面＋马道种植槽（池）绿化技术对永久建筑形成的高陡硬质边坡进行生态恢复，提升项目区生态环境质量；随着移民安置政策的变化，移民安置方案也发生较大调整，针对调整后的安置点逐一编报了水土保持方案报告书，并相应开展了安置点的初步设计阶段、施工详图阶段的水土保持设计工作。

综上所述，糯扎渡水电站水土保持工作是在水行政主管部门批复的水土保护方案基础上，根据工程施工及移民安置过程中工程的变化和调整，对各项水土保持措施不断进行优化和深化设计的过程。这些工作符合水土保持“三同时”制度要求，可有效指导水土保持工程的实践，为各项水土保持措施的落实奠定了基础。

6.6 存在的问题及建议

(1) 对比《糯扎渡水电站工程水土保持监测总结报告》中监测得到的数据，糯扎渡水电站实际水土流失量远大于水土保持方案提出的预测结果，说明在当时建设项目水土保持监测成果缺乏的条件下，仅依据少量类比数据确定土壤侵蚀模数，还是存在一定问题，建议加强施工期土壤侵蚀模数的研究。

(2) 由于糯扎渡水电站工程水土保持方案编制时间较早，当时水土保持方案编制技术存在一定的局限性，建设项目水土保持工程实践研究也较少，水土保持方案设计对水电站施工期间临时水土保持措施对防治水土流失危害的作用认识不足，仅在土石料场区提出采取临时挡护的措施要求，其他防治分区基本未考虑水土保持临时防护措施。从当前建设项目水土保持措施体系要求看，是有所缺漏的，需引起重视。

(3) 糯扎渡水电站工程水土保持方案中分析农场土料场采区为一平缓的山包，两侧以1号沟和2号沟为界，开采区上缘基本与分水岭接近，其周边径流对开采区不会造成冲刷，故水土保持方案未考虑在料场四周设截排水沟。但在实施过程中，土料场开采区顶部新建了一条场区排水沟，从截排径流功能发挥情况看，其设置的必要性有待商榷。

(4) 糯扎渡水电站工程水土保持方案设计中，大量采用钢筋石笼作为拦渣和护坡工程措施，主要基于其柔韧性好，造价低，对地形变化适应性较好等优点，但对其存在的缺点考虑不足，比如钢筋易受水流腐蚀、易被盗，进而破损失去挡护作用。工程实践表明，钢筋石笼更适合于水土保持临时挡护，并应加强管理，防止被盗。永久水土保持工程应慎用钢筋石笼。

6.7 小结

糯扎渡水电站属于超大型水电工程，其施工占地范围大、施工活动复杂、施工持续时间长，工程施工可能造成的水土流失危害也相对较大，开展水土保持工作十分必要。工程设计及建设过程中，将生态保护的理念贯穿始终，在坝址选址、坝型选择、施工规划、移民安置点选址等多方面均体现“预防为主”的水土流失防治方针，最大限度地节约土地资源，减轻工程对现状植被的破坏。在当时水土保持设计规范相对欠缺的背景下，充分借鉴水电水利工程主体设计经验，高度重视存弃渣场的安全和稳定设计，并在设计中明确提出对施工扰动区的表土进行剥离、保存和利用的要求。糯扎渡水电站施工建设过程中，依据批复的水土保持方案，结合工程实际和水土保持相关要求，不断细化和深化各项水保措施，积极采用新技术。糯扎渡水电站水土保持工程已全部建成投运，而当初的设计成果符合我国当前建设项目水土保持政策和技术要求，提出的水土保持措施体系未发生重大变更和调整。由此可见，糯扎渡水电站水土保持方案及后续设计具有前瞻性与先进性，在水电站工程水土保持设计方面具有较好的示范和借鉴意义。

第7章

移民安置环境保护工程

7.1 概述

7.1.1 移民安置规划概况

2005年2月，昆明院受原云南省移民开发局（现改称云南省搬迁安置办公室，以下简称“省移民局”）的委托，承担了糯扎渡水电站建设征地移民安置实施规划工作。2007年，昆明院根据移民安置有关技术要求，编制完成了《云南澜沧江糯扎渡水电站移民安置规划大纲》和《云南省澜沧江糯扎渡水电站建设征地及移民安置规划报告》，并通过了水电水利规划设计总院与省移民局的联合审查。同年9月26日，云南省人民政府批复了规划报告。

2011年10月，为满足电站下闸蓄水要求，以及省移民局和当地政府移民主管部门对移民安置实施规划的变更设计要求，昆明院编制完成了《云南省澜沧江糯扎渡水电站建设征地移民安置进度计划调整可行性论证报告》，并得到云南省人民政府批复同意。

2012年12月，昆明院根据现有相关资料编制完成《糯扎渡水电站建设征地移民安置总体规划（初稿）》。2013年9月，经修改、完善，提出《糯扎渡水电站实施阶段建设征地移民安置总体规划（送审稿）》。

根据移民专业最新资料，糯扎渡水电站水库淹没区涉及云南省普洱、临沧2市，9个县（区），30个乡（镇），113个村民委员会，共600个村民小组。规划水平年（2011年）需要生产安置48571人，搬迁安置23925人。其中，有18285人需要采取集中建设安置点方式安置，其余5640人则分散安置。

7.1.2 移民安置主要环境影响及保护措施概述

糯扎渡水电站移民安置主要环境影响评价工作完成于可研阶段。2004—2005年，昆明院受澜沧江公司委托，编制完成了《云南省澜沧江糯扎渡水电站环境影响报告书》，原国家环境保护总局以环审〔2005〕509号文给予了批复。

根据《云南省澜沧江糯扎渡水电站环境影响报告书》，糯扎渡水电站移民安置规模较大，移民安置工程将加大库周土地资源的开发利用程度，使移民安置区域土地承载人口负荷增大，不利于区域水土保持和生态环境保护；移民搬迁将影响波及区域的经济结构、社会关系、收入分配、生活方式、民族文化、传统习俗和人群心理因素等诸多方面。为此，报告书从移民安置工程森林植被影响的减缓，动、植物资源影响的减缓，水土保持，以及移民安置区生活污水、垃圾处理，传染病预防控制等方面提出了相关措施。

2007年，根据糯扎渡水电站环境影响报告书、水土保持方案报告书及其批复文件要求，昆明院编制完成了《糯扎渡水电站可行性研究报告》（含“环境保护设计和水土保持设计”篇章）。针对大型水电站工程移民安置潜在的环境影响，可研报告移民安置规划对移民生产、生活设施进行了统一规划，规划每个新建移民居民点建设集中供水设施、学校、文化娱乐站（点）、卫生医疗站（点）、商业网（点）。保证移民经济收入和生活质量不低于原有水平，并普遍提高。可研报告环境保护设计对移民安置工程的环境合理性进行了分析，并细化了移民安置区水土流失防治、人群健康保护、生活污水和垃圾处理等方面的措施；对移民安置实施设计阶段的环境保护工作提出了进一步要求。

7.1.3 集中移民安置点环保水保工程设计概况

从2007年糯扎渡水电站可研报告、建设征地及移民安置规划报告通过国家审批，至2013年9月云南省人民政府同意调整移民进度计划后再次提出《糯扎渡水电站实施阶段建设征地移民安置总体规划（送审稿）》，糯扎渡水电站移民安置工程已经实施近8年，移民安置区大部分环境保护措施主要由当地政府移民局组织完成。

为了规范集中移民安置点的环境保护工作，糯扎渡水电站移民安置涉及的普洱市和临沧市原移民局委托昆明院开展糯扎渡水电站57个集中移民安置点的环境影响评价文件和水土保持方案编制工作，并按照两市环保、水利部门的审查批复意见开展集中移民安置点环境保护、水土保持工程初步设计工作。

2014年1—10月，昆明院克服了安置点分散，山区交通不便，集中移民安置点建设场地已建、在建工程同时存在，环保设施用地规划不详，勘察测量困难等不利因素，在同期编写、报批各集中移民安置点《环境影响报告表》《水土保持方案报告书》的基础上，先后编制完成了临沧市临翔区、双江县，普洱市景谷县、思茅区、澜沧县、景东县、宁洱县、镇沅县安置点的《环保水保工程初步设计报告》。经技术审查、补充修改和完善，于2014年11月完成上述设计文件修订稿。

7.1.4 结合美丽新农村建设的移民安置点农村污染防治工程

糯扎渡水电站移民安置点环保水保工程的设计内容主要包括：移民安置点生活污水与垃圾处理（处置）工程和安置点具有水土保持功能的景观园林绿化工程。建设的主要目的是保护移民安置点周边环境不受污染，营造良好的居住环境，提升移民生活品质。

做好糯扎渡水电站移民安置点生活污水与垃圾处理（处置）工程设计，并保质保量实施，不仅是满足糯扎渡水电站施工建设进度的需要，同时在社会主义新农村和美丽乡村建设、移民安置区生态环境保护等方面具有重要意义。

糯扎渡水电站移民安置区水土保持设计内容详见第6章。

本章重点介绍糯扎渡水电站集中移民安置点农村污染防治的农村生活污水处理工程和农村生活垃圾处置工程设计内容。

7.2 国家对移民安置环境保护的相关政策法规要求

7.2.1 水电工程移民安置环境保护相关政策法规要求

2017年6月修订的《大中型水利水电工程建设征地补偿和移民安置条例》要求（第十七条）："农村移民集中安置的农村居民点、城（集）镇、工矿企业以及专项设施等基础设施的迁建或者复建选址，应当依法做好环境影响评价、水文地质与工程地质勘察、地质灾害防治和地质灾害危险性评估”。

2014年，原环境保护部和国家能源局共同发布了《关于深化落实水电开发生态环境保护措施的通知》（环发〔2014〕65号）。将“切实做好移民安置环境保护工作”作为深化落实水电开发生态环境保护措施，切实做好水电开发环境保护工作的“五大任务”之一。要求水电工程移民安置“应根据当地自然资源、生态环境和社会环境特点，结合城镇化规划和要求，分析移民安置方式环境适宜性。对农村移民集中安置点、城（集）镇、工矿企业以及专项设施的迁建和复建，应按要求开展环境影响评价工作并报有审批权的环境保护行政主管部门审批，开展移民安置环境保护措施设计并报行业技术审查单位审查，落实设施建设。对涉及重大移民安置的环保工程，应开展与主体工程同等深度的方案比选，并开展相关专题研究工作。移民安置环保工作应作为电站竣工环境保护验收的重要内容”。

7.2.2 农村居民点环境污染防治相关政策法规要求

1. 建设社会主义新农村

2005年10月8日，中国共产党十六届五中全会通过《“十一五”规划纲要建议》，提出要按照“生产发展、生活宽裕、乡风文明、村容整洁、管理民主”的要求，扎实推进社会主义新农村建设。

村容整洁，就是要从根本上治理农村脏乱差的状况，改善农村生态环境、人居环境，打造拥有新房舍、新设施、新环境、新风尚、新秩序的农村新面貌，使农村成为人们享有幸福感的美好家园。这是建设新农村不可或缺的重要条件。

移民安置点生活污水与垃圾处理（处置）工程建设的主要目的是保护移民安置点周边环境不受污染，营造良好的居住环境，提升移民生活品质。

2.《农村生活污染防治技术政策》

2010年2月，原环境保护部以环发〔2010〕20号文下发了《农村生活污染防治技术政策》（以下简称《技术政策》），从宏观技术层面上指导农村开展污染防治工作，解决我国农村生活污染中的突出问题，改善农村环境和村容村貌，推动社会主义新农村建设。

《技术政策》主要用于指导农村生活污染防治的规划和设施建设，重点解决由生活污水、生活垃圾、粪便和废气等所引起的农村生活污染问题。提出了源头削减、全过程控制污染的技术路线；充分考虑城市与农村生活污染防治工作的差异性，提出了以分散处理为主、分散处理与集中处理相结合的原则；利用已有环境污染处理设施，整合多方面公共资源，提出了建立县（市）、镇、村一体化的生活污染防治体系技术路线。

《技术政策》提出了农村污水雨水的处理原则，农村厕所鼓励采用生态厕所，鼓励采用自然处理技术，积极推广利用沼气池处理人畜粪便。提出农村生活垃圾的处理鼓励回收利用，严禁随意丢弃、堆放和焚烧，并明确提出建立“户分类、村收集、镇转运、县市处理”的城乡一体化处理模式，以及无机垃圾填埋处理、有机垃圾堆肥处理的要求。

3.《关于加快推进生态文明建设的意见》

2015年4月25日，中共中央、国务院下发了《关于加快推进生态文明建设的意见》（以下简称《意见》）。《意见》的指导思想是：坚持以人为本、依法推进，坚持节约资源和保护环境的基本国策，把生态文明建设放在突出的战略位置，融入经济建设、政治建设、文化建设、社会建设各方面和全过程，协同推进新型工业化、信息化、城镇化、农业现代化和绿色化，以健全生态文明制度体系为重点，优化国土空间开发格局，全面促进资源节约利用，加大自然生态系统和环境保护力度，大力推进绿色发展、循环发展、低碳发展，弘扬生态文化，倡导绿色生活，加快建设美丽中国，使蓝天常在、青山常在、绿水长流，实现中华民族永续发展。

《意见》的目标是：到2020年，资源节约型和环境友好型社会建设取得重大进展，主体功能区布局基本形成，经济发展质量和效益显著提高，生态文明主流价值观在全社会得到推行，生态文明建设水平与全面建成小康社会目标相适应。

在美丽乡村建设方面，《意见》要求“完善县域村庄规划，强化规划的科学性和约束力。加强农村基础设施建设，强化山水林田路综合治理，加快农村危旧房改造，支持农村环境集中连片整治，开展农村垃圾专项治理，加大农村污水处理和改厕力度。加快转变农业发展方式，推进农业结构调整，大力发展农业循环经济，治理农业污染，提升农产品质量安全水平。依托乡村生态资源，在保护生态环境的前提下，加快发展乡村旅游休闲业。引导农民在房前屋后、道路两旁植树护绿。加强农村精神文明建设，以环境整治和民风建设为重点，扎实推进文明村镇创建。”

4.《水污染防治行动计划》

2015年4月2日，国务院以国发〔2015〕17号文印发了《水污染防治行动计划》（以下简称《行动计划》）。《行动计划》针对农村地区提出的水污染防治措施为：①推进农业农村污染防治；②控制农业面源污染；③调整种植业结构与布局；④加快农村环境综合整治。到2020年，新增完成环境综合整治的建制村13万个。

尽管糯扎渡水电站移民安置点环保水保工程初步设计工作已于2014年年底完成，但糯扎渡水电站移民安置点环保水保工程符合《意见》的要求，其设计、实施和管理经验对当地政府贯彻落实中共中央、国务院《关于加快推进生态文明建设的意见》和《水污染防治行动计划》具有重要意义。

7.3 农村污染防治技术及应用情况

7.3.1 农村生活污水处理技术及应用情况

7.3.1.1 源头控制技术路线

根据原环境保护部2010年颁发的《农村生活污染控制技术规范》（HJ 574—2010），农村生活污水首先应进行源头控制，黑水、灰水分类治理。农村生活污水源头控制可采用图7.3-1的源头控制技术路线。

7.3.1.2 主要处理措施和设施

1. 化粪池

化粪池是一种利用沉淀和厌氧微生物发酵的原理，以去除粪便污水或其他生活污水中悬浮物、有机物和病原微生物为主要目的的污水初级处理设施。

污水通过化粪池的沉淀作用可去除大部分悬浮物（SS），通过微生物的厌氧发酵作用

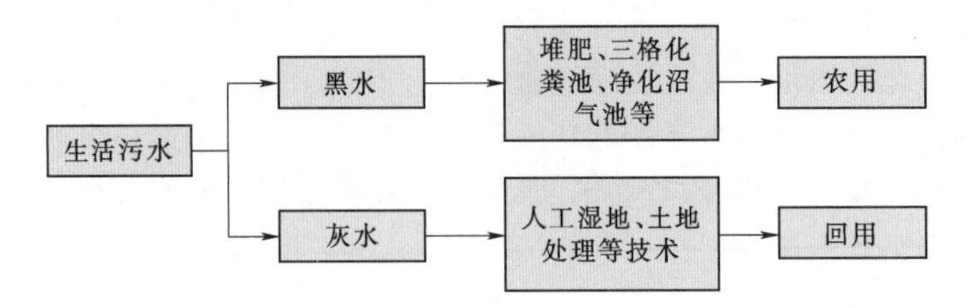

图7.3-1 农村生活污水源头控制技术路线图

可降解部分有机物（COD、BOD_5），池底沉积的污泥可用作有机肥。

优点：化粪池具有结构简单、易施工、造价低、无能耗、运行费用省、卫生效果好、维护管理简便等优点。

不足：沉积污泥多，需定期进行清理，综合效益不高，污水易渗漏。化粪池处理效果有限，出水水质差，不能直接排放水体，一般用于村庄周边的农田灌溉。如果外排，需经后续好氧生物处理单元或生态技术单元进一步处理。通过化粪池的预处理可有效防止管道堵塞，亦可有效降低后续处理单元的污染负荷。

适用范围：可广泛应用于西南地区农村生活污水的初级处理，特别适用于厕所的粪便与尿液的预处理。

2. 沼气池

沼气池是采用厌氧发酵技术和兼性生物过滤技术相结合的方法，在厌氧和兼性厌氧的条件下将生活污水中的有机物分解转化成甲烷、二氧化碳和水，达到净化处理生活污水的目的，并实现资源化利用。

沼气池作为污水资源化单元和预处理单元，其副产品沼渣和沼液是含有多种营养成分的优质有机肥，如果直接排放会对环境造成严重的污染，可回用到农业生产中，或后接生化或生态污水处理单元进一步处理。

优点：沼气池与化粪池相比较，沼气池污泥减量效果明显，有机物降解率较高，处理效果好；可以有效利用沼气。

不足：沼气池处理污水效果有限，出水水质差，一般不能直接排放，需经后续好氧生物处理单元或生态技术单元进一步处理；与化粪池比较，管理较为复杂。

适用范围：可应用于西南地区一家一户或联户农村污水的初级处理。

如果有畜禽养殖、蔬菜种植和果林种植等产业，可形成适合不同产业结构的沼气利用模式。

3. 人工湿地

人工湿地是20世纪70年代末期发展起来的一种废污水生物处理技术。根据污水在湿地中的流动方式不同，可将人工湿地系统分为表面流人工湿地、潜流人工湿地。其中潜流人工湿地分为水平潜流人工湿地、垂直潜流人工湿地两种类型。垂直潜流人工湿地又分为下行流人工湿地和上行流人工湿地。人工湿地系统一般由人工基质和生长在其上的沼生植物芦苇（*Phragmites australis*）、香蒲（*Typha orientalis*）、美人蕉（*Canna indica*）、水葱（*Schoenoplectus tabernaemontani*）、灯心草（*Juncus effusus*）等组成，是一种独特的"土壤—植物—微生物"生态系统，它利用各种植物、动物、微生物和土壤的共同作用，逐级过滤和吸收污水中的污染物，达到净化污水的目的。该技术在欧洲、北美等国家和地区以及澳大利亚和新西兰得到了广泛应用，其缺点是要解决土壤和水中的充分供氧问题及受气温和植物生长季节的影响等问题。

特点：优点是能耗低，维护的成本低，生态景观效果好。缺点是占地面积较大。

综上所述，结合该工程移民安置点地处农村地区的实际情况，污水处理应选择操作简单、管理便利、无须专职人员、运行费用接近零的工艺，生态处理工艺较生化处理工艺更符合要求；此外，农村土地成本较低，可用土地面积大，能满足生态处理工艺占地要求，同时生态处理工艺与农村景观天然协调。因此，人工湿地生态处理工艺可以作为移民安置点重点选择的污水处理工艺。

4. 氧化塘

氧化塘法是一种利用库塘或低洼荒地，通过生物降解方式对污水进行处理的工艺。

特点：具有对有机污染物净化效果好、基建投资少、运行费用低、污水处理与利用相结合等特点，使其得以广泛应用。缺点是氧化塘占地面积大、净化效果受气候影响、易渗透污染地下水和影响景观。

5. 小型污水处理厂及一体化污水处理设备

对于人口较为集中，有非农业人口及公建设施的搬迁乡镇，以及经济较为发达、人口较多的集镇，一般应选择建设小型污水处理厂（站）。

目前，国内外污水处理厂大都采用二级处理工艺。一级处理是采用物理方法，主要通过格栅拦截、沉淀等手段去除污水中大块悬浮物和砂粒等物质。这一处理工艺国内外都已成熟，差别不大。二级处理主要采用生化法、生态处理法，主要通过微生物的生命运动等手段来去除污水中的溶解态和胶体态的有机物以及氮、磷等营养盐。归结起来，适用农村地区的工艺主要有 AB 法、A^2/O 工艺、SBR 工艺、CASS 工艺、生物接触氧化法等。

对于经济条件相对较好，人口较为集中的村庄，也可选择一体化生活污水处理设备。一体化生活污水处理设备的污水处理工艺主要选择生物接触氧化法工艺。原因是接触氧化法更适合于中小型规模的污水处理。当然，更主要的原因是产泥量少，仅需 3 个月（90 天）以上排一次泥，避免了许多运行当中的麻烦。

7.3.1.3 农村生活污水处理的现状与问题

目前我国江苏、广东等沿海经济发达地区在农村分散式污水处理方面已经开展了大量的工作。2008 年，江苏省建设厅印发了《农村生活污水处理技术指南》；2012 年，中国污水处理工程网刊载了《南方农村生活污水处理技术》。但广大山区农村仍存在着基础设施建设缺乏统一规划和管理，农民住宅与畜禽圈舍混杂，污水无序排放，露天厕所随处可见等亟待解决的问题。

农村生活污水主要产生于居民生活过程中的粪便及其冲洗水、洗浴污水和厨房污水等，同时农村生活污水中因粪便中所含病原菌较多，因此一般应进行一定的灭菌处理。农村污水难处理主要有以下几个原因：

（1）污水成分日益复杂，各种污染成分浓度较低，波动性很大，难以正确评估生活污水的污染负荷及其昼夜、季节性变化。

（2）人口少，用水量标准较低，污水处理规模小，造成工程建设费及运行费用过高。

(3) 污水处理工艺与技术的选择，受到当地社会、经济发展水平的制约和地方保护主义或其他人文因素的抵制。

(4) 当地自然与生态条件（气温、降水、风向和土壤等）对所选择的处理工艺与处理技术有负面影响时，使其不能正常发挥效力。

(5) 维护管理技术人员及运行管理经验严重缺乏。

综上所述，农村生活污水的处理不能照搬大、中型规模的城市污水处理工艺及设计参数，避免造成工程投资和运行费用过高。农村生活污水的处理技术必须遵循经济、高效、节能和简便易行的原则，要求处理工艺简单，净化效果有保证，运行维护便捷。

结合糯扎渡水电站工程移民安置点地处农村地区的实际情况，污水处理应选择操作简单、管理便利、无须专职人员、运行费用低的工艺。由于农村土地成本较低，如果土地利用条件允许，应尽可能选择生态处理工艺作为移民安置点的污水处理工艺。

7.3.2 农村生活垃圾处置技术及应用情况

7.3.2.1 农村生活垃圾处置技术路线

原环境保护部发布的《农村生活污染防治技术政策》对农村生活垃圾的处置要求如下：

(1) 鼓励生活垃圾分类收集，设置垃圾分类收集容器。对金属、玻璃、塑料等垃圾进行回收利用；危险废物应单独收集处理处置。禁止农村垃圾随意丢弃、堆放、焚烧。

(2) 城镇周边和环境敏感区的农村，在分类收集、减量化的基础上可通过“户分类、村收集、镇转运、县市处理”的城乡一体化模式处理处置生活垃圾。

(3) 对无法纳入城镇垃圾处理系统的农村生活垃圾，应选择经济、适用、安全的处理处置技术，在分类收集基础上，采用无机垃圾填埋处理、有机垃圾堆肥处理等技术。

(4) 砖瓦、渣土、清扫灰等无机垃圾，可作为农村废弃坑塘填埋、道路垫土等材料使用。

(5) 有机垃圾宜与秸秆、稻草等农业废物混合进行静态堆肥处理，或与粪便、污水处理产生的污泥及沼渣等混合堆肥；亦可混入粪便，进入户用、联户沼气池厌氧发酵。

因此，在农村生活垃圾处理过程中，应尽量采取措施进行综合利用，以达到垃圾减量化、保护环境、节约资源和能源的目的。糯扎渡水电站移民集中安置点生活垃圾处置根据农村生活垃圾的特点，选择分类收集、分类处理的技术路线（见图7.3-2）。

7.3.2.2 生活垃圾处置措施

1. 卫生填埋

农村生活垃圾的最终处置方法是将经过焚烧或其他方法处理后的残余物送到填埋场进行卫生填埋。其原理是采取防渗、铺平、压实、覆盖等措施将垃圾埋入地下，经过长期的物理、化学和生物作用使其达到稳定状态，并对气体、渗滤液、蝇虫等进行治理，最终对填埋场封场覆盖，从而将垃圾产生的危害降至最低。

2. 焚烧

农村生活垃圾中的塑料等可燃成分较多，具有很高的热值，采用科学合理的焚烧方法是完全可行的。焚烧处理是一种深度氧化的化学过程，在高温火焰的作用下，焚烧设备内的生活垃圾经过烘干、引燃、焚烧三个阶段将其转化为残渣和气体（CO_2、SO_2等），可

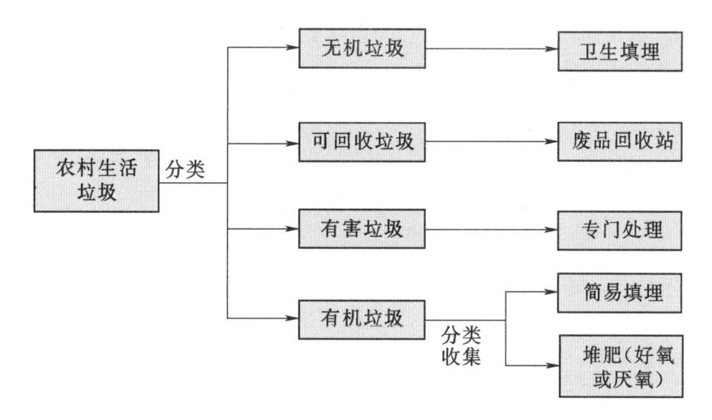

图 7.3-2　农村生活垃圾处置技术路线图

经济有效地实现垃圾减量化（燃烧后垃圾的体积可减少 80%～95%）和无害化（垃圾中的有害物质在焚烧过程中因高温而被有效破坏）。经过焚烧后的灰渣可作为农家肥使用，同时可将热量用于发电和供暖。

3. 堆肥

农村生活垃圾中有机物组分（厨余、瓜果皮、植物残体等）含量高，可采用堆肥法进行处理。堆肥技术是在一定的工艺条件下，利用自然界广泛分布的细菌、真菌等微生物对垃圾中的有机物进行发酵、降解使之变成稳定的有机质，并利用发酵过程产生的热量杀死有害微生物，达到无害化处理的生物化学过程。按照运行状态可分为静态堆肥、动态堆肥以及间歇式动态堆肥；按照需氧情况分为好氧堆肥与厌氧堆肥两种。其中与厌氧堆肥相比，好氧堆肥周期短、发酵完全、产生二次污染小，但肥效损失大、运转费用高。

4. 综合利用

综合利用是实现固体废物资源化、减量化的最重要的手段之一。在生活垃圾进入环境之前对其进行回收利用，可大大减轻后续处理处置的负荷。

我国规模化的小城镇生活垃圾处置目前采用的处理技术主要有卫生填埋、焚烧和堆肥三种，由于各地具体情况不同，以及生活垃圾的成分性质差异，对生活垃圾处理技术的选择也难以统一。

7.3.2.3　垃圾处理现状和存在问题

目前，填埋和焚烧是我国生活垃圾处理的主要方式。有 90%以上的垃圾都采用填埋处理方式。实际上，填埋不能称为垃圾处理，而是垃圾转移。填埋是人们按照"污染隔离"的思维模式发展起来的，它虽然具有处理量大、无须进行垃圾分类、对技术设施要求较低、操作相对简单、与焚烧方式相比一次性投资小等优点，但是，近 20 年填埋垃圾的实践暴露出不少问题：占用大量的土地，好多地方已无地可埋；裸露的垃圾堆存场臭气难闻，蚊蝇鼠害滋生，成为疾病的滋生地和传播源；垃圾渗滤液属高浓度有机废水，严重污染地下水和地表水以及江河湖海；甲烷沼气引起垃圾堆体爆炸；垃圾发酵挥发出的气体含有致癌致畸物；废旧的灯管、废电池中含有铅、镉、砷、汞、镍、铬、锌、铜等重金属，会产生生物毒性和植物生长阻碍毒性等。建垃圾焚烧处理厂虽然具有占地小、处理时间短、减量化显著、可回收热能等优点，因为投资很大，目前国内只有一些财力较为充足的城市，特别在土地紧缺的东南沿海地区选择建设垃圾焚烧发电厂作为生活垃圾处理的首选方案。但是从十多年的建设与运行实践来看，还存在烧不着、成本大、产生二次污染（产生二噁英和重金属）等问题。

针对上述问题，我国已经逐步制定了严格的技术规范和污染控制标准，以规范和管理生活垃圾处理工作。如：《生活垃圾卫生填埋技术规范》（CJJ 17—2004）、《生活垃圾卫生填埋处理工程项目建设标准》（建标 124—2009）、《小城镇生活垃圾处理工程建设标准》（建标 149—2010）、《生活垃圾填埋场污染控制标准》（GB 16889—2008）和《生活垃圾卫生填埋场环境监测技术要求》（GB/T 18772—2008）；《生活垃圾焚烧处理工程技术规范》（CJJ 90—2009）、《生活垃圾焚烧处理工程项目建设标准》（建标 142—2010）和《生活垃圾焚烧污染控制标准》（GB 18485—2014）；《城市生活垃圾堆肥处理厂运行、维护及其安全技术规程》（CJJ/T 86—2000）、《城镇垃圾农用控制标准》（GB 8712—87）、《城市生活垃圾堆肥处理厂技术评价指标》（CJ/T 3059—1996）和《粪便无害化卫生标准》（GB 7959—2012）等。

从经济的角度考虑，在农村生活垃圾处理模式的选择中，对于经济较为发达、人口较为集中的小城镇，可以选择建设垃圾卫生填埋场、垃圾焚烧厂、垃圾堆肥场（厂）的处理模式，但必须严格按照国家制定的规程规范进行设计、施工和运行；对于广大农村地区，特别是经济欠发达的边远农村地区，应尽量推行农村垃圾就地分类处理，进行资源化综合利用，以达到垃圾减量化、保护环境、节约资源和能源的目的。

7.4 集中移民安置点生活污水处理工程

7.4.1 集中移民安置点排水制度及污水收集管网

糯扎渡水电站集中移民安置点属于新建集镇或村庄，按照国家现行设计和建设标准，必须实行雨水、污水分流制。

在分流制情况下，安置点农户生活污水采用化粪池（或沼气池）收集处理，然后排入污水管网。安置点公共建筑物等设施设置公共厕所，其污水经化粪池处理后排入污水管网（见图 7.4-1）。

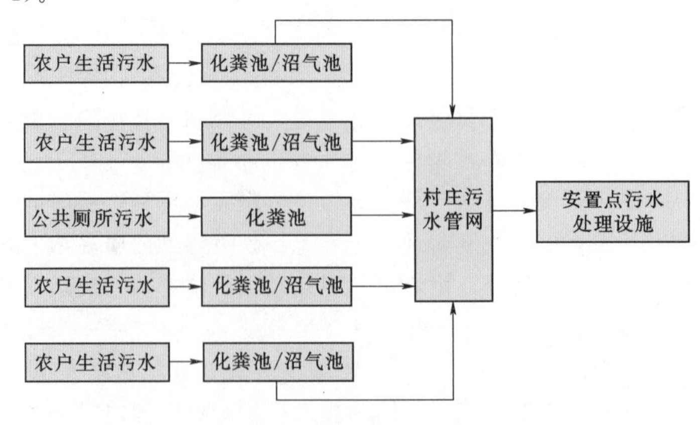

图 7.4-1 糯扎渡移民安置点生活污水收集示意图

7.4.2 集中移民安置点生活污水处理设施建设模式及工艺流程选择

经广泛收集国内外各种农村污水处理措施资料，并结合糯扎渡水电站各移民安置点地理位置、地形条件的初步查勘，在糯扎渡水电站集中移民安置点生活污水处理措施工艺、设备选择方面主要采用了以下几种模式。

7.4.2.1 乡镇、集镇小型污水处理厂

人口较多，有学校、政府和企事业单位，生活污水排放（处理）量相对较大的搬迁乡镇或集镇可选用采用生物接触氧化工艺的污水处理成套设备。

生物接触氧化工艺流程如图 7.4-2 所示。

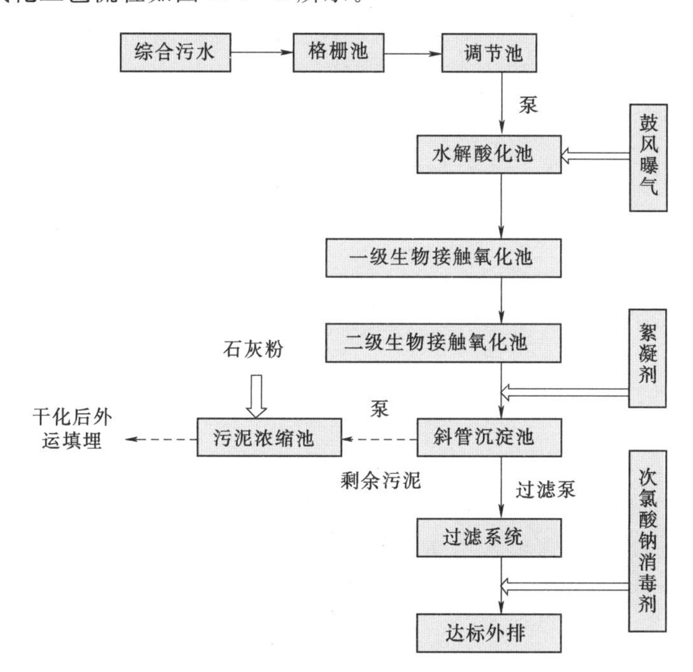

图 7.4-2 生物接触氧化工艺流程图

具体工艺流程为：污水经格栅去除掉呈悬浮或漂浮态的固体污染物，然后进入调节池经均质均量后，加压泵将污水由集水池抽至水解酸化池，然后进入一级生物接触氧化池和二级生物接触氧化池，池内设有填料，绝大多数微生物以生物膜的形式固着生长于填料表面，部分则是絮状悬浮生长于水中，由于丝状菌的大量滋生，形成一个立体结构密集的生物网，污水在其中通过，类似“过滤”作用，能够有效地提高净化效果，接触氧化池出水同时加入药剂进行物化反应，投加絮凝剂将污水中小颗粒的悬浮物凝结成大颗粒易沉絮凝体，经反应后的污水流入沉淀池进行固液分离，之后进入中间池，经过滤提升泵提升至机械过滤器高效过滤后，再经自动投加的次氯酸钠消毒剂杀菌消毒，达标出水进入清水池，然后排放。

优点：生物接触氧化法由于填料的比表面积大，池内的充氧条件良好，因此具有较高的容积负荷；生物接触氧化法不需要污泥回流，也就不存在污泥膨胀问题，运行管理简便；由于生物固体量多，水流又属完全混合型，因此生物接触氧化池对水质水量的骤变有

较强的适应能力；生物接触氧化池有机容积负荷较高时，其F/M保持在较低水平，污泥产量较少。

适用的安置点：糯扎渡水电站水库淹没搬迁乡镇，如普洱市景谷县益智乡镇府所在地益智集镇。

7.4.2.2 表流人工湿地工艺流程

表流人工湿地工艺流程如图7.4-3所示。

具体工艺流程为：村落污水由截污沟收集后，进入湿地前端的漂浮植物沉淀塘，污水经拦污栅拦污、重力作用、植物拦截、吸附、絮凝等作用去除悬浮态污染物，之后污水通过布水后进入两级表流人工湿地，水流以极低的速度在湿地内均匀流动，通过生物助凝、吸附、周丛生物（包括微生物）降解、植物营养盐吸收、微生物同化等机制净化污水，大大提高湿地对污染物处理负荷，并利用根部形成的高生物量的生物膜、内部小生态系统和湿地植物自身吸收作用等去除污水中的有机污染物及氮、磷营养物质。

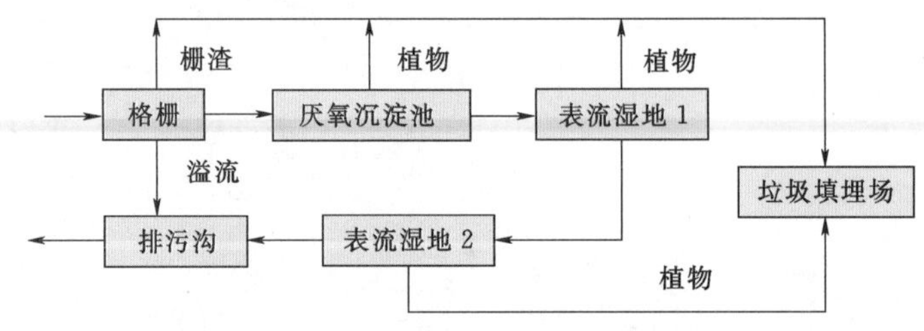

图7.4-3 表流人工湿地工艺流程图

优缺点：污水处理目标可达《污水综合排放标准》（GB 8978—1996）一级标准。处理水量相对固定，超设计流量需溢流，运行管理相对简单；人工建构筑物较少，运行稳定性一般；占地面积较大，征地费用高；工程建设填方量相对较大，基建投资高；运行费用稍高；工程运行水头损失较大，受气候影响较大；污水处理工艺简单、操作管理简单方便。

适用的安置点：主要适用于安置点人口较多、污水排放量较大、污水处理目标要求高的大中型移民集中安置点。

7.4.2.3 微曝气氧化塘+表流人工湿地工艺流程

微曝气氧化塘+表流人工湿地工艺流程如图7.4-4所示。

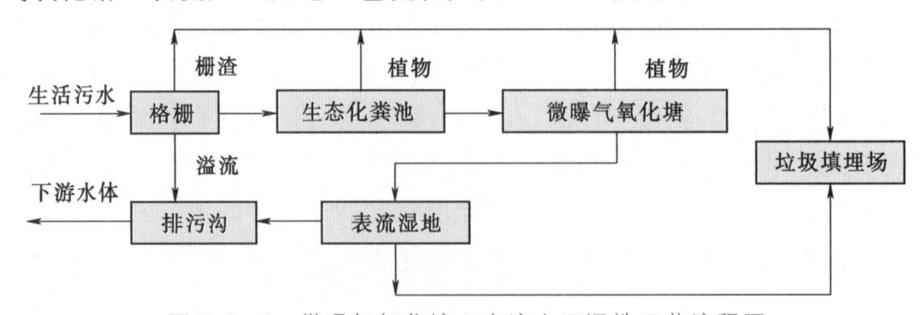

图7.4-4 微曝气氧化塘+表流人工湿地工艺流程图

具体工艺流程为：充分考虑地形特征，兼顾项目区生态恢复功能，农户出户管连入化粪池进行初步厌氧分解后流入生态化粪池，利用植物可吸收大量的有机物及氮、磷等营养物质。然后在人工布水的基础上，通过利用现有的自然塘、低洼地，人为构建一个适宜微生物生长的简易的污水处理系统，即氧化塘，塘内设有微曝气装置实现曝气，污水以较慢速度在池塘表面流动，塘内存在着细菌、原生动物和藻类，由藻类的光合作用和微曝气机提供溶解氧，好氧微生物对有机物进行降解。好氧池出水后进入表流人工湿地，污水在通过人工湿地时产生综合的物理、化学和生物反应，使污染物进一步得以去除。

优缺点：污水处理目标可达《污水综合排放标准》（GB 8978—1996）一级标准；水量波动适应性好，能处理部分村落面源污水，能长期去除悬浮态污染物；占地面积适中，征地费用适中（相对于两级表流湿地）；能基本实现土方平衡，基建投资较低；运行费用较高；运行风险相对较小；工艺简单、操作管理简单方便。

适用的安置点：主要适用于安置点污水处理设施建设用地宽裕、污水排放量适中、污水处理目标要求高的大型移民集中安置点。

7.4.2.4 庭院式（厌氧+过滤）一体化污水处理工艺流程

庭院式一体化污水处理工艺流程如图 7.4-5 所示。

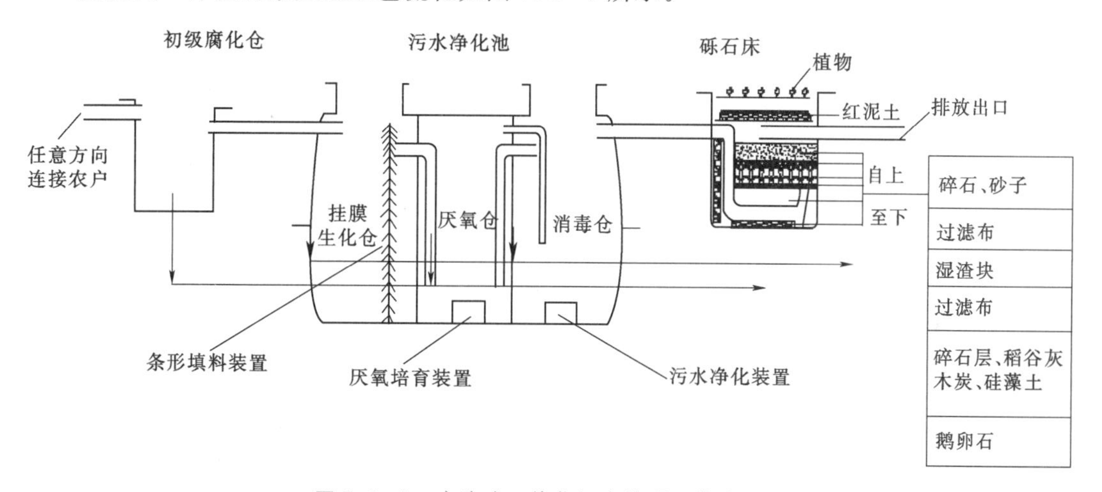

图 7.4-5 庭院式一体化污水处理工艺流程图

具体工艺流程为：在强化水污染治理的同时，充分考虑地形特征，采用“庭院式一体化污水处理装置”对生活污水进行处理。农村农户庭院污水处理设施由初级腐化仓、污水净化池、砾石床三部分构成。生活污水进入初级腐化仓后，经隔油沉淀，有效去除固体悬浮物，然后进入污水净化装置，通过条形填料装置和厌氧池停留，在厌氧条件下进行微生物的接种和驯化培养，通过微生物的作用将大量的有机物转化为无机物，再通过砾石床中大量的孔状物料的过滤，对生物分解后的生活污水再次进行机械过滤后排放。

优缺点：污水处理目标可达《污水综合排放标准》（GB 8978—1996）一级标准；处理水量相对固定，超过设计流量需溢流；运行稳定性好；占地面积较小，征地费用小，工程建设土石方挖方较大，基建费用高；运行费用稍高；水头损失较小，运行风险较小；工艺相对复杂，设备较多，可自动化运行。

适用的安置点：适用于移民安置点污水处理规模较小、建设用地狭小、没有建设湿地场地条件的集中移民安置点。

7.4.3 典型污水处理工程设计成果简介

在糯扎渡水电站57个集中移民安置点中，普洱市景谷县益智集镇生活污水处理规模最大，选择生物接触氧化工艺设计建设小型乡镇污水处理厂；其他集中移民安置点选择“微曝气氧化塘＋表流人工湿地工艺流程”设计建设小型污水处理站。

7.4.3.1 普洱市景谷县益智集镇污水处理厂

1. 污水处理厂服务范围及设计规模

益智集镇污水处理厂服务范围是：受水库淹没影响，需要后靠搬迁的景谷县益智乡政府所在地益智集镇的动迁安置居民及学校、医院、行政办公等单位和人员。

根据益智集镇供水设施设计资料、《室外给水设计规范》（GB 50013—2006）及《云南省用水定额标准》（DB53/T 168—2006），整个集镇综合用水量为530.2m^3/d，污水产生量为291.3m^3/d（见表7.4-1）。

表7.4-1　　益智集镇生活用水量与生活污水产生量

序号	类别		面积/hm^2	人数/人	用水定额	用水定额单位	用水量/m^3	污水产生量/m^3
1	集镇迁移居民生活用水		—	1261	100	L/(人·d)	126.1	100.9
2	学校学生用水	住校学生用水	—	1246	120	L/(人·d)	149.5	119.6
		非住校学生用水	—	30	20	L/(人·d)	0.6	0.5
3	卫生院用水		—	60张床位	200	L/(床位·d)	12.0	9.6
4	公厕冲洗用水		—	500（人次）	7	L/(人次·d)	3.5	3.5
5	综合农贸市场用水		0.325	—	12	L/(m^2·d)	39.0	31.2
6	行政办公用水			350	40	L/(人·d)	14.0	11.2
7	商铺用水		0.246	—	7.5	L/(m^2·d)	18.5	14.8
8	绿地浇洒用水（非雨天）		4.61	—	2	L/(m^2·d)	92.2	0
9	道路浇洒用水（非雨天）		3.74	—	2	L/(m^2·d)	74.8	0
总计							530.2	291.3

2. 设计水质

根据《糯扎渡水电站景谷县益智集镇迁建基础设施建设项目环境影响报告书》及其批复的要求，项目区威远江执行《地表水环境质量标准》（GB 3838—2002）Ⅲ类标准，污水处理厂排水执行《城镇污水处理厂污染物排放标准》（GB 18918—2002）一级B标准。

益智集镇污水处理厂进水水质（生活污水污染物浓度）采用糯扎渡水电站环保设计调研资料。

3. 污水处理工艺

按照糯扎渡水电站移民安置点污水处理工艺选择研究，益智集镇选择小型污水处理厂生物接触氧化处理工艺，该工艺流程详见图7.4-2。

4. 污水处理厂选址及布置

污水处理厂位于该安置点南侧，即管网末端以南约80m处。分布高程为811.00～

813.00m，厂址部位地形坡度为5°～10°，局部为陡坎，用地类型为橡胶林。污水通过自流至污水处理厂进行处理。管网末端至污水处理厂无道路相通，需修建30m长的进厂道路。厂址附近有水电条件，距离较近。

按照工艺设计要求，污水处理厂主体结构采取矩形展开，上下立体布局，即地埋式布置。地面上为综合工房。地下建筑为格栅井、调节池、水解酸化池、生物接触氧化池、二沉池。污水处理站总占地面积约为734m^2，其中污水处理厂约为414m^2，进厂道路约为320m^2。

污水处理厂进出水管：污水排水总管现已铺设至排水末端井处，新建进入污水处理段排水收集干管，设计管径为DN300，管道选用HDPE双壁波纹管，管长80m，排水坡度0.8%。污水处理后排水管选用UPVC管，管道直径为110mm，管长84m。

5. 污水处理构筑物设计

益智集镇污水处理构筑物及主要设计参数见表7.4-2。

表7.4-2　　益智集镇污水处理构筑物及主要设计参数一览表

序号	构筑物	作　用	主要设计参数
1	格栅井	去除漂浮物、悬浮物等大颗粒杂质，以保证后续污水处理单元正常运行	数量：1座 尺寸：$L\times B\times H$=1.2m×2.0m×2.0m 结构：地下式钢筋混凝土结构 配套：人工格栅2套，(间隙12mm和5mm各1套)
2	调节池	调节水量，均化水质，保证后续处理单元的稳定运行。并有一定的沉淀作用，能去除部分杂质	数量：1座 尺寸：$L\times B\times H$=5.2m×7.0m×4.0m 结构：地下式钢筋混凝土结构 配套：①污水提升泵，型号50WQ20-10-1.5，流量20m^3/h，扬程10m，功率1.5kW，数量2台，一备一用；②液位控制器：型号HT-M15-3，共1套
3	水解酸化池	水解和酸化阶段对COD、BOD$_5$进行初步降解去除；中间阶段为提高微生物利用率悬挂组合填料，给微生物提供了载体；将污水中难降解的大分子有机物转化为易降解的小分子有机物，不溶性的有机物变成溶解性的有机物，提高污水的可生化性，并去除一部分COD和SS	数量：1座 尺寸：$L\times B\times H$= 5.2m×2.0m×4.0m 最大集水深：3.6m 有效容积：37.5m^3 水力停留时间：2.9h 结构：地下式钢筋混凝土结构 配套：生物填料，25m^3
4	生物接触氧化池	池体采用双池串联结构，通过控制曝气量，两池分别完成好氧和兼氧的生物处理过程，使水中杂质去除更加彻底	数量：2座 有效容积：150m^3 建筑尺寸： ①一级生物接触氧化池：$L\times B\times H$=5.5m×5.0m×4.0m ②二级生物接触氧化池：$L\times B\times H$=5.5m×5.0m×4.0m 结构：地下式钢筋混凝土结构 配套设备： 填料支架［80×80×9槽钢、L50×50×5角钢、ϕ16钢筋（根据池子长、宽，上下二层） ③ 生物填料，13m^3，填料规格为ϕ150 ④ 盘式曝气器，170套，规格为ϕ215 ⑤ 布水器、集水槽，各2套

续表

序号	构筑物	作　用	主要设计参数
5	斜管沉淀池	分为混凝区、斜管沉淀区和清水区三个区域。投加混凝剂在混凝区混合，将水中悬浮物和胶体形成沉淀性较好的大颗粒物；同时磷酸盐进行沉淀反应，强化对磷的去除效率。之后进入斜管沉淀区，通过潜水污泥泵进入污泥浓缩池，或根据处理效果将污泥通过管道部分回流进入水解酸化池中强化降解及脱氮处理效果	构筑物数量：1座 有效容积：53.5m^3 建筑尺寸：$L\times B\times H=3.0m\times5.5m\times4.0m$ 构筑物结构：地下式钢筋混凝土结构 配套设备： ①斜管支架［80×80×9槽钢、L50×50×5角钢、ϕ16钢筋 ②沉淀斜管，10m^3 ③布水器、集水槽，各1套 ④排泥泵，2台，型号50WQ-10-10-0.75，$Q=10m^3/h$，$H=10m$，$N=0.75kW$
6	污泥浓缩池	存放剩余污泥，并对剩余污泥进行浓缩消化等减量化处理，同时将污泥重力浓缩后的上清液回流到调节池中再次处理	构筑物数量：1座 有效容积：30m^3 建筑尺寸：$L\times B\times H=3.0m\times2.5m\times4.0m$ 构筑物结构：地下式钢筋混凝土结构 配套设备：污泥泵，1台，型号50WQ-10-10-0.75，$Q=10m^3/h$，$H=10m$，$N=0.75kW$
7	综合用房	分为设备间、加药间及值班室三部分，主要用于安放鼓风机、电控系统、机械过滤器、反冲洗水泵、加药设备等	结构：地上式砖混结构 数量：分值班控制室、设备间、加药间各1间 占地总面积：36m^2 值班控制室：1间，净面积7m^2；放置电气控制柜1套，值班台1套 设备间：1间，净面积14m^2；放置设备鼓风机3台，型号HC-80S，功率4.0kW，2用1备；全自动机械过滤器1套；过滤泵2台，型号LISG65-160A，$Q=25m^3/h$，$H=28m$，$N=4kW$；反冲洗泵1台，型号LISG80-125，$Q=50m^3/h$，$H=20m$，$N=5.5kW$ 加药间：1间，净面积8m^2；放置次氯酸钠消毒投加器1套，混凝剂投加装置1套
8	污泥干化场	干化场主要依靠渗透、蒸发撇除污泥中水分并使之干化	构筑物数量：1座2格 建筑尺寸：$L\times B\times H=8.0m\times3.2m\times1.0m$ 构筑物结构：半地下式素混凝土结构 配套材料：粗砂5m^3，砾石7.5m^3，ϕ90 PVC管36m，ϕ75 PVC管12m

6. 建筑设计及结构设计

厂区各建筑物面积均参照《城镇给水厂附属建筑和附属设备设计标准》(CJJ 41—1991)及该工程实际要求而定。在各单项建筑设计中严格按照国家有关规范及行业标准设计。

(1) 结构设计标准：①该工程设计使用年限为50年，结构安全等级为二级。②混凝土结构的环境类别为二类b。

(2) 抗震与基础处理：①该工程抗震设防烈度为7度，设计基本地震加速度值为0.15g。②该工程污水处理站为半地埋式。主体水池均为地下式结构，水池顶板作为上部地上式综合用房基础。

（3）主要构筑物结构设计：格栅井、调节池、水解酸化池；一级、二级生物接触氧化池，斜管沉淀池，污泥浓缩池，水池主体采用现浇C25钢筋混凝土结构，池体池壁厚300mm，底板厚300mm，基础垫层采用100mm厚的C15混凝土垫层。

（4）污泥干化场：采用现浇半地上式C25混凝土结构，地上0.6m，地下0.4m，池壁厚200mm，池底板采用C25混凝土结构，厚100mm。

7. 电气设计

供电电源采用380V/220V、50Hz三相交流电。要求配电系统采用三相五线制、单相三线制，接地保护系统为TN－S。供电电源由业主负责引至污水处理站控制间内。

8. 给排水设计

给水由集镇给水管网供应。给水引入管采用DN25的PE管。

厂区排水主要是雨水排水，在污水处理站周围设置雨水截流沟渠，将厂内雨水排至下游的威远江。

集镇内全部污水汇集至污水处理厂，经过污水处理净化后的清水，利用过滤后的余压通过专用排水管，由排口排至下游的威远江。

9. 消防设计

该工程厂区不设置专用消防车道和独立消防供水管道，必要时，可利用水泵抽送处理后的清水进行喷洒灭火，并在值班室、设备间、加药间各贮备压式干粉灭火器1瓶。

10. 景观与绿化设计

绿化设计原则是创造清洁、美观的厂区环境，使污水处理厂建成富有特色的单位，绿化率达到40%左右。

在环境景观方面运用点、线、面的有机结合，以厂前区道路为中心，道路两旁配以人行道。人行道上种植小叶榕，地下式水池上部播撒草种进行绿化，层次鲜明，使厂区前视野开阔。

厂区四周及厂内的绿化隔离带种植比较高的树木，使其形成较密的树林带，起到隔离的功能。根据当地气候特点，树种选择常绿乔灌木，以减少尘埃，应防止落叶飘入池中影响出水水质和感观。

7.4.3.2 普洱市景谷县白米田移民安置点污水处理站

1. 基本情况

白米田移民集中安置点位于益智乡政府东北面1km，计划安置益智乡中和村白米田村民小组35户122人。安置点内配置卫生室1个、文化室1个、民族活动场所1处，移民子女就近到乡中心小学就读。

根据安置点分户房建工程设计布置情况，移民安置环保工程配套设计了分户化粪池35个、沤肥池35个、公共厕所1座（5个坑位）。

2. 污水处理站选址

白米田移民安置点排水规划设置了2个排污口，需将2个排污口的污水合并引至污水处理站进行处理。站址与排污口1、2的直线距离分别为100m、25m，分布高程为818.00～819.00m，站址部位地形平坦。污水通过自流至污水处理站址，经处理后排入下游水体，进入威远江流域。该站址紧邻移民安置点，无须修建进站道路，附近有水电条件且距离较近。

3. 设计规模

安置点建成后的用水主要包括居民生活用水、村委会用水、卫生所用水、公厕冲洗用水、绿地浇洒用水、道路浇洒用水等（见表7.4-3）。考虑污水处理规模预测的前瞻性以及后期污水量可能增长的不可预见性，污水处理站设计处理规模为15m^3/d。

表7.4-3　白米田移民安置点生活用水量与生活污水产生量

序号	类别	面积/hm^2	人数/人	用水定额	用水定额单位	用水量/m^3	污水产生量/m^3
1	居民生活用水	—	122	85	L/(人·d)	10.4	8.3
2	村委会用水		5	85	L/(人·d)	0.4	0.3
3	卫生所用水	—	12人次	15	L/(人次·d)	0.2	0.1
4	公厕冲洗用水	—	24人次	7	L/(人次·d)	0.2	0.2
5	绿地浇洒用水（非雨天）	0.24	—	2	L/(m^2·d)	4.8	0
6	道路浇洒用水（非雨天）	0.28	—	2	L/(m^2·d)	5.6	0
总计						21.6	8.9

4. 设计水质

排放标准：根据《糯扎渡水电站景谷县白米田移民安置点环境影响报告表》，安置点排水去向为威远江，其水环境功能类别为Ⅲ类，污水处理排放标准执行《污水综合排放标准》(GB 8978—1996）一级标准。根据《西南地区农村生活污水处理技术指南》提供的参考值，并参考糯扎渡水电站环保设计调研资料，确定白米田安置点污水处理工程进水水质，见表7.4-4。

表7.4-4　污水处理站进水水质

项目	pH值	SS/(mg/L)	COD/(mg/L)	BOD_5/(mg/L)	NH_3-N/(mg/L)	TP/(mg/L)
进水水质	6.5～8.0	200	400	150	50	4

出水水质：根据污水处理站设计选择的污水处理工艺中各构筑物对污染物的去除率，计算得出污水处理站的出水水质，见表7.4-5。

表7.4-5　污水排放标准及出水水质

项目	SS	COD_{Cr}	BOD_5	NH_3-N	TP
进水水质/(mg/L)	200	400	150	50	4
格栅去除率/%	10	0	0	0	0
厌氧调节池去除率/%	40	35	35	10	10
微曝气氧化塘去除率/%	60	65	65	60	65
表流湿地去除率/%	30	45	45	35	35
出水水质/(mg/L)	30.2	50.1	18.8	11.7	0.8
GB 8978—1996一级标准	70	100	20	15	1

5. 污水处理站设计

(1) 工艺流程。根据白米田移民安置点地理位置、污水处理规模、安置点地形地貌及土地利用现状，选择“微曝气氧化塘＋表流人工湿地工艺流程”。

(2) 管网设计。管网设计主要包括场内污水管网末端至污水处理站的污水收集管线设计。污水收集管全长156m，设计管径为DN300，选用HDPE双壁波纹管，设置了6座ϕ700的塑料检查井，管道基础垫层采用300mm厚的砂石垫层。

(3) 污水处理构筑物。白米田移民安置点污水处理构筑物及主要设计参数见表7.4-6。

表7.4-6　白米田移民安置点污水处理构筑物及主要设计参数一览表

序号	构筑物	作　用	主要设计参数
1	格栅井	去除漂浮物、悬浮物等大颗粒杂质，以保证后续污水处理单元正常运行	数量：1座 尺寸：$L\times B\times H$=1.68m×1.08m×0.9m 结构：砖混结构 配套：人工格栅1套（间隙8mm）
2	厌氧调节池	利用微生物可吸收大量的有机物及氮、磷等营养物质	构筑物数量：1座 有效容积：40.5m^3 水力停留时间：2.7d 建筑尺寸：$L\times B\times H$=4.5m×4.5m×2.5m 构筑物结构：地下式钢筋混凝土结构
3	微曝气氧化塘	塘内存在着细菌、原生动物和藻类，由藻类的光合作用和微曝气机提供溶解氧，好氧微生物对有机物进行降解	构筑物数量：1座 有效水深：1.1m 水力停留时间：3.1d 建筑尺寸：$L\times B\times H$=13.0m×4.3m×2.5m 构筑物结构：素土夯实结构 配套植物：睡莲77株，香蒲245株
4	表流湿地	污水在通过人工湿地时产生综合的物理、化学和生物反应，使污染物进一步得以去除	构筑物数量：1座 有效水深：0.6m 水力停留时间：1.2d 建筑尺寸：$L\times B\times H$=7.0m×4.3 m×2.5m 构筑物结构：素土夯实结构 配套植物：睡莲93株，苦草58株，金鱼藻58株
5	集水池	汇集、储存处理后的污水	构筑物数量：1座 有效水深：0.7m 水力停留时间：0.9d 建筑尺寸：$L\times B\times H$=4.3m×4.3 m×1.5m 构筑物结构：素土夯实结构

(4) 建筑设计。各构筑物面积均参照《城镇给水厂附属建筑和附属设备设计标准》(CJJ 41—1991) 及该工程实际要求而定。在各单项建筑设计中严格按照国家有关规范及行业标准设计。污水处理站构筑物结合当地建筑风格设计，原则上尽可能与周边村委会和居民房屋相协调。

(5) 结构设计。结构设计标准如下：

1) 该工程设计使用年限为50年，结构安全等级为二级。

2）混凝土结构的环境类别为二类 b。

抗震与基础处理如下：

1）该工程抗震设防烈度为 7 度，设计基本地震加速度值为 0.15g。

2）格栅、厌氧调节池基础采用筏板式现浇钢筋混凝土基础。

污水处理站主要构筑物为格栅井、厌氧调节池、微曝气氧化塘、表流湿地、集水池。各个构筑物结构设计如下：

1）格栅井结构：采用砖混结构，基础垫层采用 100mm 厚的砂石垫层，底板采用 200mm 厚的 C25 混凝土。

2）厌氧调节池结构：采用钢筋混凝土结构，基础垫层采用 100mm 厚的 C15 混凝土垫层，底板采用 300mm 厚的 C25 混凝土。

3）微曝气氧化塘、表流湿地、集水池结构：采用素土夯实结构，底层采用 300mm 厚的三七灰土（夯实度不小于 93%），再铺上 1mm 厚的 HDPE 防渗膜，上层采用 300mm 的素土夯实。

（6）景观与绿化设计。在环境景观方面，运用点、线、面的有机结合，以站区为中心，污水处理站四周及厂内的绿化隔离带种植比较高的树木，使其形成较密的树林带，起到隔离的功能。树林带下全部播撒草籽进行绿化，层次鲜明，建成后整个站区绿化率达到 60%左右。

（7）总图设计。

1）总平面布置。污水处理站构筑物占地面积约 333.4m^2，用地位于白米田移民安置点东南侧的地势低洼处；工程主要包括污水收集管线、雨水收集渠道、污水处理系统，其中污水处理系统包括格栅井、厌氧调节池、微曝气氧化塘、表流湿地及集水池等。污水收集管线由 DN300HDPE 双面波纹管将安置点内污水引入格栅井，经格栅除渣后进入站区污水处理系统。处理后的水经排口进入雨水排放渠道。白米田安置点污水处理站总平面布置如图 7.4－6 所示。

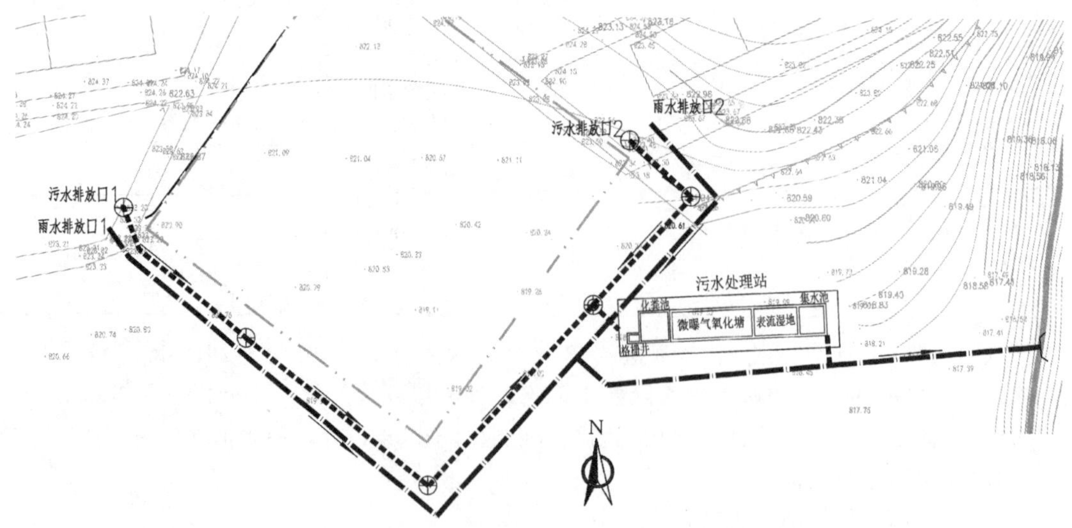

图 7.4－6　白米田安置点污水处理站总平面布置图

2）高程布置。污水处理站内进水管绝对标高为818.05m，经污水处理厂处理后出水口绝对标高定为817.40m。格栅井进水管道中心标高约817.55m，经溢流后进入厌氧调节池，然后再进入微曝气氧化塘，其进水口绝对标高为817.45m，经处理后依次进入表流湿地和集水池。集水池出水口设置排口，通过管道排放至雨水渠道进入下游水体，管道管径为DN300，长度为5m，设计标高为817.40m。

7.5 集中移民安置点生活垃圾处置工程

7.5.1 生活垃圾处置模式选择

经广泛收集国内外各种农村生活垃圾处置措施资料，并结合糯扎渡水电站各移民安置点地理位置、地形条件的初步查勘，在糯扎渡水电站集中移民安置点生活垃圾处置措施工艺、设备选择方面主要采用了以下几种模式。

7.5.1.1 迁建城镇、乡镇新建垃圾处理场（厂）模式

受水电工程建设征地影响需重新选址、规划建设的县级及以上城镇，如原有的生活垃圾处理设施也需迁建，或原有垃圾处理设施不能满足迁建后服务功能需要，应按照国家生活垃圾处置执行“户分类、村收集、镇转运、县市处置”的垃圾收集运输处理政策，选址配套建设小城镇生活垃圾处理工程。迁建城市规划的生活垃圾处理工程处理规模如果大于水电工程移民安置人口生活垃圾排放量，其建设规模和投资分摊问题需在移民安置规划阶段进行充分论证后再决策。

城镇和乡镇生活垃圾处理工程的选址、建设规模、投资分摊论证，应按照“城乡一体化”垃圾收集运输处理模式，把符合“周边30km范围以内、运输道路60%以上具有县级以上道路标准”的集中移民安置点纳入拟新建的垃圾处理工程的服务范围，统筹规划设计垃圾收集运输系统。

小城镇生活垃圾处理工程的选址和建设，应符合国家《村镇规划卫生规范》（GB 18055—2012）、《小城镇生活垃圾处理工程建设标准》（建标149—2010）等设计规范，并满足项目环境影响评价文件及批复的要求。

7.5.1.2 迁建集镇或多个集中移民安置点共建垃圾简易填埋场模式

由于水电工程建设地点多位于边远的山区，在水电工程农村移民集中安置点规划工作中，安置点的选址能够符合周边30km范围以内有已建或在建的生活垃圾处理场（厂）、运输道路60%以上具有县级以上道路标准条件的集中移民安置点不多。在我国西部地区农村，能够达到“户分类、村收集、镇转运、县市处置”的城乡一体化处理模式要求的也不多。

针对上述情况，糯扎渡水电站移民安置迁建集镇或有多个集中移民安置点相距较近的，选择原环境保护部2010年颁发的《农村生活污染控制技术规范》（HJ 574—2010）推荐的农村生活垃圾简易填埋模式和堆肥处理模式。

7.5.1.3 分散移民安置点生活垃圾“分类收集+堆（沤）肥+坑填”模式

糯扎渡水电站共需设57个移民集中安置点，约有50%的移民安置点独立分散在水库

周边崇山峻岭之中，它们或因村庄周边3.0km范围内无可以利用的干沟作为简易垃圾填埋场的场址，或因居民点规模太小，即使有场址可选，但修建生活垃圾简易填埋场存在成本高等问题，因此最终采用了生活垃圾分类收集、有机垃圾堆（沤）肥处理、剩余无机垃圾“坑填”的处置模式。该模式不同于常规的填埋方式，其设计技术依据如下。

1. 生活垃圾坑填在技术上可以达到简易填埋场的设计标准

在建设规模方面，选择“填埋坑”处置生活垃圾的移民安置点安置人口大多在50～60户，布置1座库容1500m^{3}的垃圾填埋坑就可以满足安置点10年的生活垃圾处置容量。即使是安置规模最大的普洱市澜沧县石人梁子（农场）移民安置点，其安置人口121户530人，也可选择布置2座垃圾填埋坑，每座库容1500m^3。

采取的防护措施包括：填埋坑周边设浆砌石排水沟导排地表径流；设防飞散网防止垃圾飘散，设警示牌防止人畜跌落；设置人字形彩钢瓦顶棚，防止雨水淋滤；坑内设防渗层，采用“垃圾层＋HDPE防渗膜＋膨润土防渗毯”的防渗结构＋压实地基土层（400mm）＋地下水导排盲沟（碎石）＋原状地基层。这些措施足以达到简易填埋场的防护标准要求。

2. 生活垃圾资源化利用可进一步减少垃圾排放量、延长填埋坑使用年限

原环境保护部《农村生活污染控制技术规范》（HJ 574—2010）规定：“采用就地填埋处理的村庄，应该实行更为严格的垃圾分类制度。严格控制分类后剩余无机垃圾有机物的含量在10%以下。以砖瓦、渣土、清扫灰等剩余无机垃圾为主的垃圾，可用作农村废弃坑塘填埋、道路垫土等材料使用”。因此，如果进一步加强集中移民安置点的垃圾分类收集、有机垃圾推（沤）肥资源利用力度，可有效延长垃圾填埋坑的使用年限。

7.5.2 生活垃圾处置关键措施

7.5.2.1 集中移民安置点生活垃圾简易填埋技术要求

根据原环境保护部颁发的《农村生活污染控制技术规范》（HJ 574—2010），农村垃圾无法卫生填埋时，可采用有机垃圾、无机垃圾分类收集，有机垃圾堆肥处理、无机垃圾简易填埋的方式处置。农村垃圾简易填埋需达到以下技术要求：

（1）应确保垃圾分类后剩余混合无机垃圾成分控制在80%以上。

（2）填埋场应进行防渗处理，防止对地下水和地表水的污染，同时还应防止地下水进入。

（3）根据农村经济水平，填埋场的防渗可按下述标准：填埋场底部自然黏性土层厚度不小于2m、边坡黏性土层厚度大于0.5m，且黏性土渗透系数不大于1.0×10^{-5}cm/s，填埋场可选用自然防渗方式。不具备自然防渗条件的填埋场，宜采用人工防渗。在库底和3m以下（垂直距离）边坡设置防渗层，采用厚度不小于1mm的高密度聚乙烯土工膜、6mm厚的膨润土衬垫或不小于2m厚的黏性土（边坡不小于0.5m）作为防渗层，膜上下铺设的土质保护层厚度不应小于0.3m。库底膜上隔离层土工布不应大于200g/m^2，边坡隔离层土工布不应大于300g/m^2。

（4）地下水水位高、土壤渗滤系数高、重点水源地或丘陵地区，除非有条件做防渗处理，否则不适宜建设填埋场，垃圾处置应纳入城市收集运输处置系统。

从上述规范的基本要求可以看出：①简易填埋的前提条件是控制进场生活垃圾中无机垃圾成分在80%以上；②在满足进场条件的情况下，生活垃圾简易填埋场防渗技术要求可适当降低，可省略导排废气系统，但是也要求建立渗滤液收集和处理系统。

由于农村生活垃圾简易填埋以控制进场生活垃圾中无机垃圾成分在80%以上为前提条件，因此农村生活垃圾分类收集及收集后的有机垃圾处理也是农村生活垃圾处理工程设计的主要内容。

《农村生活污染控制技术规范》（HJ 574—2010）对堆肥处理的要求如下：

农村宜选用规模小、机械化程度低、投资及运行费用低的简易高温堆肥技术。垃圾堆肥应基本做到以下几点：①有机物质含量不小于40%；②保证堆体内物料温度在55℃以上保持5～7d；③堆肥过程中的残留物应回用农田。

从上述规范要求可以看出，对于分散的农村生活垃圾，规范也不主张建设规模较大的专业生活垃圾堆肥处理厂（场）。要求采用机械化程度低、投资及运行费用低的简易高温堆肥技术。

根据农村村庄生活垃圾排放数量和垃圾成分的分析，由于农村移民安置区（点）居民以农业经济活动为主，农户生产的生活垃圾中有70%～80%可以直接就地堆肥利用和直接用于畜禽养殖，故农户实际排出的生活垃圾与小城镇生活垃圾相似，主要以灰土类无机成分为主，占55%～60%；其次是难以直接利用的有机物，占25%～30%；其他为塑料、织物、玻璃等，占10%～20%。

由于农户生产生活活动中已经直接利用了便于资源利用的农作物废弃物，村庄排放垃圾中有机垃圾含量仅占25%～30%，因此可以通过建设分户堆肥、沤肥等设施，将垃圾简易填埋场入场垃圾有机物含量控制在20%以下。

分户有机垃圾堆肥、沤肥处理设施类型有：①户用化粪池；②户用沼气池；③户用沤肥池。

7.5.2.2 集中移民安置点生活垃圾分类收集及转运系统设计技术要求

参照《广西农村生活垃圾处理技术指引（试行）》，该模式的基本内容及技术要求如下：

（1）户分类。农村居民应按可回收物、可堆肥垃圾、有害垃圾和其他垃圾对原生垃圾进行分类。

每户村民配备用于盛放可堆肥垃圾和其他垃圾的户用垃圾桶各一个，垃圾桶容积以6～8L为宜，并分别明显标示“可堆肥垃圾”和“其他垃圾”。

可回收垃圾由村民自行存放，当地政府相关部门可每年定期组织废品回收企业进行有偿回收。

农村居民应将可堆肥的有机垃圾投放到户用可堆肥垃圾桶，然后送自己家的分户沤肥池处理。自己家沤肥池不能利用的，也必须送安置点内设置的公用可堆肥垃圾桶（箱）中。

村庄（安置点）内应设置有害垃圾回收桶（箱），居民必须对有害垃圾送投其内储存，严禁乱扔或混入其他垃圾中。

村民应将其他垃圾投放到户用其他垃圾桶，再送至安置点内设置的公用其他垃圾池（箱）中。

（2）村收集。

1）运行管理人员：每个集中移民安置点均应配置卫生保洁员（可兼职）。保洁员工资收入从垃圾处理运行费用中支列。保洁员的职责主要是负责清理公用可堆肥垃圾桶（箱），并将其运送至本居民点设置的垃圾小型堆肥场或沤肥池；负责将本居民点设置的公用其他垃圾收集池（箱）中的无机垃圾，用垃圾运输车运送至为本居民点建立的“垃圾填埋坑”，并进行摊平、压实；负责有害垃圾分类监督和储存设施的维护。

2）公用垃圾桶（箱）或垃圾池：大型集中移民安置点可建1个垃圾站（屋），小型集中移民安置点可建垃圾池。从节省转运工作量的角度，小型垃圾池也可改用公用垃圾桶（箱）。公用垃圾桶（箱）上应印有垃圾类别标志，其名称、图形符号和颜色应符合《城市生活垃圾分类标志》（GB/T 19095—2003）的规定（图7.5-1）。

图7.5-1 公用垃圾桶（箱）垃圾分类标识示意图

移民安置点可按服务半径100m左右、每10～15户设置2个公用垃圾桶（箱），分别用于盛放可堆肥垃圾和其他无机垃圾，容积以120～240L为宜。有害垃圾收集储存容器每个安置点设置1个即可。

3）垃圾运输设备：居民点内垃圾收集车可采用人力车或机动三轮车。

如果村庄安置点设置的田间堆肥池、沤肥池，以及无机垃圾填埋坑的选择位置距离居民点较远或运输道路坡度较陡，可采用小型拖拉机。

7.5.2.3 集中移民安置点有机垃圾堆（沤）肥处理技术要求

（1）分户有机垃圾堆（沤）肥处理。对于农村居民，将农作物废弃物、厨余垃圾以及畜禽粪便用于养殖、堆肥、沤肥是其基本的生活习惯。如果加强宣传、管理，并辅以在垃圾分类、堆肥沤肥设施建设方面的补充和完善，可以达到事半功倍的效果。

1）田间堆肥：高温堆肥是增施有机肥、提高土壤肥力的重要途径之一，是秸秆还田的主要渠道。糯扎渡水电站移民安置区属亚热带气候区，温热多雨，充分利用稻秸、玉米秸、杂草、落叶等有机物质，采取行之有效的方法，进行高温堆肥，可以提高土地产出率和改善农产品品质。

地面堆肥法：选择距水源较近、运输方便的地方，肥堆大小视场地和材料多少而定。首先把地面捶实，然后于底部铺上一层干细土，再在上面铺一层未切碎的玉米秆作为通气床（厚约26cm），然后在床上分层堆积材料，每层厚约20cm，并逐层浇入人粪尿（下少上多)。为保证堆内通气，在堆料前按一定距离垂直插入木棍，使下面与地面接触，堆完后拔去木棍，余下的孔道作为通气孔 。堆肥材料包括秸秆、人畜粪尿和细土，其配比为3∶2∶5，配料时加入2%～5%的钙镁磷肥混合堆沤，可减少磷素固定，使钙镁磷肥肥效明显提高。按肥料比例混合后，调节水分为湿重的50%，一般以手握材料有液体滴出为宜，在肥堆四周挖深30cm、宽30cm左右的沟 ，把土培于四周，防止粪液流失。最后，用泥封堆3～5cm，堆好后2～8d，温度显著上升，堆体逐渐下陷，当堆内温度慢慢下降时，进行翻堆，把边缘腐熟不好的材料与内部的材料混合均匀，重新堆起，如发现材料有白色菌丝体出现，要适量加水，然后重新用泥封好，待达到半腐熟时压紧密封待用。

堆肥腐熟的标志：完全腐熟时作物秸秆的颜色为黑褐色至深褐色，秸秆很软或混成一团，植株残体不明显，用手抓握堆肥挤出汁液，滤出后无色有臭味。

快腐剂堆肥法：利用各种秸秆粪肥及其他废弃物，加入一定量的“快速腐熟剂”调节营养，接种发酵菌剂进行高温堆制。一般每立方米稻秸（65～70kg）需菌剂0.5kg、尿素0.5kg，平地堆制，先在堆址下挖宽1.5m、深0.3m的底槽，长度不限，向槽内堆稻秸加水，1kg稻秸要加2kg以上的水，同时人工在上面踏实。当堆至0.6 ～0.7m高时，先撒一层尿素，尽量撒匀，用量为总用量的一半，第二层堆0.4～0.5m高，将剩余的菌剂和尿素全部撒匀，再堆第三层，高0.3～0.4m，人工踏实，加足水，最后取周围泥土严密封堆，7～10d肥堆均匀塌陷，如塌陷不均匀，应在突出部位加水，30d后稻秸变暗褐色或烂泥状，即为腐熟好的堆肥。

2）沤肥池及堆肥池：对于农村蔬菜种植产生的农作物废弃物，以及农户生活中产生的厨余有机垃圾，采用分散的小型沤肥池进行处理后作为农肥，也是一项比较科学、合理的垃圾处理技术。该处理方法技术简单、实用。

（2）集中式堆（沤）肥池。由于无机垃圾采用“填埋坑”简易处理要求垃圾进坑前必须将有机物成分控制在10%以下，因此采用该模式需要在村庄居民点进一步设置公用的可堆肥垃圾收集桶（箱），并建设公用的垃圾堆肥、沤肥池。

公用的垃圾堆肥、沤肥池的建设规模（容积），应按扣除分户垃圾堆肥沤肥产生数量后，被农户投入公用可堆肥垃圾桶（箱）的排放量进行规划设计，其有效容积应能满足沤肥三个月的需要。

7.5.3 典型生活垃圾处置工程设计成果简介

在糯扎渡水电站57个集中移民安置点中，没有人口规模较大乡镇，能够选择的处置模式主要为“迁建集镇或多个集中移民安置点共建垃圾简易填埋场模式”和分散移民安置点生活垃圾“分类收集+堆（沤）肥+坑填”模式。

7.5.3.1 普洱市景谷县益智集镇垃圾填埋场

根据《农村生活垃圾分类、收运和处理项目与投资指南》，益智集镇因距景谷县城75km，而且为县级以下公路，设计服务人口少（<3000人），周边属于人口稀少的山区农村，因此农村生活垃圾宜分类收集，有机垃圾就地及时资源化处理，无机垃圾进行简易填埋。

1. 移民安置区垃圾处置规模及垃圾收集系统

（1）设计规模。根据《糯扎渡水电站建设征地移民安置总体规划》和其他相关报告内容，垃圾填埋场总服务人口确定为2861人，容量按运行15年考虑。通过类比滇西南类似地区生活垃圾产生情况，确定该工程人均日产生生活垃圾量为0.8kg，考虑厨余垃圾进行堆肥，计算填埋场库容的需求量时人均垃圾产量按0.5kg计取。垃圾收集率按100%计；垃圾填埋场按2013年投入运行计算；由于收集的垃圾不进行专门压缩作业就进入填埋场，取填埋作业后垃圾容重0.5t/m³；填埋场覆土系数取为1.10。经计算，需垃圾填埋场库容20779.23m³。

(2) 垃圾收集系统设计。综合考虑益智乡移民安置点日垃圾产生量、占地、二次污染、道路等实际情况，从降低垃圾收集、转运工程建造费和运行成本的角度出发，益智集镇无须建设垃圾转运站，而是采用“住户—垃圾桶—垃圾运输汽车—有机垃圾堆肥，无机垃圾填埋”收集转运方式。具体垃圾收集系统工程量见表7.5-1。

表7.5-1 垃圾收集系统工程量一览表

序号	类型	具体模式	工程量
1	住户垃圾收集	由住户将垃圾送至垃圾桶内，收集点的服务半径一般不应超过70m	共设置垃圾桶60个
2	公共区域垃圾收集	设置电动三轮车负责收集各处分散的垃圾就近放入垃圾桶内	配置4辆电动三轮车
3	垃圾转运	选择与垃圾桶配套的垃圾车，负责收集益智集镇移民安置点各垃圾桶（池）的垃圾，并运至益智乡垃圾填埋场	配置1辆与垃圾桶配套的自装卸式垃圾汽车

2. 垃圾填埋场选址

益智乡垃圾填埋场需满足白米田和柚木地移民安置点及益智乡共计2861人15年的垃圾填满需求，共需库容2.2万m³。在考虑避开威远江省级自然保护区和糯扎渡812.00m正常蓄水位以下区域的前提下，最终选定场址位于集镇迁建主体东北侧，景谷至益智乡公路上方，距集镇迁建主体直线距离2km，公路距离约4.5km，中间重山阻隔。

3. 垃圾填埋工艺及填埋场总图布置

(1) 填埋工艺。垃圾通过前期收集，集中运至垃圾填埋场进行填埋，收集车经作业道路进入场中进行卸料，填埋作业采用斜坡作业法。垃圾填埋采用分层填埋作业方式，直至设计封场高程。填埋工艺流程如图7.5-2所示。

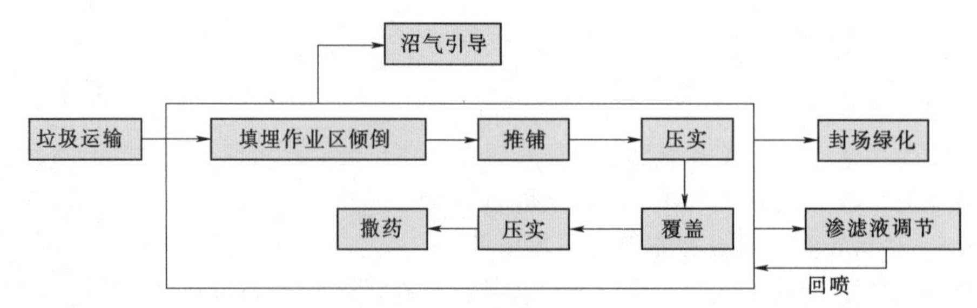

图7.5-2 填埋工艺流程图

(2) 总体布置及运输。该工程主要包括填埋库区、场内排水收集区及渗滤液处理区三部分，同时还有场内道路、环境监测系统等相关配套设施。填埋生产区位于场地的中心，垃圾运输车可从场区旁县乡公路进入库区。渗滤液收集区位于填埋库区下游，便于降雨的自流收集，从集液池抽取渗滤液至高位水池进行回喷处理。

现有景谷县至益智乡柏油公路作为场外道路。场内库区道路按泥结石路面进行设计，路面宽3.5m，长约244m，作为垃圾填埋时的运输道路。

(3) 主要技术经济指标。益智乡垃圾填埋场主要技术经济指标见表7.5-2。

表7.5-2 益智乡垃圾填埋场主要技术经济指标

序号	指　标	单位	数量	备　注
1	工程总占地面积	hm^2	2	
2	填埋库容	m^3	22000	
3	计划垃圾处理量	t/d	1.6	
4	垃圾填埋高度	m	12	
5	填埋场使用年限	年	15	
6	垃圾坝最大坝高	m	4.5	
7	渗滤液收集池	m^3	300	钢筋混凝土结构，$L\times B\times H=14.4m\times7.4m\times3.75m$
8	回灌高位水池	m^3	75	钢筋混凝土结构，$L\times B\times H=7.3m\times5.2m\times3.9m$

4. 填埋区设计

(1) 垃圾坝。坝体主要功能是挡渣，兼顾防渗、集液等作用。综合比选后，确定该工程垃圾坝采用均质土坝，坝顶高程为920.50m，最大墙高4.5m，坝顶宽3.0m，上游坝坡坡比为1∶2.5，下游坝坡坡比为1∶3.0，分两台堆渣，第一台堆至高程924.00m，留一条4m宽的马道，第二台堆至高程928.00m。

(2) 地表水导排系统。截洪沟是垃圾填埋场排水工程的重要设施，设置截洪沟可以有效减少填埋场内的雨水进入垃圾层，从而减少场内渗滤液产生量。该工程拟在填埋区周围设置截洪沟，将库区周边雨水导排至填埋区下游排放。

截洪沟按净断面$B\times H=0.5m\times0.5m$设计。材料采用M7.5浆砌石，浆砌石厚度0.4m，过水部分采用1∶2水泥砂浆抹灰，厚度2cm。在坡度较陡处设置跌水和急流槽等消能设施。

(3) 地下水收集导排系统。地下水水位埋深较大，估计大于3m。因此该工程不设置地下水导排系统。

(4) 防渗系统。库底铺设自下而上依次为基础层自然土压实、250g/m^{2}非织造土工布、2.0mm厚HDPE防渗膜、250g/m^{2}非织造土工布及30cm纯覆土或袋装土，其上是垃圾层。

边坡防渗结构从下到上依次为：基础层自然土压实、250g/m^{2}无纺土工布、2.0mm厚HDPE防渗膜、250g/m^{2}无纺土工布及30cm袋装土保护层，其上是垃圾层。根据对防渗系统材料的分析，结合场地的实际情况，该填埋场防渗系统采用单层衬里系统的复合防渗结构。

(5) 填埋气导排系统。该工程采用气体导排井（即导气石笼），收集导排垃圾降解时产生的填埋气体。导气石笼设置于导渗盲沟和填埋区界限上方。导气石笼直径0.5m，由土工网格围成，外包土工布，内装粒径40～100mm的碎石，中心设置DN200 HDPE竖向导气管。导气石笼初期建设高度为1.5m，随垃圾堆层的升高逐渐加高至终场高度，中心导气管顶端设置三通导气，防止杂物落入。

该工程由于规模较小，填埋气考虑直接分散排放。填埋场配备便携式甲烷浓度检测仪1只，对导气石笼井、填埋区进行定期检测，一旦填埋气达到可燃烧浓度即进行燃烧处理。

（6）渗滤液收集系统。根据国内填埋场运营经验，渗滤液的来源主要是降水和垃圾自身滤出水分。为了及时排出场内产生的渗滤液，减小垃圾填埋场内渗滤液对地下水的污染风险，应在填埋场设置渗滤液导排系统。场内排水导排系统由导流层及导渗盲沟组成。导流层由300mm厚卵石或废旧轮胎构成，粒径要求为25～60mm，按上细下粗进行铺设，防止填埋的垃圾堵塞卵石缝，从而影响场内排水导流的效果。铺设要求必须覆盖整个填埋场底部衬层，坡度不小于2%。为了便于场内排水收集和排放，在库底设置横向盲沟，其中铺设DN200 HDPE穿孔花管，由导流层形成盲沟断面，并用250g/m^2无纺土工布包裹。

（7）覆盖及封场工程。处理场的覆盖有三种：日覆盖、中间覆盖和最终覆盖。

日覆盖指每天填埋作业结束后的覆盖，可根据卫生填埋工艺要求分别采用黏性土和砂质土，以加快垃圾的分解，其土层厚度为0.1～0.2m。而中间覆盖指一个区域较长时间段内不填埋垃圾情况下的覆盖，其目的是防止填埋气体的无序排放和雨水的渗入，其黏土层厚度为0.2～0.3m。填埋作业达到设计高度后，应在其顶面进行终场覆盖，目的是便于最终利用，并减少雨水渗入量，减少场内排水量，防止填埋场气体的无规律逸出，恢复垃圾填埋区域的生态系统。

终场覆盖层结构从下至上包括：排气层25～50mm粒径碎石（300mm）、防渗层压实黏土（450mm）、土工网排水层、土工布保护层（250g/m^2）、HDPE土工膜（2.0mm）、土工布保护层（250g/m^2）、覆盖支持土（450mm）及营养植被层（150mm）。

（8）填埋机械配置。该垃圾填埋场配置环卫型推土机1台，发动机功率、转速分别为120kW、1850r/min，整机使用质量为17700kg，铲刀容量为8.3m^3，用于运行区垃圾平整及覆盖等作业。

为有效控制垃圾填埋场的蚊蝇滋生，配设背负式喷雾消杀机1台。

5. *渗滤液处理区设计*

渗滤液处理区包括场内集渗滤液集液池、泵房、高位水池及回灌系统。渗滤液经集液池收集后由污水泵泵送到渗滤液回灌高位水池，然后用管道接入库区进行回灌。

集液池布置于坝后，池容300m^3，设计净断面尺寸为14.4m×7.4m×3.75m（长×宽×高），为C25钢筋混凝土结构。泵房布置于集液池上，建筑面积10.89m^2，采用混凝土结构。

渗滤液经集液池收集后用ZWPB40-10-20污水泵抽取至高位水池进行回灌处理。污水泵泵送到渗滤液回灌高位水池，管道采用DN50 HDPE管，长度约194m。在四周截水沟内侧沟帮内埋设DN50 HDPE渗滤液管作为渗滤液回灌主管，接高位水池，长度共计261m，按20m的间距设置回灌支管。

穿垃圾坝至收集池间导流管采用两套DN200不锈钢管，不锈钢管采用C20混凝土包裹，厚度0.2m，在不锈钢管出口处安装DN200不锈钢材料截止阀，集液池即将集满时，关闭阀门，防止集液池中垃圾渗滤液溢出污染环境。

6. 道路系统、绿化及附属建筑

为了垃圾的运输及填埋，需修建进场道路，宽 3.5m，路面为混凝土道路，长度约 244m，作为垃圾填埋时的运输道路。

该工程垃圾坝下游坝坡采用植草护坡，垃圾填埋场封场后可对实行终场覆盖的区域，及时进行绿化，前期主要植草坪，中后期根据情况植一些浅根经济性植物，如花草、灌木等。

填埋场内建筑主要为泵房及管理房。泵房及管理房建筑物采用砖混结构，建造时可因地制宜，采用与周边环境相适宜的建筑外形。泵房及管理房开间和进深均为 3.3m，单层结构，净高均为 3.0m，室内外高差 0.3m，加屋顶女儿墙后总高度为 3.9m。

7.5.3.2 普洱市澜沧县热水塘集镇安置点生活垃圾处置设施

1. 安置点基本情况

澜沧县热水塘集镇安置点位于思澜公路（309 省道）北侧，距县城 55km，东沿澜沧江与思茅区思茅港镇分界。安置点建设包括 51 户（202 人）居民住宅，供销社、龙达经贸有限公司、粮食局、国土局等办公楼，集市以及供水、供电等配套公共设施。

2. 安置点垃圾处置模式选择

由于安置点周边没有可以利用的生活垃圾卫生填埋场，并且安置点人口数量较少，因此选择“分类收集＋堆（沤）肥＋坑填”模式。

3. 垃圾收集系统

对于无机垃圾，选择“住户—垃圾桶—垃圾收集池—垃圾清运三轮车”的收集转运方式；对于有机垃圾，选择“住户—沤肥池—田地堆肥再利用”的收集处理方式。

（1）住户垃圾收集。通过宣传、制度制定、村民委员会监督和管理，村民住户生产、生活中产生的有机垃圾由住户自行收集到自家泔水桶、分户沤肥池，或在分户田间地头自行堆肥；各住户产生的其他垃圾，由住户自行采用包袋或其他容器收集后送至安置点定点放置的垃圾桶内。或直接放入安置点设置的垃圾收集池内。

按照热水塘集镇安置点人口数量及居民住宅布局，安置点共设 10 个垃圾桶。参考《城镇环境卫生设施设置标准》（CJJ 27—2005），生活垃圾收集点的服务半径一般不应超过 70m，并结合安置点实际情况，热水塘集镇移民安置点共设置垃圾收集池 1 个。

热水塘集镇安置点垃圾收集桶、收集池式样参见图 7.5-3。

图 7.5-3 热水塘集镇安置点垃圾收集桶、收集池式样示意图

图7.5-4 热水塘集镇安置点垃圾收集点标识示意图

垃圾收集桶应有图7.5-1所示的垃圾分类标识。垃圾池建好后，应在其面向通道一侧粘贴或涂画图7.5-4所示的垃圾收集点标识。

热水塘集镇安置点单个垃圾池工程量见表7.5-3。

(2) 公共区垃圾收集。农村安置点公共区垃圾特点是：量较小，但较分散。为便于收集道路、活动场所等公共区的垃圾，就近放入垃圾收集池及分类垃圾桶内，待垃圾池垃圾堆满后设置1辆自卸式垃圾运输车，将垃圾清运至邻近的简易垃圾填埋坑中进行处理。

表7.5-3 热水塘集镇安置点单个垃圾池工程量

序号	名称	单位	数量	备注
1	开挖工程量	m^3	5.55	
2	回填工程量	m^3	1.26	C10，厚100mm
3	地坪夯实	m^2	15.97	30～60cm
4	混凝土基础	m^3	4.17	
5	钢筋混凝土压顶	m^3	0.83	1：2水泥砂浆，厚15mm
6	钢筋	kg	82.8	
7	砖	m^3	3.12	390mm×190mm×190mm（混凝土多孔砖）
8	素混凝土填实	m^3	1.01	C20
9	内墙面水泥砂浆抹面	m^2	19.5	
10	楼梯水泥砂浆抹面	m^2	4.73	
11	刷防锈漆铁门1扇	m^2	0.96	800mm×1200mm
12	构造柱	m^3	0.24	
13	构造柱内拉筋	kg	21.03	

(3) 垃圾转运。热水塘集镇安置点与地理位置很近的澜沧县海棠移民安置点共配置1辆自卸式垃圾运输车，定期将垃圾池的有机垃圾清运至为安置点建设的垃圾填埋坑。

4. 简易垃圾填埋坑

(1) 规模计算。热水塘集镇安置点生活垃圾已经选择并设计了分类收集系统，安置点采用简易垃圾填埋坑来进行无机垃圾的最终处置。

垃圾填埋坑容量计算：热水塘集镇安置点设计水平年安置人口202人，垃圾填埋坑服务年限为10年，农村生活垃圾人均产量为1kg，进入到填埋坑的无机垃圾占比为50%（0.5kg），考虑到农村生活垃圾填埋没有碾压工序，垃圾容重取0.4t/m^3，且额外设置10%的安全容量。按以上条件计算，热水塘集镇移民安置点垃圾填埋坑库容需求见表7.5-4。工程规模按1200m^3设计。

表 7.5-4　　热水塘集镇移民安置点垃圾填埋坑库容需求计算表

年份	人口/人	人均垃圾产量/[kg/(人·d)]	处理规模/(t/d)	垃圾产量/(t/a)	垃圾容重/(t/m³)	垃圾体积 m³	库容安全系数	所需库容/m³	累积库容/m³
2014	202	0.5	0.10	36.87	0.4	92.16	1.10	101.38	101.38
2015	205	0.5	0.10	37.34	0.4	93.36	1.10	102.70	204.08
2016	207	0.5	0.10	37.83	0.4	94.57	1.10	104.03	308.11
2017	210	0.5	0.10	38.32	0.4	95.80	1.10	105.38	413.49
2018	213	0.5	0.11	38.82	0.4	97.05	1.10	106.75	520.25
2019	215	0.5	0.11	39.32	0.4	98.31	1.10	108.14	628.39
2020	218	0.5	0.11	39.84	0.4	99.59	1.10	109.55	737.94
2021	221	0.5	0.11	40.35	0.4	100.88	1.10	110.97	848.91
2022	224	0.5	0.11	40.88	0.4	102.20	1.10	112.41	961.32
2023	227	0.5	0.11	41.41	0.4	103.52	1.10	113.88	1075.20

(2) 垃圾填埋坑选址及设计参数。根据气象统计资料，澜沧县夏季常年主导风向为西南偏南风向（SSW），考虑该垃圾填埋坑的规模较小，参考《小城镇生活垃圾处理工程建设标准》(建标 149—2010)，可在热水塘集镇安置点的西南偏南方向，距离最近房屋最小400m 外的荒地上选址，选址尽量选用地势平缓、植被稀疏的荒地。

简易垃圾填埋坑距离安置点较近，参考安置点的场地地勘报告，勘察范围内未揭露地下水，该项目垃圾填埋坑下挖深度为 3m，坑上填埋高度为 1m，坑壁开挖坡度为 1∶0.5；填埋坑周边设排水沟导排地表径流，考虑填埋坑所在地势平缓，排水沟净空尺寸为0.5m×0.5m，采用 M7.5 浆砌石砌筑；设防飞散网防止垃圾飘散，设警示牌防止人畜跌落；设置人字形彩钢瓦顶棚，防止雨水淋滤；坑内设防渗层，采用“垃圾层＋HDPE 防渗膜（上下层含 250g/m² 无纺土工布）＋ 膨润土防渗毯”的防渗结构＋压实地基土层（400mm）＋地下水导排盲沟（碎石）＋原状地基层。热水塘集镇安置点简易垃圾填埋坑平面图如图 7.5-5 所示，其主要设计参数见表 7.5-5。

表 7.5-5　　热水塘集镇安置点简易垃圾填埋坑主要设计参数表

类别	单位	数量	类别	单位	数量
坑长	m	20	坑底长	m	13
坑宽	m	17	坑底宽	m	8
坑下高度	m	3	坑上高度	m	1
开挖坡度		1∶0.5	填埋坡度		1∶0.5

7.6 移民安置点农村污染治理工程设计的创新点和亮点

2007 年，昆明院按照新颁发的《水电工程可行性研究报告编制规程》(DL/T 5020—2007)，根据糯扎渡水电站环境影响评价文件及批复意见编制完成了糯扎渡水电站可行性研究报告“环境保护设计”篇章。可研报告提出了移民安置区环境保护措施和投资估算，并要求移民安置实施设计阶段必须对移民迁建工程、农村移民集中安置点等项目单独编

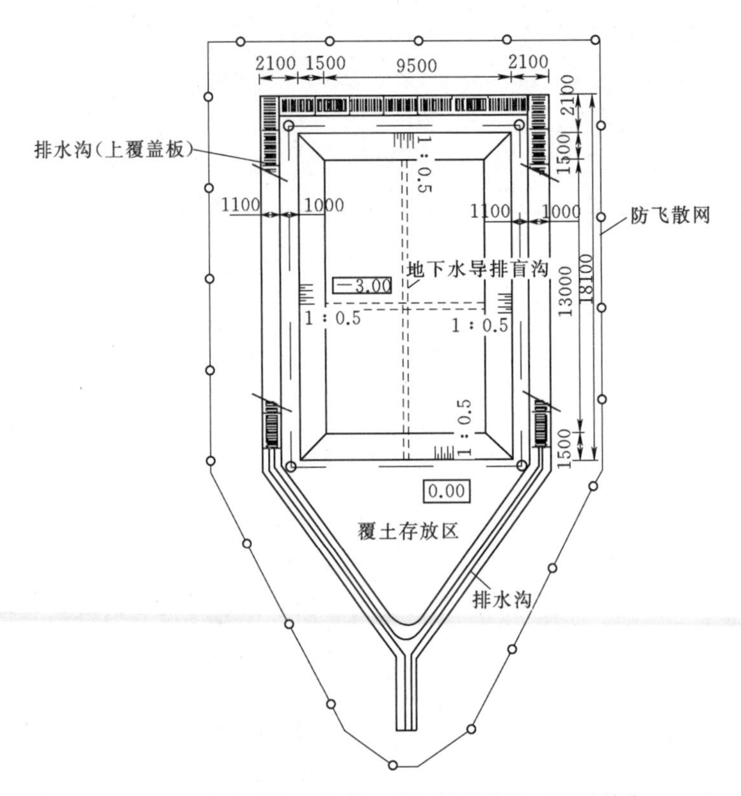

图 7.5-5 热水塘集镇安置点简易垃圾填埋坑平面图（单位：mm）

制、报批环境影响评价文件和水土保持方案。

糯扎渡水电站集中移民安置点环保水保工程初步设计是大型水电工程在移民安置工程实施阶段的后续环境保护、水土保持工程设计工作，该工作内容以县为单位分别编制、报审，在全国范围的大型水电站工程移民安置环境保护工作方面也是较为超前的。

在糯扎渡水电站集中移民安置点生活污水处理工程设计中，昆明院根据《农村生活污染防治技术政策》，考虑了大中型水电工程地处山区，移民安置点之间距离较远，居民生活污水难以统一收集后再集中处理的特点，参照国内农村分散污水处理的先进经验，制定了一套以集中安置点为单元，以分流制污水管网收集住户、公厕等生活污水，然后再统一由污水处理站（以湿地为主的小型化污水处理设施）集中处理的污水处理技术路线。

在集中移民安置点生活垃圾处置设施设计方面，严格按照《农村生活污染控制技术规范》（HJ 574—2010），参照国内农村生活垃圾处置的典型案例，制定了农村生活垃圾简易填埋模式和堆肥处理模式，以及小型山区移民安置点生活垃圾“分类收集＋堆（沤）肥＋坑填”模式。模式克服了山区农村由于运输距离远，难以实现“乡转运”“县填埋”的困难。同时根据昆明院观音岩水电站移民安置点环保工程总承包工作经验，以及项目所在地区当地的地形地貌、村庄布局等实际情况，结合气候特点开展了生活垃圾防臭除臭等技术研究、处置措施的设计。

尽管农村生活污水与垃圾的处理技术并不复杂，但在我国广大农村，特别是水电站工程建设涉及的山区农村，由于经济欠发达、生态环境保护意识相对落后，以居民点为单元收集并集中处理生活污水和处置生活垃圾任重道远。昆明院在大型水电工程移民安置点农村生活污染治理方面积累的技术经验，不仅对于水电站所在地区贯彻落实《中共中央 国务院关于加快推进生态文明建设的意见》和《水污染防治行动计划》具有示范带动作用，对于昆明院开展高原湖泊及小流域农村面源污染治理也积累了宝贵经验。

7.7 存在的问题及建议

1. *简易垃圾填埋场及分户有机垃圾堆肥处理模式应用必须注意的问题*

根据工程设计、审查及实施过程中出现的问题，在今后设计中需要注意以下问题：

（1）简易填埋的前提条件是进场生活垃圾无机垃圾成分控制在80%以上。在昆明院已开展的移民安置点环保水保工程设计中，分户化粪池是基本配置；分户沼气池在移民安置规划阶段也是基本配置，但在移民安置实施规划设计阶段，一些地方政府从新农村建设环境卫生要求角度，取消了分户畜禽养殖模式，改为集中地点分户养殖，为此将分户沼气池改为分户沤肥池。不足之处是实施后必须加强运行监督管理工作，对农户生活垃圾必须分类收集、有机垃圾必须运至沤肥池进行处理，必须制定管控制度。

（2）现有规范没有规定生活垃圾简易填埋场的卫生防护距离。环保水保工程设计工作中，简易垃圾填埋场的选址参照《小城镇生活垃圾处理工程建设标准》（建标 149—2010）和《村镇规划卫生规范》（GB 18055—2012）初步限定防护距离，最终以移民安置点环境影响评价文件及批复要求确定场址。

（3）在简易垃圾填埋场渗滤液收集和处理系统方面，糯扎渡水电站集中移民安置点生活垃圾简易填埋场设计中都布设了渗滤液收集设施。考虑到渗滤液产生量很少、处理设备的投资及运行问题，主要按回喷、回灌方式就地消化。如建成运行后个别填埋场出现渗滤液不能完全消化，可进一步考虑灌装运往集中移民安置点污水处理站进行处理。

2. *移民安置点生活污水与垃圾处理设施运行费用问题*

糯扎渡水电站集中移民安置点的环境保护、水土保持设施建设借助国家环境保护标准和规范要求，地方政府和环保水保工程设计单位对社会主义新农村建设的认识，在云南省尚属比较超前的农村基础设施。按照移民安置政策法规，移民安置工程移交地方政府及移民后，相关设施运行费用应由移民承担。尽管设计单位已经按照国家农村污染防治技术政策及技术规范采用了低能耗、低成本的技术工艺，但相对于周边广大农村地区，向农村居民收取一定费用，对于移民群众来说还是有一定阻力的。

针对上述情况，首先需要当地政府移民、环保部门积极做好宣传工作，其次也可以进一步组织移民安置区发展库区旅游，组织开展水库区生态保护工程建设工作，通过多种经营收入、库区维护费用的合理使用，促进移民安置点、带动周边村寨做好新农村生态环境保护工作。

7.8 小结

根据国家移民安置相关政策法规以及 2015 年国家能源局发布、2016 年 3 月 1 日实施的《水电工程移民安置环境保护设计规范》(NB/T 35060—2015),大中型水电工程农村安置移民点必须配套建设生活污水处理措施和生活垃圾处置措施。

2014年,按法规要求和政府安排,对糯扎渡水电站57个集中移民安置点开展了单项工程的环境影响评价文件、水土保持方案编制报批工作和环保水保工程初步设计工作。

糯扎渡水电站集中移民安置点数量多,且分散在水库周边9个县域的崇山峻岭之中的山区农村,其生活污水处理、生活垃圾处置工程的勘察设计难度除了外部接口关系复杂、时间要求限制外,更重要的是工程对山区农村的适用性。为此,设计单位研究了国家对农村污染防治的法规政策要求、规范要求,以及国内的先进经验、模式,提出了一套针对不同移民安置点地形、地貌、土地利用特点的适用模式。这项工作在大型水电站工程移民安置环境保护工作方面具有一定超前性。

第8章

高浓度砂石废水处理工程

8.1 水环境现状及生产废水影响特征

1. 水环境现状

《云南省地表水水环境功能区划（复审）》（2001年6月）明确，澜沧江从云南省入境断面至嘎旧断面划定的主要功能为珍稀鱼类保护，其水质类别执行Ⅱ类水质标准；从嘎旧断面至出国境断面划定的主要功能为饮用2级，其水质类别执行Ⅲ类水质标准，糯扎渡库区所在江段即位于此范围内。2001年普洱市环境监测站及临沧市环境监测站对库区江段及其主要支流10个断面进行了3期6次共24个项目的水质监测，根据监测结果，糯扎渡坝址断面水质监测指标满足《地表水环境质量标准》（GB 3838—2002）Ⅱ类水标准。

糯扎渡坝址断面多年平均流量为1730m^3/s，多年平均年径流量为545.6亿m^3，但年内分配不均，枯汛期差别明显。汛期（5—11月）多年月平均流量为2498m^3/s，月平均含沙量为1762mg/L；枯期（12月至翌年4月）多年月平均流量为669m^3/s，月平均含沙量为202mg/L。

2. 废水水质特征

砂石加工系统历来是水电站施工的排污大户，系统废水排放量大。糯扎渡水电站工程共有4个砂石加工系统，废水来自骨料的清洗工序，主要污染物为悬浮物（SS）。左岸上游砂石加工系统、勘界河砂石加工系统、火烧寨沟砂石加工系统、右岸反滤料加工系统的废水高峰期排放强度分别为294m^3/h、560m^3/h、910m^3/h、350m^3/h，砂石加工系统生产废水总排放强度为2114m^3/h，施工期排放总量为1927万m^3。

砂石骨料冲洗水源为澜沧江水，虽经初级处理，但仍含有大量胶体小颗粒。砂石加工及大坝反滤料系统生产废水主要为骨料冲洗废水，被洗骨料含有大量花岗岩石粉和泥土微粒，颗粒硬度较高；冲洗过程中骨料所含泥土、石粉溶入水中，致使水中SS急剧增高，胶体含量提高，形成性质稳定的液溶胶，因此废水中悬浮物颗粒极难分离。根据砂石加工系统出水的水质监测资料，骨料冲洗废水的悬浮物含量高达60000～80000mg/L，水体浊度明显增大，胶体颗粒含量高，难于沉降。由于直径小于10μm的胶体微粒占70%以上，粒径微小，伴随着强烈的布朗运动，胶体小颗粒有很高的稳定性，自然沉降性能较差；并且胶体本身带有电荷，在同极电荷斥力作用下，产生排斥力，不易絮凝沉淀；废水形成的胶体颗粒表面有水分子膜包裹，加大了处理难度。

混凝土生产系统废水产生量较小，排放具有间断性和分散性的特点，废水中不含有毒物质，但悬浮物含量较高，pH值也较高。根据普洱市环境监测站对糯扎渡水电站火烧寨沟和勘界河混凝土生产系统废水水样的监测，该类废水悬浮物浓度达6000mg/L，pH值介于10～11。

3. 施工废水影响

糯扎渡水电站所在的澜沧江河段水环境功能为饮用2级，水质类别为Ⅲ类。电站施工期对澜沧江水质的主要影响为生产生活污水的排放及生活垃圾的排放。据统计，该工程施工期废水排放总量为 2734.84 万 m^3，高峰期日废水排放强度为 $2227.16m^3/h$，以 SS 为主要污染物，兼有油污等有机污染物，其中砂石加工系统高峰期废水排放强度为 $2114m^3/h$，废水排放总量为 1927 万 m^3，其高峰期排放量及排放总量均占施工期总废水排放的 90%以上，对澜沧江水质将产生一定的影响。

根据糯扎渡水电站环境影响报告书批复文件的要求："加强施工期废水、废气、噪声、固废等污染治理。废水处理设施用地应在施工布置中予以保证，处理规模须满足施工高峰期生产生活废水排放量需要，废水处理达标后尽量回用。"因此，须采取有效措施对施工生产废水进行处理。

8.2 国家相关政策法规要求

在糯扎渡水电站可研阶段，根据当时的《中华人民共和国水污染防治法》（1996 年 5 月修订）第十一条"国务院有关部门和地方各级人民政府应当合理规划工业布局，对造成水污染的企业进行整顿和技术改造，采取综合防治措施，提高水的重复利用率，合理利用资源，减少废水和污染物排放量。"第十三条"新建、扩建、改建直接或者间接向水体排放污染物的建设项目和其他水上设施，必须遵守国家有关建设项目环境保护管理的规定。建设项目的环境影响报告书，必须对建设项目可能产生的水污染和对生态环境的影响作出评价，规定防治的措施，按照规定的程序报经有关环境保护部门审查批准。在运河、渠道、水库等水利工程内设置排污口，应当经过有关水利工程管理部门同意。建设项目中防治水污染的设施，必须与主体工程同时设计，同时施工，同时投产使用。防治水污染的设施必须经过环境保护部门检验，达不到规定要求的，该建设项目不准投入生产或者使用。"及《云南省建设项目环境保护管理规定》（2001 年 10 月）第九条"建设单位和施工单位应当对在施工过程中产生的污水、废气、粉尘、废弃物、噪声、振动等污染及对自然生态环境的破坏，采取相应的防治措施，及时修复受到破坏的环境。"等的要求，为了保护澜沧江干流下游地表水环境质量，在相关工程设计及建设阶段，均考虑了相应的水污染防治措施，减少了工程建设给地表水环境造成的不利影响。

8.3 水电工程生产废水主要处理工艺及应用情况

国内水电水利工程大中型砂石加工系统废水处理工程通常综合考虑砂石加工系统生产规模、场地面积、进出水水质、废水处理经济承受能力及管理水平等因素，选择适合具体水电站施工区地形和施工场地布置特点的施工废水处理工艺。以下分别介绍几个已建大型水电工程的砂石加工系统生产废水处理工程实例。

1. 向家坝水电站砂石加工系统废水处理自然沉淀工艺

向家坝水电站位于四川省和云南省交界处的金沙江下游河段。电站开发任务以发电为主，同时改善航运条件，兼顾防洪、灌溉，并具有拦沙和对溪洛渡水电站进行反调节等综合作用。电站为混凝土重力坝，最大坝高 162m，总装机 6400MW，正常蓄水位 380.00m，总库容 51.63 亿 m^3，调节库容 9.03 亿 m^3，为一等大（1）型工程。

根据向家坝水电站施工规划，马延坡砂石加工系统担负电站工程约1214万m^3混凝土所需骨料的生产任务，共需生产混凝土骨料2670万t，其中粗骨料1815万t、细骨料855万t。砂石系统运行期为2007—2014年，系统设计处理能力为3200t/h，相应废水排放量约4320m^3/h，废水SS浓度约40000mg/L。根据《金沙江向家坝水电站环境影响报告书》及其批复文件明确的污染物排放标准，污水处理执行《污水综合排放标准》(GB 8978—1996）中的一级标准，即悬浮物SS浓度不大于70mg/L。

根据砂石系统废水处理规模大、悬浮物浓度高的特点及排放标准的要求，结合马延坡砂石加工系统附近的地形条件，确定采用以黄沙水库（水库库容为200万m^3，满足砂石加工系统废渣产生量180万m^3的需求）作为尾渣库，对砂石加工系统生产废水进行处理的工艺，马延坡砂石加工系统废水处理工艺流程如图8.3-1所示。

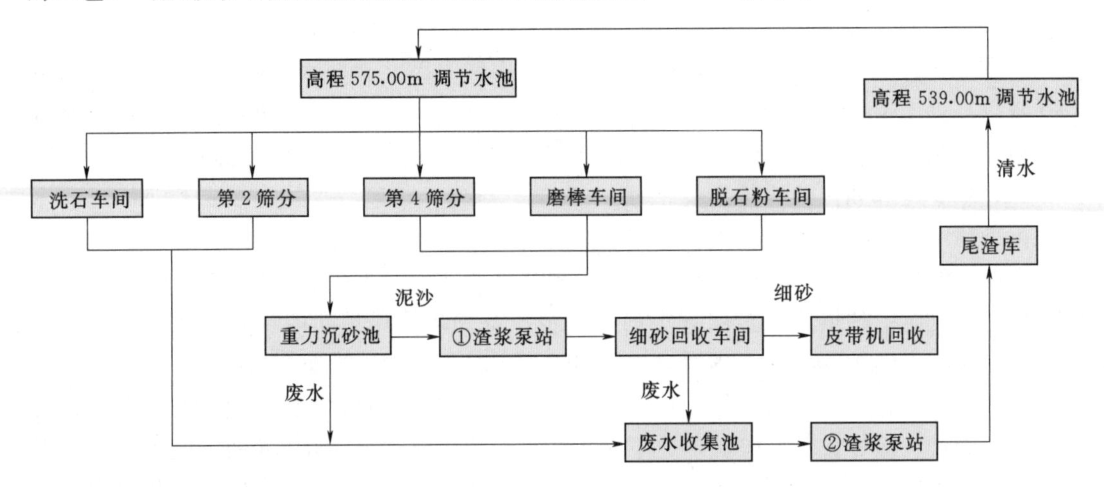

图8.3-1 马延坡砂石加工系统废水处理工艺流程图

2. *阿海水电站砂石加工系统废水处理平流沉淀池+旋流器工艺*

阿海水电站是金沙江中游河段水电规划的“一库八级”的第四级，位于云南省丽江市和宁蒗县交界的金沙江中游河段。电站是以发电为主，兼顾防洪、灌溉等综合利用的水利水电枢纽工程。电站为碾压混凝土重力坝，最大坝高138m，总装机2000MW，正常蓄水位1504.00m，总库容8.85亿m^3，调节库容2.38亿m^3，为一等大(1)型工程。根据《金沙江中游河段阿海水电站环境影响报告书》及批复文件明确的污染物排放标准，工程施工期和运行期废污水处理后应予以回用，不得排入金沙江。其中，砂石料废水处理后回用标准为SS浓度不大于800mg/L。

根据阿海水电站施工规划，新源沟砂石加工系统担负电站工程约430万m^3混凝土和部分喷混凝土的骨料生产任务，共需生产混凝土骨料900万t。系统设计处理能力为1550t/h，相应废水排放量约976m^3/h，SS浓度高达50000mg/L。

根据砂石加工系统工艺流程、生产规模及料源岩石特性，结合原始地形地貌和各生产车间的布置特点，旨在废水不排放和满足系统生产用水的设计思路。采用“分级处理、分级循环，自上而下分层取水，闭合循环再利用”的工作原理。工艺流程：生产废水经平流沉淀池进行加药处理后，溢流进入二级沉淀池，上清液进入清水池回用至砂石加工系统。

沉降分离出的沉渣经旋流器分离，其中，溢流水重新进入一级沉淀池循环处理，底流砂石浆则通过真空过滤机脱水后，过滤清水直接进入清水池回用，脱水沉渣经皮带运输机外运至弃渣场，阿海水电站砂石加工系统废水处理工艺流程如图 8.3-2 所示。

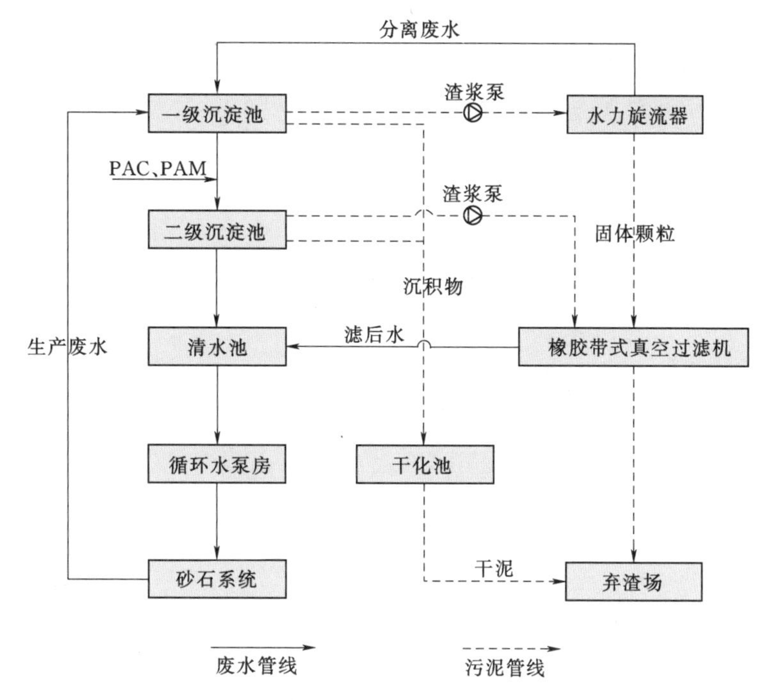

图 8.3-2　阿海水电站砂石加工系统废水处理工艺流程图

3. *溪洛渡水电站砂石加工系统废水处理辐流沉淀池＋机械压滤工艺*

溪洛渡水电站是金沙江下游河段梯级开发规划的第三个梯级，位于四川省雷波县和云南省永善县分界的金沙江溪洛渡峡谷。电站是以发电为主，兼顾防洪、拦沙和改善下游航运等综合利用效益的特大型水利水电枢纽工程。电站为混凝土双曲拱坝，最大坝高 278m，总装机 12600MW，正常蓄水位 600.00m，总库容 126.7 亿 m^3，调节库容 64.6 亿 m^3，为一等大（1）型工程。根据《金沙江溪洛渡水电站环境影响报告书》及其批复文件明确的污染物排放标准，施工期废水排放执行《污水综合排放标准》（GB 8978—1996）中的一级标准，即 SS 浓度不大于 70mg/L。

根据溪洛渡水电站施工规划，马家河坝细骨料砂石加工系统担负电站大坝坝体、闸墩、贴坡、置换区以及导流洞封堵等部位约 634 万 m^3 混凝土的细骨料供应任务，成品骨料总量约 380 万 t，系统设计处理能力为 1550t/h，相应废水排放量约 660m^3/h，SS 浓度高达 50000mg/L。

在马家河坝砂石加工系统废水处理工程实施阶段，结合工程区山高坡陡，施工场地严格受限等工程条件与废水量集中、废水 SS 浓度高且泥渣量巨大等废水特性，对可研阶段废水处理工艺进行了优化调整，采用了更先进的“预处理＋辐流沉淀池＋机械压滤”工艺，处理工艺的机械化程度较高，泥渣处理效果较稳定；该项工艺对水电工程砂石加工系统冲洗废水处理针对性强，流程简单，沉砂处理经济有效，废水处理后悬浮物浓度基本达标，同时也满足回用要求。

工艺流程：砂石加工系统废水经细砂回收器进行预处理，降低原水SS浓度并回收部分细砂，经集水池通过提升泵进入混凝反应池，投加混凝剂、絮凝剂后进入辐流沉淀池，沉淀后上清液溢流进入调节水池，通过提升泵至高位水池回用。辐流沉淀池污泥经刮泥机刮入底部，由砂浆泵将底部浓缩的泥浆抽送入压滤机进行脱水干化，脱水污泥外运至弃渣场，溪洛渡水电站砂石加工系统废水处理工艺流程如图8.3-3所示。

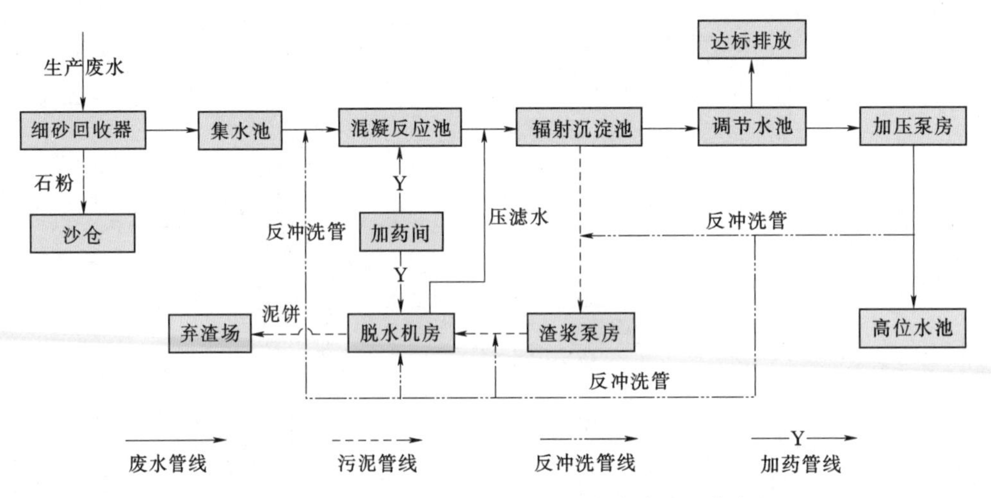

图8.3-3 溪洛渡水电站砂石加工系统废水处理工艺流程图

8.4 生产废水处理措施的选取思路和原则

糯扎渡水电站各砂石加工系统废水处理设施于2006年已分别建设完成，至2009年左岸上游人工砂石加工系统已停止运行，其余3座砂石加工系统仍在运行。在实际运行过程中发现，由于洗砂废水经处理后循环使用，导致废水水质变化幅度较大，超出可研阶段生产废水水质设计范围及设备处理能力，部分标段内废水处理设施实际上只能处于闲置状态。因此，为切实落实项目环评及其批复文件中对生产废水的处理要求，2009年4月建设单位委托昆明院开展糯扎渡水电站砂石加工系统废水处理工程的技术改造工作。结合以上因素，该项目设计思路及原则主要考虑以下几个方面：

(1) 生产废水处理站总图布置上采用节约用地的原则，做到布置紧凑合理，土方平衡有序。

(2) 改造工程应确保砂石加工系统的正常生产，尽可能利用已建的相关废水处理设施。

(3) 选用国内先进、可靠、高效、运行稳定、维修及养护简便的设备。

(4) 做到处理工艺先进，工艺流程短，能耗低、运行费用低。

(5) 平面布置及设备考虑按峰值水量设计。

(6) 处理后水质达到设计水质要求，实现清水回用。

8.5 生产废水处理工艺的研究比选

糯扎渡水电站砂石加工系统废水处理工程为技术改造项目，现场场地布置情况不具备自然沉淀条件，因此工艺比选考虑采用多级处理工艺，砂石加工系统生产废水多级处理工艺基本原理如图 8.5-1 所示。

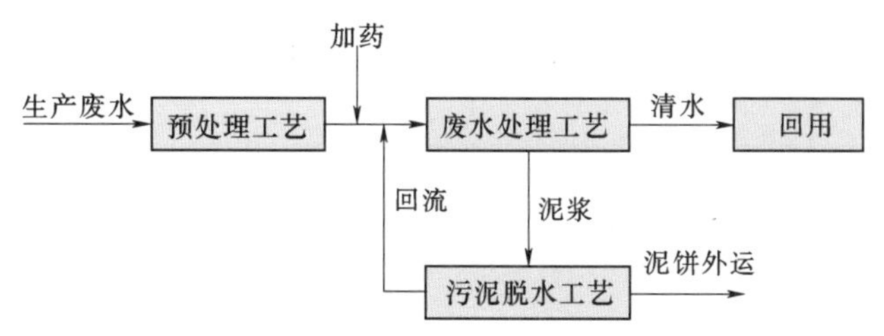

图 8.5-1 砂石加工系统生产废水多级处理工艺基本原理

通过对国内多个水电站砂石加工系统生产废水处理工程的调研，生产废水多级处理工艺主要划分为预处理工艺、废水处理工艺、污泥脱水工艺三个主要环节，其主要优缺点分别见表 8.5-1～表 8.5-3，不同砂石加工系统废水处理工程根据各自项目的特点选取适合的工艺。

表 8.5-1 预处理工艺优缺点

预处理工艺		优缺点
细砂回收装置		优点：可有效回收一定粒径范围的石粉，使其控制在 10%～20%之内，降低了废水颗粒物含量，处理能力高，占地面积小，经济耐用 缺点：振动筛的筛网质量要求较高，耗电量较大
机械沉砂设施	行车式提板刮泥装置	优点：占地面积小，排泥次数可根据污泥量确定，传动部件可脱离水面，检修方便，回程时，收起刮板，不扰动污泥 缺点：电气原件易损坏，耗电量一般
	链板式刮泥装置	优点：占地面积小，排泥效率高，刮泥保持连续性较强，刮泥排渣两用，结构简单 缺点：池宽受限制，一般不大于 6m，链条易磨损，对材质要求较高，耗电量一般
	螺旋除砂装置	优点：占地面积小，排泥彻底，污泥可直接输出池外，输送过程中起到浓缩的效果，可连续排泥 缺点：倾斜安装时，效率低，螺旋槽精度要求较高，输送长度受限制，耗电量一般

表 8.5-2 废水处理工艺优缺点

废水处理工艺	优缺点
平流式沉淀池	优点：使用广泛，沉淀效果好，对冲击负荷和温度适应能力强，造价较低，施工容易，能耗较小 缺点：占地面积大，排泥工作量较大，池子配水不均匀
辐流式沉淀池	优点：日处理量大，对水体搅动小，有利于悬浮物的去除，排泥设备趋于成型 缺点：自动化程度不高，管理较复杂，需定期检修，机械排泥设备复杂，对施工质量要求高，占地面积较大，适用于处理规模较大的砂石加工系统排水
DH 高效净化器	优点：自动化程度高，处理效率高，占地面积小，污泥浓缩快，设备本体免维护，动力消耗低，运行稳定可靠，管理操作简单 缺点：单位造价指标相对其他工艺高

表 8.5-3 污泥脱水工艺优缺点

污泥处理工艺	优 缺 点
板框式压滤机	优点：造价低，投资省，各种岩性的污泥均可处理 缺点：占地面积较大，自动化程度低，需人工配合操作，更换滤布比较频繁
真空带式过滤机	优点：过滤效率高，自动化程度高，可连续运行 缺点：滤布材质要求高，调试较复杂，设备造价高，耗电高，运行费用高
陶瓷真空压滤机	优点：自动运行、自动出泥、自动冲洗滤布，可实现无人值守，操作自动化程度高，可连续运行 缺点：进料要求高，一般难满足进料要求，设备造价高，运行维护费用较高，需定期酸洗，易堵塞

8.6 废水处理设施设计

8.6.1 处理规模及出水水质

1. 处理规模

以火烧寨沟为例进行介绍：火烧寨沟砂石加工系统与混凝土拌和系统距离较近，考虑将混凝土生产系统废水接入砂石加工系统废水处理工程一并处理，根据现场调查火烧寨沟砂石加工系统及混凝土生产系统实际生产规模，确定砂石加工系统生产废水处理规模为 $400m^3/h$，运行时间按每天 2 班，每班 7h，每年 300d 计算；混凝土生产系统生产废水处理规模为 $30m^3/d$。

2. 出水水质

根据《糯扎渡水电站环境影响报告书》及其批复文件要求，施工期废水处理设施应在施工布置中予以保证，处理规模须满足施工高峰期生产生活废水排放量需要，废水处理达标后尽量回用。施工生产生活废水执行《污水综合排放标准》（GB 8978—1996）中的一级标准，但根据水电工程特点，SS 指标执行《污水综合排放标准》（GB 8978—1996）中的采矿行业二级排放标准，即 SS 浓度不大于 300mg/L，施工生产生活废水执行的污水综合排放标准限值见表8.6-1。

表 8.6-1 施工生产生活废水执行的污水综合排放标准限值表

项 目	pH	SS	COD_{Cr}	BOD_5	石油类
标准/(mg/L)	6～9	300*	100	20	5

* 考虑到澜沧江天然径流中含沙量较大，水电施工产生的 SS 又与采矿业近似，故 SS 标准参照采矿行业标准。

8.6.2 工艺设计

1. 工艺流程

通过糯扎渡水电站工地实地考察、水质采样以及初步试验，针对水体中的关键难题——SS 含量高、色度高、形成液溶胶等，结合以往相关工程实践经验，制定了以 DH 高效污水净化器为核心处理设备的处理方案，不仅能将废水中超细微粒（胶体颗粒）去除，还能有效降低出水色度，满足回用要求。

砂石加工系统废水处理工艺流程：废水汇入调节池，经废水提升泵提升至DH高效污水净化器中，在提升泵出口管道上设置混凝混合器，在混凝混合器前后分别投加絮凝剂和助凝剂，在管道中完成直流混凝反应。然后进入DH高效污水净化器中，经离心分离、重力分离及污泥浓缩等过程从净化器顶部排出经处理后的清水，清水进入清水池后回用。从DH高效污水净化器底部排出的浓缩污泥排入污泥池中，用污泥泵提升至真空带式过滤机将污泥脱水干化，过滤机设置在二层钢结构平台，方便过滤机出泥及污泥运输。同时实现了定时、定量排泥，不仅实现了运行的自动化，而且有效降低了管理、运行成本。

混凝土生产系统废水处理工艺流程：每班冲洗废水经粗、细两道格栅后进入中和调节池，在中和调节池投加中和剂，并设置搅拌装置进行搅拌。然后由渣浆泵提升至絮凝沉淀池，通过投加助凝剂和絮凝剂（从砂石加工系统生产废水处理工程人工运送、投加）进行沉淀处理，待第二天由提升泵将絮凝沉淀池的废水提升至砂石加工系统生产废水处理工程调节池进行处理，污泥由人工清运至砂石加工系统生产废水处理工程污泥池进行处理，火烧寨沟砂石加工及混凝土生产系统废水处理工艺流程如图8.6-1所示。

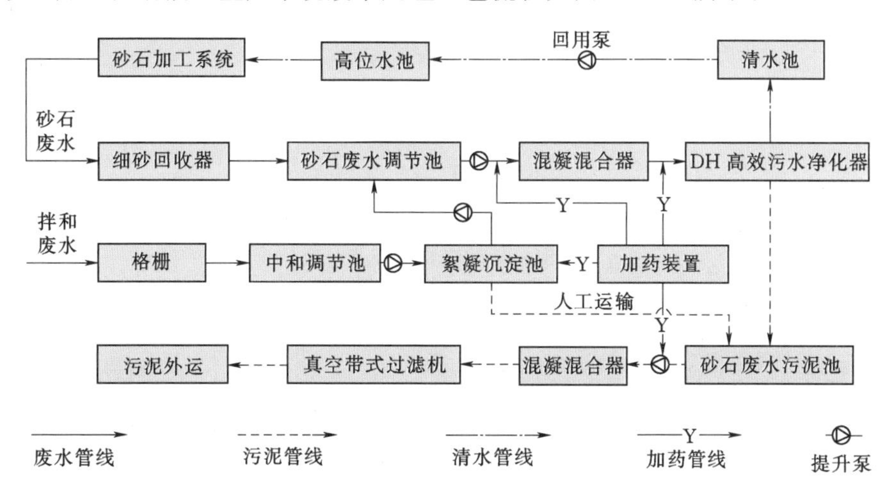

图8.6-1　火烧寨沟砂石加工及混凝土生产系统废水处理工艺流程图

2. 总体布置

通过对项目现场的详细调查，场地内构筑物布置较多，且大部分与主体工程相关。在与建设单位及砂石加工系统承包商沟通后，在不影响砂石加工生产及尽可能利用已有设施的前提下，开展了设计工作。砂石加工系统废水处理工程主要构筑物包括调节池及其泵房、污泥池及其泵房、加药间、值班房、清水回用池及其泵房和二层钢结构（真空带式过滤机车间），砂石加工系统废水处理工程平面布置如图8.6-2所示。混凝土生产系统废水处理工程主要构筑物为中和调节池及絮凝沉淀池。

8.6.3　设备选型

砂石加工系统及混凝土生产系统废水处理工程的核心设备是DH高效污水净化器，其他设备还包括混凝混合器、污泥混合器、加药系统、真空带式过滤机、配套水泵、空气压缩机等，主要设备及配套件设备清单详见表8.6-2、表8.6-3。

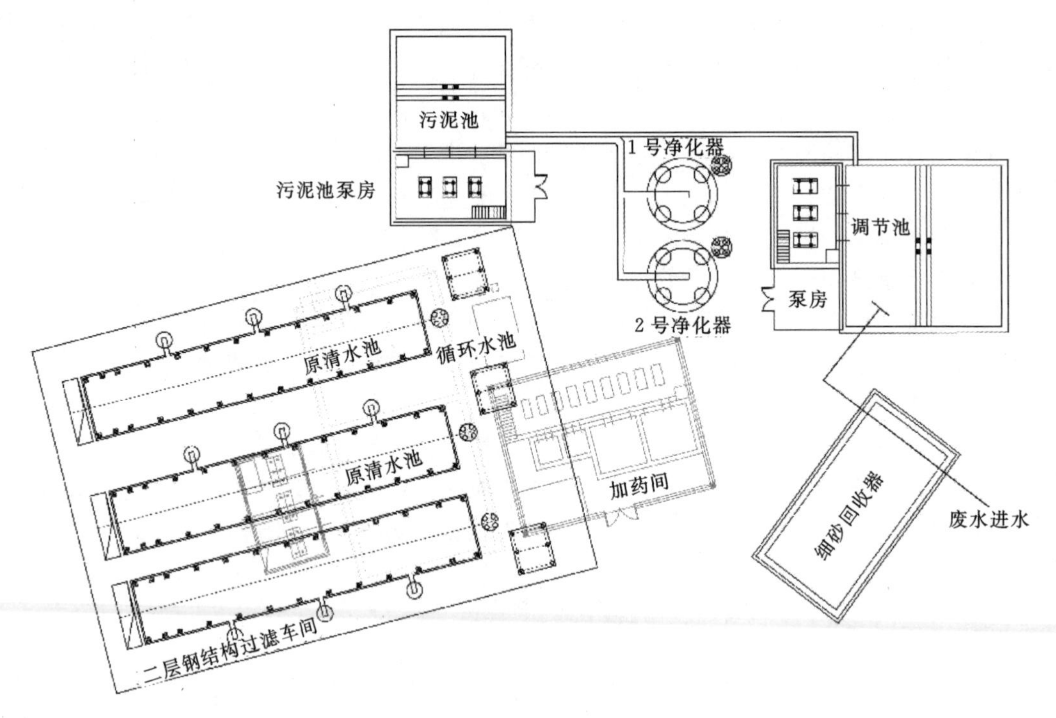

图 8.6-2 砂石加工系统废水处理工程平面布置图

表 8.6-2 砂石加工系统废水处理工程设备及配套件设备清单表

序号	名 称	规格/型号	单位	数量	备 注
1	高效污水净化器	DH-SSQ-200	台	2	专利产品
2	混凝混合器	DH-HNQ-200	台	2	
3	污泥混合器	DH-HNQ-50	台	3	
4	加药系统		套	1	含4套搅拌装置、管道、阀门等
	絮凝剂加药计量螺杆泵	G25F-1	台	3	
	助凝剂加药计量螺杆泵	LG27F-1	台	6	
5	耐磨闸阀	材质：高铬合金	批	1	见耐磨阀门清单
6	真空带式过滤机	DU54-3000	台	3	含真空泵
7	调节池搅拌装置	18.5kW	套	1	
8	污泥池搅拌装置	15kW	套	1	
9	空气压缩机	W0.9/0.7	台	3	
10	废水提升泵	100ZM-32	台	3	
11	污泥提升泵	65ZM-25	台	3	
12	循环水泵	SLW65-200B	台	2	
13	滤布冲洗水泵	SLW50-200（I）B	台	2	
14	电气控制系统		套	1	
15	电缆		批	1	

续表

序号	名　　称	规格/型号	单位	数量	备　　注
16	管道及连接件		批	1	
17	安装附件		批	1	
18	调试药剂		批	1	

表 8.6-3　　混凝土生产系统废水处理工程设备及配套件设备清单表

序号	名　　称	规格/型号	单位	数量	技术参数
1	耐磨闸阀	材质：高铬合金	批	1	DN65、DN50
	止回阀		只	2	DN50
2	中和池搅拌装置	BLD14-29-7.5	套	1	7.5kW
3	pH计	WT-PH861	台	1	
4	废水提升泵（渣浆泵）	50ZM-20	台	2	$Q=10m^3/h$，$H=20m$，$N=4kW$
		50ZM-30	台	2	$Q=10m^3/h$，$H=30m$，$N=5.5kW$
5	电缆	单设备 ZR-YJV-4×2.5 总电源 ZR-YJV-4×6	批	1	
6	管道及连接件	DN65、DN50	批	1	焊管
7	安装附件		批	1	8号槽钢、50角钢各12m
8	调试药剂（中和剂+絮凝剂）	中和剂—盐酸， 絮凝剂—聚合氯化铝	批	1	
9	粗、细格栅	400mm×200mm	套	1	

8.6.4　结构设计

1. 调节池及其泵房

调节池尺寸为10.0m×10.0m×4.2m（长×宽×高，下同），池底标高为-4.0m，超高0.2m，有效容积为400m^3，为钢筋混凝土结构，混凝土标号为C25，抗渗等级为P8。

调节池泵房尺寸为10.0m×4.4m×4.2m。泵房分为泵房平台和泵坑两部分，泵房平台标高为0.2m，泵坑标高为-3.0m。

2. 污泥池及其泵房

污泥池尺寸为7.0m×7.0m×4.2m，池底标高为-4.0m，超高0.2m，有效容积为196m^3，为钢筋混凝土结构，混凝土标号为C25，抗渗等级为P8。

调节池泵房尺寸为6.8m×4.5m×4.2m。泵房分为泵房平台和泵坑两部分，泵房平台标高为0.2m，泵坑标高为-3.0m。

3. 加药间及其泵房

加药间及其泵房尺寸为12.0m×9.1m×4.2m。加药间宽5.3m，包含溶药池4个（絮凝剂溶药池2个，尺寸为1.5m×1.5m×3.5m；助凝剂溶药池2个，尺寸为

3.0m×3.0m×3.5m。池壁均采取防酸措施)；泵坑宽 3.5m，标高为－3.5m。

4. 净化器基础

净化器基础为 11.0m×11.0m 的钢筋混凝土结构，基础上设置满足 2 台 DH 高效污水净化器的 1.0m×1.0m 的预埋件 8 块和混合器基础 8 块。

5. 钢结构

因砂石加工系统生产废水处理工程场地紧凑，没有满足真空带式过滤机布置的条件，因此设计钢结构工程布设真空带式过滤机。钢结构尺寸为 32.0m×22.0m×9.5m（长×宽×高)，设置两层，二层楼面高 5.0m。二层楼面布设 3 台真空带式过滤机，运行按 2 用 1 备考虑。

6. 中和调节池及絮凝沉淀池

中和调节池尺寸为 3.5m×3.5m×3.0m，池底标高为－2.8m，超高 0.2m，有效容积为 34.3m^3，为钢筋混凝土结构，混凝土标号为 C25，抗渗等级为 P6。

絮凝沉淀池尺寸为 6.0m×3.5m×2.0m，池底标高为－1.8m，超高 0.2m，有效容积为 37.8m^3，为钢筋混凝土结构，混凝土标号为 C25，抗渗等级为 P6。

7. 其他

清水池及泵房沿用砂石加工系统生产废水处理工程原有清水池及设备，通过清水回用泵将处理后的清水提升至高位水池后回用。

8. 值班房

尺寸为 5.4m×3.45m×4.2m，为砖混结构。

8.7 实施情况和效果分析

火烧寨沟砂石加工及混凝土生产系统废水处理工程于 2009 年年底开工，2010 年 10 月工程完工并调试完成（图 8.7－1)。根据普洱市环境监测站对废水水质进行的采样监测，砂石加工及混凝土生产系统废水经过处理后水质满足设计标准，工程设施投入后运行正常，可满足废水处理需求，经处理后回用于砂石加工系统。

(a) 调节池进水

(b) DH 高效污水净化器

图 8.7－1（一） 火烧寨沟砂石加工及混凝土生产系统废水处理设施及运行情况

(c) 浓缩污泥脱水

(d) 下闸蓄水阶段环保验收检查

(e) 中和调节池

(f) 废水处理进、出水对比

图 8.7-1（二） 火烧寨沟砂石加工及混凝土生产系统废水处理设施及运行情况

8.8 措施的创新点和亮点

糯扎渡水电站砂石加工及混凝土生产系统废水处理工程在设计阶段进行了充分的调研，对已有设施进行了再利用，设计成果满足业主的要求并取得了良好的效果。该项目设计主要特点包括以下几个方面：

（1）技术改造。对原处理工艺进行技术改造，结合原有地形及设施充分布置构筑物及设备，采用二层钢结构布置污泥脱水设备，有效解决了场地空间不足的问题。

（2）工艺先进。采用DH高效污水净化器和真空带式过滤机的设备组合工艺，工艺路线短，运行稳定可靠，自动化程度高，管理操作简单，维护工作量较少，占地面积小。出水水质标准高，满足回用要求，实现污染“零排放”。

（3）工艺适用范围广。可处理高浓度SS废水，加入前端细砂回收预处理系统，是国内为数不多的能够处理SS浓度不小于10万mg/L高浓度悬浮物废水的一体化工艺设备。该工程中DH高效污水净化器的进水SS浓度介于6万～8万mg/L，出水SS浓度不大于70mg/L。

（4）处理效率高。废水净化时间根据SS浓度不同，一般只需20～30min。

（5）废水回用率高。除去脱水污泥带走的极少的废水，净化水可全部回用。

（6）污泥浓缩效果好。从设备底流排出的污泥易脱水、干化快，脱水污泥经车辆直接外运，提高了处理效率。

（7）主体设备均可重复使用，使用寿命长，方便异地重建，节省投资。

（8）结合性好。考虑到配套的混凝土生产系统距离砂石加工系统较近，且混凝土生产冲洗废水水量较小的特点，将混凝土生产系统废水进行预处理后，利用管道输送至砂石加工废水处理系统一并处理。

8.9 存在的问题及建议

糯扎渡水电站砂石加工系统生产废水处理工程技术改造项目的实施满足了建设单位的要求，处理后的水质满足回用标准，但在实施过程中污泥浓缩存在一定的问题，主要体现在污泥脱水设备调试环节。建议对今后采用此类处理工艺的工程，针对污泥浓缩环节进行深入研究，提高设备的可操作性及经济性。

8.10 小结

糯扎渡水电站将砂石料加工系统细砂回收装置与废水处理系统有机结合，能处理砂石加工系统产生的全部废水，处理后的水质优于供水系统提供的生产用水，满足循环利用指标。糯扎渡水电站生产废水处理工程是昆明院环保专业第一次独立完成的水电行业生产废水处理工程设计项目，也是云南省完成的第一个水电行业生产废水处理工程设计项目，对今后类似项目的设计有很好的借鉴意义。

第 9 章

生活垃圾处理工程

9.1 生活垃圾排放特征

糯扎渡水电站是云南省继小湾水电站后的又一个大型水电站，电站施工工期长达14.5年（含筹建期2年），施工高峰人数超过1.4万人。水电站施工期间每天将产生大量的生活垃圾，如不进行适当处置，将会滋生蚊蝇和鼠害，对人群健康带来潜在危险，其渗滤液可能会污染地下水，而塑料等垃圾还会随地表径流进入澜沧江，成为漂浮物，影响澜沧江水质及沿河视觉景观。

经计算，在整个工程施工期间，按每人每天垃圾产生量为1kg计算，将产生的生活垃圾总量为39216t，垃圾压实密度按800kg/m^{3}计算，则垃圾净体积为49020.64m^3；如采用卫生填埋处置方案，设计覆土和垃圾之比按1∶4计，则压实后的总体积为61275.8m^3。糯扎渡水电站生活垃圾的排放主要有以下三个特点：

（1）产生部位较为集中。糯扎渡水电站集中布置生活区6个（含业主营地1个），主要布置于原澜沧江右桥头、左岸下游、右岸新建码头公路1号隧洞出口附近，其他生活区零星布置于生产区附近。这三个集中生活区生活垃圾产生量占总产生量的90%以上。

（2）产生时段较为集中。在糯扎渡水电站从筹建期至工程完建共14.5年的时间内，因每年施工人数不同，各年产生的垃圾量也不同。主体工程施工期间（5.5年）日均垃圾产生量可达10～14t；施工准备期（含筹建期共约5年）日均垃圾产生量在4～8t；工程完建期（3.5年）至运行期日均垃圾产生量不足0.5t。

（3）垃圾成分较为简单。根据对糯扎渡水电站生活区垃圾成分的观察和分析，各生活区厨房用火方式均为燃电或液化气，生活垃圾成分较为简单，主要以厨余垃圾及瓜果皮等为主，其次为塑料、玻璃、纸类等成分，渣土及其他垃圾比例不足20%。雨季垃圾含水率较高，可达65%以上。施工区生活垃圾成分并不复杂，这是由施工区单一办公和生活的功能所决定的。

糯扎渡水电站环境影响报告书批复文件明确要求：“加强施工期废水、废气、噪声、固废等污染治理……应按规定对施工期生活垃圾进行填埋。”所以对电站施工期生活垃圾进行合理处置是必要的。

9.2 国家相关政策法规要求

根据《中华人民共和国固体废物污染环境防治法》（2016年修正）第十六条“产生固体废物的单位和个人，应当采取措施，防止或者减少固体废物对环境的污染。”第十七条“禁止任何单位或者个人向江河、湖泊、运河、渠道、水库及其最高水位线以下的滩地和岸坡等法律、法规规定禁止倾倒、堆放废弃物的地点倾倒、堆放固体废物。”《云南省建设项目环境保护管理规定》（2001年10月）第九条“建设单位和施工单位应当对在施工过程中产生的污水、废气、粉尘、废弃物、噪声、振动等污染及对自然生态环境的破坏，采取相应的防治措施，及时修复受到破坏的环境。”等的要求，为了保护澜沧江干流下游地表水环境质量，在相关工程设计及建设阶段，均考虑了相应的生活垃圾污染防治措施，减少了生活垃圾对地表水环境、地下水环境、土壤环境、视觉环境、卫生环境、人群健康等造成的不利影响。

9.3 水电工程生活垃圾主要处理模式及应用情况

水电站施工生活区生活垃圾排放特征主要与水电站工程建设规模、施工阶段、建设人员构成、能源结构和环境管理等因素有关，其组分以厨余、渣土、纸类和塑料为主，水分、灰分和可燃分分别为56.81%、18.70%和24.49%。从垃圾热值来看，垃圾高位热值为16308kJ/kg，低位热值为5234kJ/kg，施工区生活垃圾已具备焚烧条件。从可生化特性看，其范围为40.55%～45.68%，重金属含量小于《城镇垃圾农用控制标准》（GB 8172—87）中的限值，能满足填埋和堆肥工艺的要求。水电站施工区生活垃圾可压缩体积比为25%，可压缩性较好，可采用外运法进行处理。因此，从技术角度分析，施工区生活垃圾特性均能满足填埋、焚烧、堆肥和外运综合处理条件的要求，具体处理模式应根据项目所在地的建设条件、垃圾处理规模、建设运行成本等因素进行综合比选确定。目前西南地区大中型河流水电工程生活垃圾主要采用外运法进行处理，不满足外运条件的，则采取单独电站自建垃圾处理场（厂）、梯级电站联合建设垃圾处理场（厂）等进行处理。

1. 外运处理模式

外运处理模式是指采用垃圾运输车，外运至县乡及周边已建或拟建垃圾处理场（厂）进行处理。这种模式与农村生活垃圾城乡一体化模式较为类似，即由户分类、工地收集转运，纳入附近已有垃圾处理系统集中处理的模式。这种模式需要首先征得已建垃圾处理场（厂）的接纳许可并签订相关协议。垃圾收集系统采用垃圾桶—临时转运站—垃圾压缩车的方式进行收集。从经济性分析，外运公路里程以不超过100km为宜。该模式具有无土建投资、管理简单、二次污染风险小等优点，目前国内大中型水电站如澜沧江的托巴、里底、黄登、大华桥、小湾、景洪等水电站，金沙江的叶巴滩、阿海、梨园、金安桥、观音岩、龙开口、鲁地拉、金沙等水电站，雅砻江的锦屏一级、锦屏二级、牙根、二滩、桐子林等水电站，均优先推荐采用这种处理模式。

2. 在项目区自建垃圾处理场（厂）模式

通过在项目区周边选址规划建设垃圾填埋场或垃圾焚烧（含热解等）厂等方式，对电站产生的生活垃圾自行进行收集、运输、处理的模式。小型生活垃圾处理工程的选址和建设应符合国家《小城镇生活垃圾处理工程建设标准》（建标 149—2010）等设计规范要求。这种模式在大中型水电站中应用较多，如金沙江的向家坝水电站、溪洛渡水电站，澜沧江的苗尾水电站等。

3. 多个梯级联合建设垃圾处理场（厂）模式

在同流域多个梯级电站中选择一个合适的位置新建一处或几处垃圾处理场（厂）址，统一处理各梯级电站排放的生活垃圾。这种处理模式较适用于梯级电站为同一个建设业主，梯级电站间距离较近且交通方便，建设时序可重叠性时间较长等情况。具有提高垃圾处理场（厂）的利用率及使用年限，尽可能降低垃圾处理场（厂站）选址难度和工程建设成本、减少二次污染风险等优点。这种处理模式在四川大渡河等梯级电站中有具体运用。

9.4 生活垃圾处理工程设计

9.4.1 生活垃圾处理方式选择

与一般的城镇生活垃圾排放特点相比，糯扎渡水电站生活垃圾具有排放时段集中、排放位置集中、垃圾成分相对简单等特点。根据国内水电站常用的生活垃圾处理模式，工程区域及周边100km以内无可利用的、规范的卫生填埋场及其他生活垃圾处理场所，上下游梯级无可利用的垃圾处理系统，因此需考虑单独在糯扎渡工程区内新建垃圾处理场（厂）进行垃圾处理处置。

目前国内外对生活垃圾的处理方式主要有四种：卫生填埋、焚烧、堆肥和综合处理，其中综合处理是指以分类回收为前提所开展的以无害化、资源化和减量化为目标，集堆肥、焚烧和填埋为一体的综合处理方式，其特点是可使垃圾得到合理处理和利用，克服了单一填埋、焚烧和堆肥的缺点，但投资较大，操作工序复杂，管理水平要求高，运行成本也较大，较适合大中型城镇的生活垃圾处理。

从糯扎渡水电站垃圾成分及排放特征分析，卫生填埋、焚烧、堆肥工艺均可以进行处理，但经工程规模适应性、选址难易度、管理要求、建设投资、运行成本及建设工期等综合比较，该工程最终推荐采用卫生填埋法进行处理。糯扎渡水电站生活垃圾处理方式经济技术比较情况见表9.4-1。

表9.4-1　糯扎渡水电站生活垃圾处理方式经济技术比较情况表

比较项目	卫生填埋	焚烧	堆肥
技术可行性	可行	可行	可行
工程规模适应性	可以灵活适应	单台炉规格一般不低于50t/d，不适用	可以适用
选址难易度	占地面积不少于10000m^2，有一定难度	占地面积不少于5000m^2，有一定难度	占地面积不少于5000m^2，有一定难度
管理要求	操作简单，运行管理方便	专业性强，管理要求高，设计管理运行经验缺乏	专业性较强，管理要求较高，设计管理运行经验缺乏
环境污染风险	渗滤液污染、沼气火灾隐患等	烟气二噁英污染，焚烧飞灰为危险废物	污水、臭气污染，有机肥质量不稳定
建设投资/万元	200～300	200～300	50～100
运行成本/(元/t)	40～50	60～150	15～50
建设工期/月	4～6	6～10	8～10
结论	推荐	不推荐	不推荐

9.4.2 生活垃圾收运系统设计

糯扎渡水电站施工区长约16km，三个集中分布的生活营地距离较远，经成本计算，采用非中转方式可减少垃圾运输成本约13.3万元。该工程最终推荐生活垃圾收运体系采用车辆流动系统（或称无站式收集）无中转模式，即生活垃圾人工投入定点垃圾桶—车载压缩式收运车—转运至垃圾填埋场。

1. 垃圾收集

原则上每200人配置120L垃圾桶1个，共配置定点垃圾收集筒520个。垃圾桶设置间距以30～50m为宜，较均匀分布于各标段生活区内。配置专业垃圾清扫人员6人。

2. 垃圾运输

原则上配置3台4t车载压缩式收运车，分别对左岸下游生活区、右岸上游生活区及Ⅲ标生活区进行流动性收集和运输，每天转运1次。

9.4.3 白莫箐生活垃圾卫生填埋场设计

1. 建设规模

根据工程施工分期人数特点，垃圾填埋场设计规模按最大日填埋处理量17t/d设计，垃圾压实密度按800kg/m^{3}计，覆土量和垃圾量之比为1∶4，垃圾净库容要求为6.13万m^{3}以上，设计使用年限15年以上。

2. 工程选址及建设条件

根据《城市生活垃圾卫生填埋技术规范》（CJJ 17—2004）、《生活垃圾填埋场污染控制标准》（GB 16889—2008）及《城市生活垃圾卫生填埋处理工程项目建设标准》（建标〔2001〕101号）的选址原则，初步拟定了3个垃圾填埋场比选场址，分别为白莫箐石料场1号冲沟、白叶箐沟、火烧寨沟。经比选，白叶箐沟场址因位于糯扎渡省级自然保护区内，不具备审批条件且不满足选址要求；火烧寨沟植被覆盖率远好于白叶箐沟场址，周边无农田和居民点分布，但火烧寨沟场区位于糯扎渡转运料场附近，场区与渣料转运可能存在交叉施工作业，造成填埋场运行不便，同时也影响主体施工导料，该场址目前没有便道可以通行，需要重新修建；白莫箐石料场1号冲沟场址植被覆盖一般，周边无居民点分布，不需要新建便道，作为工程推荐场址，但该场址也存在运输距离较远的问题。白莫箐垃圾填埋场工程建设条件评价见表9.4-2。

表9.4-2 白莫箐垃圾填埋场工程建设条件评价表

序号	建设条件		评价
1	地理位置	位于工程区上游右岸白莫箐石料厂2采区右侧第1冲沟内，不占用农田，不涉及保护区等环境敏感区。场址高程高于水库蓄水位120.00m以上，与蓄水后水库的水平距离在600m以上	符合
2	地形地貌	狭长形冲沟，高差约52m，两侧山坡平均坡度为36°，植被为灌木林，汇水面积小，满足15年以上库容使用要求并有裕度	符合
3	地质条件	滑坡崩塌等不发育，岩性以第四系覆盖层为主，拦渣坝部位主要为坡积层和全风化花岗岩，强度满足要求，但需进行防渗处理	场地稳定，满足要求

续表

序号	建设条件		评价
4	水文条件	冲沟常年流水，流量约1L/min，场地渗透系数为$1\times10^{-4}\sim1\times10^{-5}$cm/s	需要场地防渗
5	交通条件	场址距新建码头公路终点约0.7km，有道路通行。沿江两岸均有公路相通至各生活营地	交通便利
6	用电条件	周边无居民点分布，无用电接入条件	不满足要求，需新增
7	土料来源	采用边坡平整土料，不足部分由农场土料场提供	土量及土质满足要求
8	其他条件	填埋场周围500m内无居民点居住	满足选址要求

3. 工程总体布局及分期实施规划

白莫箐垃圾填埋场填埋库区分布面积约1.28hm^2。库区呈长条形，长轴长（截洪沟至坝轴线）约240m，短轴最宽处约110m。库区主要布置有防渗系统、渗滤液导流系统、雨污分流系统及导气系统。坝轴线以下约15m处分布有渗滤液收集池1座、泵房1间。根据工程分区分期施工计划，分高程共布置进场公路约530m。白莫箐垃圾填埋场平面布置示意图如图9.4-1所示。

4. 垃圾填埋工艺流程

垃圾填埋按夹层式作业，填平1层后，再往上填并往上坡移动。具体操作程序为：垃圾进入场中，在垃圾堆体的卸料平台由推土机将进场垃圾均匀摊平，推铺厚度以40～60cm为宜，分层压实2～3次，使垃圾压实容重达800kg/m^3左右，每层作业完毕后采用土料覆盖，多次循环操作，直至垃圾填埋的高度与坡度基本达到填埋场周边的高度与坡度，然后封场。垃圾填埋场处理工艺流程如图9.4-2所示。

5. 分区分期设计

为适应糯扎渡水电站各施工阶段垃圾排放量不均匀的问题，减少垃圾渗滤液产生量和处理量，设计对填埋区进行分区分期实施考虑，其中：一期工程为1分区，即坝址至高程914.00m间，总面积2815.83m^2，总库容约1.5万m^3。据垃圾产生量计算表，可使用到第5年中旬，即施工筹建期及准备期基本完毕；二期工程为2分区，即高程914.00～924.00m间，总面积3932.79m^2，库容约2.5万m^3，根据垃圾产生量计算表，可使用到第10年初，即主体工程施工期基本结束。三期工程为3分区，即高程924.00～932.00m间，总面积4739.1m^2，库容约4.8万m^3，用于工程完建期及运行期，三期工程根据前两期工程的实际填埋量决定是否予以启动。分区分期设计内容及主要设计参数见表9.4-3。

6. 生活垃圾填埋场的运行管理

业主营地、各施工区和承包商营地的生活垃圾收运与填埋场的运行由云南普洱澜沧江实业公司负责。业主营地、各工区及营地配备垃圾桶、垃圾池等设施，安排了专职清洁人员对生活垃圾进行集中收集，并定期运至白莫箐生活垃圾填埋场。填埋场附近设有管理房，垃圾入场和垃圾填埋作业由专人负责，制定生活垃圾填埋场运行管理制度，指定专人定期检查垃圾填埋场渗滤液产生量，视情形将渗滤液运至施工营地生活污水处理厂进行合并处理。

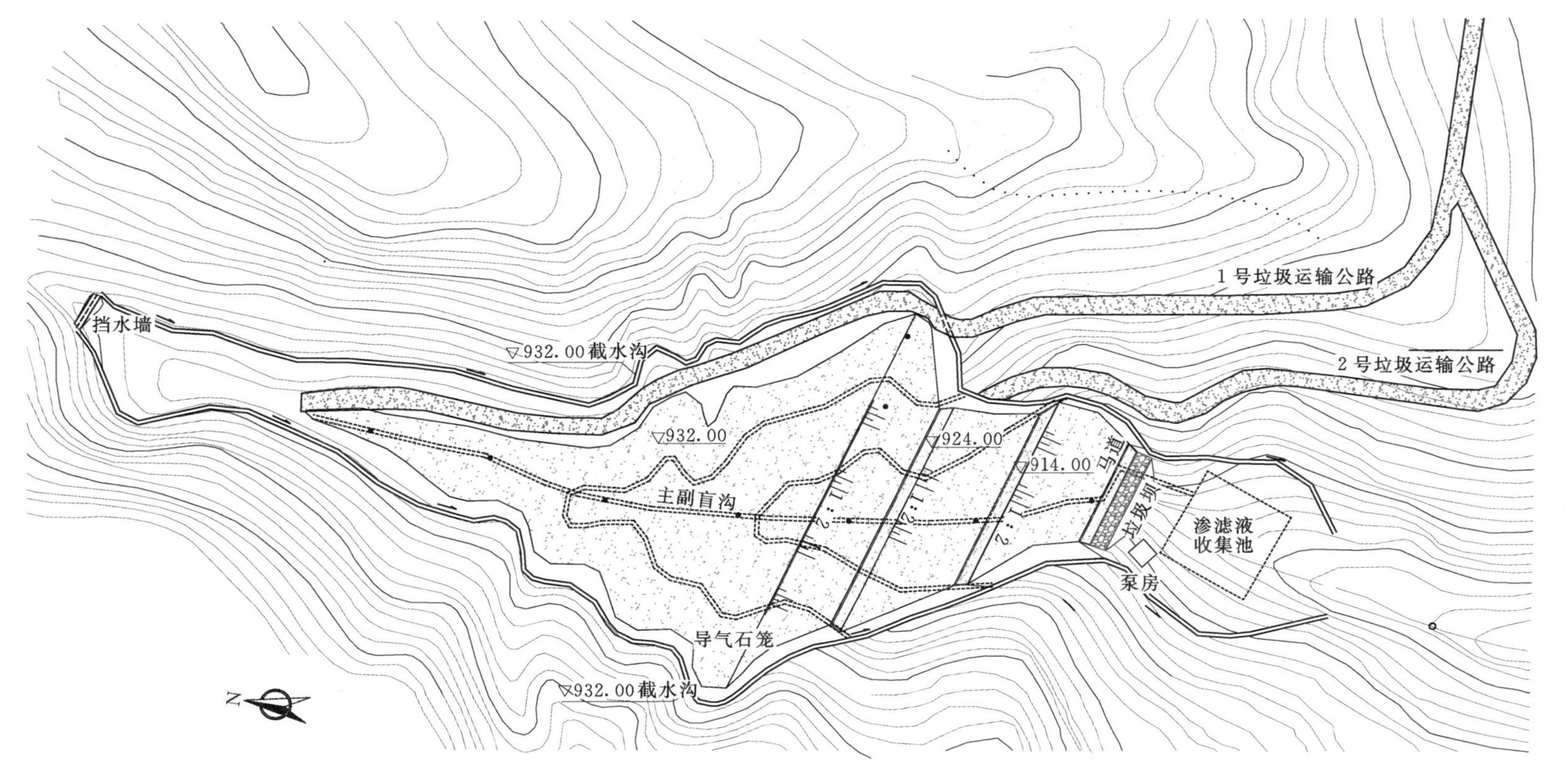

图 9.4-1　白莫箐垃圾填埋场平面布置示意图(单位:m)

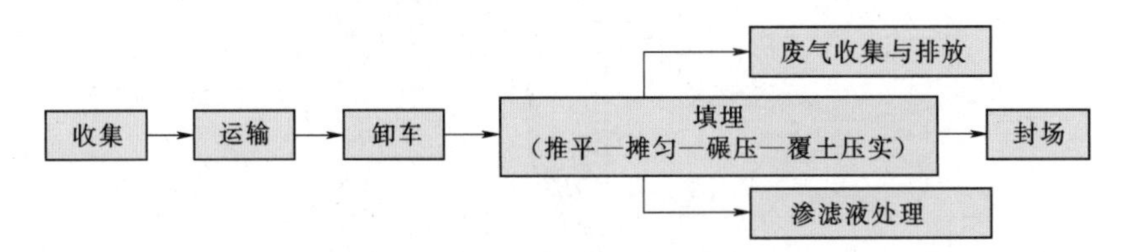

图 9.4-2 垃圾填埋场处理工艺流程图

表 9.4-3 分区分期设计内容及主要设计参数表

分期	分区	主要设计内容	主要设计参数
一期	坝址区	浆砌石挡渣坝 1 座	底高 894m，坝长 26m，坝高 4m。外坡坡度 1∶0.5，内坡坡度 1∶0.2。抗滑稳定安全系数 $k \geqslant 1.05$，垃圾坝身采用水泥砂浆抹面+1.5mm HDPE 膜防渗
	914.00～924.00m 填埋分区（1 分区）	场地平整及边坡平整	场地清理土方为 3097m^3，场底压实度不小于 0.9，边坡坡度取 1∶3，否则做削坡处理
		防渗系统	单复合防渗，渗透系数 $K \leqslant 10^{-7}$cm/s
		雨洪导排系统	由高程 932.00m 截洪沟 900m、高程 914.00m 简易截水沟 196m、坡面截水沟组成。高程 914.00m 简易截水沟每月可减少 2072m^3 雨量进入填埋区
		渗滤液导排系统	包括导流层、收集沟（主副盲沟）、多孔收集管、渗滤液收集池。主盲沟 1 条，沿沟底布置，梯形断面（1.0m×0.5m×0.5m）；副盲沟 3 条（左侧 2 条，右侧 1 条），梯形断面（0.6m×0.3m×0.3m）。沟内布设反滤层，上部铺设 25～40mm 碎石 783.25m^3；下部铺设 40～60mm 碎石 783.25m^3，上、下部均采用 250g/m^2 土工布保护层。主盲沟内布设 D200HDPE 多孔收集管 88m，副盲沟内布设 D100HDPE 多孔收集管 68m。多孔收集管孔径 15mm，开孔率 2%～5%。主管穿过垃圾坝体接入渗滤液收集池段为无孔管 20m。渗滤液收集池：采用半地下式钢筋混凝土结构，设计容积为 2000m^3
		坝址渗滤液处理区	旱季渗滤液日产生量不足 44m^3，采用循环回喷方式；雨季渗滤液经吸粪车抽取后运至施工营地生活污水处理系统合并处理
		导气导排系统区	导气石笼 7 个，竖向排渗导气管与水平收集管相接，30m 间距垂直立管，梅花形交错布置。与水平主管相连的排渗导气管为管径 D200HDPE 穿孔花管，布置 3 条立管。不设与水平支管相连的排渗导气管。初次设置高度为 8m
	场外路区	场外主干道及分区填埋支线道路	场外主干道 531m，四级水泥路面，路宽 4.5m；连接至高程 914.00m、高程 900.00m、高程 924.00m 的填埋支线道路 228m，泥结石路面，路宽 4m
	辅助工程	环境监测系统、虫害控制、绿化等	
二期	高程 914.00～924.00m 填埋分区（2 分区）	边坡平整	2 分区边坡平整清理量：4326m^3，平整要求同一期
		防渗系统完善	2 分区共需铺设约 4768m^2 HDPE 膜，黏土层填方 4326m^3，上下层土工织物共需约 9848m^2。参数要求同一期
		渗滤液导排系统	包括高程 924.00m 截污沟 292m，高程 924.00m 以下至高程 914.00m 区域导流层、收集沟、多孔收集管

续表

分期	分区	主要设计内容	主要设计参数
三期	高程 924.00～932.00m 填埋分区（3 分区）	边坡平整	3 分区边坡平整清理 5213m³，平整要求同一期
		防渗系统完善	3 分区共铺设 HDPE 膜 5681m²，黏土层填方 5213m³，上下层土工织物共需约 11674m²。参数要求同一期
		渗滤液导排系统	增设主盲沟约 50m，D200 HDPE 穿孔花管 50m，增设副盲沟 83m，D100 HDPE 穿孔花管 83m，竖向导气管 20m
	封场设计	终场封场、导排	从下至上依次采用压实黏土 20～30cm，自然土 45～60cm，营养土 30cm，植被层进行终场封场，终场表面以 2%以上的坡度倾向垃圾坝，以排出降水

9.5 实施情况和效果分析

1. 垃圾填埋场实施情况

糯扎渡垃圾填埋场一期工程于 2005 年 1 月开展设计，4 月开工建设，10 月投入使用。由于各承包商营地的生活垃圾未全部运至垃圾场填埋，至 2009 年年底，垃圾填埋场实际填埋量约 0.8 万 m³。

目前垃圾场的运行由云南普洱澜沧江实业公司进行管理，垃圾入场、垃圾填埋作业由专人负责，垃圾填埋场仍在有效运行中，并处于良好的运营状态（图 9.5－1）。

(a) 垃圾填埋作业

(b) 垃圾渗滤液收运

图 9.5－1 生活垃圾填埋场运行状况

2. 环境效益明显

白莫箐垃圾填埋场的建设运营，有效降低了施工期生活垃圾入江风险，保护了澜沧江水质及视觉景观，减少了生产生活区蚊蝇和鼠害发生的可能性，提高了工区整体卫生水平，环境效益明显。

9.6 工程设计的创新点和亮点

2004 年以前，水电站工程生活垃圾的处理受到的关注较少，多数电站采用外运或简易填埋等方式进行了处理。白莫箐生活垃圾填埋场是当时云南省水电站首例由建设单位自行建设并运行管理的生活垃圾处置工程，也是昆明院在生活垃圾处置环境保护设计方面的首次尝试。

糯扎渡白莫箐垃圾填埋场具有设计规模小但设计标准高的特点，设计规模预测及分期分区设计的理念与糯扎渡水电站生活垃圾产生特点高度吻合，设计技术可行、经济合理、环境效益显著。

9.7 存在的问题及建议

糯扎渡垃圾填埋场于2005年10月投入使用，其垃圾渗滤液的处理采用了旱季通过泵站回喷，雨季时通过吸粪车将渗滤液掺入施工营地生活污水处理系统中进行合并处理的模式，在当时是符合设计要求的。但2008年国家正式颁布了《生活垃圾填埋场污染控制标准》(GB 16889—2008)，渗滤液各项指标处理要求均高于原GB 16889—1997标准，原垃圾渗滤液处理已不能满足现行处理要求。

9.8 小结

糯扎渡水电站施工高峰期人数多，工程施工期长，生活垃圾产生量巨大。工程采用完善的收运及卫生填埋处理措施，有效降低了生活垃圾任意排放对澜沧江水质及沿岸视觉景观的不良影响，大大提高了工程生产生活区卫生环境质量。

糯扎渡垃圾填埋场设计容量小、设计实施周期适中，并严格按照卫生填埋场设计要求，满足当时垃圾填埋相关法律法规要求。结合生活垃圾排放特点，采用分期分区进行设计和实施是科学合理的，具有很强的实用性。其不足之处是渗滤液处理方式已不能满足现行处理要求。

糯扎渡生活垃圾卫生填埋场是由云南省水电站建设企业自行建设运营的首个小型卫生填埋场，在探索少量生活垃圾处理处置方面进行了重要尝试，在水电站施工期环境保护方面具有一定的示范性。

第 10 章

结语与展望

10.1 生态环境工程创新成果总结

糯扎渡水电站作为澜沧江公司创建绿色水电、环境友好型工程的重要窗口，从前期设计起至中期的建设、后期的运行管理都将生态环境保护工作作为一项重点工作来抓，无论电站业主澜沧江公司还是工程参建各方，都对该项目的生态环境保护创新工作给予高度的重视，各方为此不遗余力，大胆创新，在很多领域成为引领水电工程环境保护工作的风向标，为后续的水电设计、建设和运营管理提供了宝贵的经验借鉴。

昆明院作为电站设计单位也不例外，对环境保护水土保持的总体设计或专项设计都本着高标准、严要求的原则，在四新技术的应用方面不遗余力，在基础研究匮乏，并缺乏可资借鉴的成熟经验和技术的情况下，大胆探索，勇于创新。在各方共同努力下，该电站的生态环境保护创新工作不仅取得实效，同时赢得了业内和社会各界良好的口碑。

工程涉及众多环境敏感保护目标，昆明院在项目环境影响报告书、水土保持方案报告书及批复意见的基础上，按“三同时”原则进行环保水保总体设计，统筹布局环保水保措施体系，创新性地提出生态保护“两站一园”思路并成功实施，实施叠梁门分层取水，采用卫生填埋工艺处置固体废弃物，生产废水经处理达标后回用于生产工艺，结合社会主义新农村和美丽乡村建设要求进行移民安置区环境保护设计，最大限度地减缓了因工程建设产生的不利环境影响，成为开发与保护并重的工程典范。

10.1.1 叠梁门分层取水工程

作为一个水库规模较大、调节性能较好的多年调节水库，糯扎渡水库存在水库水温垂向分层和下泄低温水影响问题。早在糯扎渡水电站可行性研究及项目环境影响评价时，昆明院曾先后委托西安理工大学和中国水利水电科学研究院对该水库水温和下泄水温进行数值模拟，得出了水库水温的垂直分布规律和下泄水温的沿程分布规律。同时委托中国科学院昆明动物研究所鱼类专家对工程影响区内鱼类区系组成、分布及生态习性进行了相应的调查，对该水库下泄低温水的影响对象——水生生态系统有了一定程度的认识。

环境现状调查与环境影响预测评价表明，糯扎渡水电站库区水体各月水温分层明显，上层水温年内变化很大，100m 水深以下水温全年基本不变，符合典型分层型水库的特点。

糯扎渡水电站库区及其上、下游河段鱼类资源较为丰富，鱼类区系以东洋区系成分的温水性鱼类为主，一般要求水温在 15～28℃。各种鱼类的生存、摄食、发育、洄游、性腺成熟、产卵、鱼卵孵化等生理机能都各有一个最适水温和最高、最低的耐受水温，如果水温超出这一范围，将对鱼类产生不利影响，表现在鱼类繁殖方面可导致产卵期的延迟。因此，糯扎渡水电站进水口采用分层取水措施是十分必要的。

为缓解下泄低温水对鱼类的影响，糯扎渡水电站在设计阶段提出了高程 736.00m 管道取水方案、高程 774.00m 管道取水方案和叠梁门取水方案三个取水方案进行比较，三个取水方案下泄水温年过程有相同的变化趋势，都改变了坝址处天然水温的变化规律，并且最高水温和最低水温差值变小，使年内水温变化滞后。

比较结果显示叠梁门取水方案与天然水温的差值最小。

因此，设计最终采取叠梁门分层取水方案，并进行了相应的水工结构、金属结构等的设计，叠梁闸门按每台机 4 孔布置，分成三节，根据水库不同运行水位，分为四层取水。

该工程设计的创新点和亮点如下：

(1) 为缓解下泄低温水对鱼类的影响，拟定了高程 736.00m 管道取水方案、高程 774.00m 管道取水方案和叠梁门取水方案三个方案进行比较。最终选择了改善作用明显的叠梁门取水方案。

(2) 利用数学模型对糯扎渡水电站库区进行了预测，分析了不同典型年库区水温的垂向分布。在此基础上，分析不同取水方案对发电下泄水温的影响，从而为方案选取提供了技术支撑。

(3) 利用物理模型试验研究发电下泄水温，以糯扎渡水电站叠梁门取水方案为研究对象，系统地研究了进水口叠梁门取水方案的下泄水温，得出了下泄水温的一般规律，为类似大型水电站进水口的设计提供了理论依据。

由于此项设计在当时的国内水电界缺乏实际案例可供借鉴，有许多技术问题需要进行科技攻关，因此，针对糯扎渡水电站水库水温分层、发电进水口高程较低、下泄低温水对下游河段水生生态系统影响比较明显的问题，昆明院与多家大学和科研机构合作，牵头组织开展了分层取水进水口结构布置、水温预测和水工模型试验等设计研究工作。2006 年 5 月，结合糯扎渡建设的实际情况，昆明院申报了云南省科技计划项目“大型水电站进水口分层取水研究”，依托糯扎渡水电站工程进行深入的理论分析和应用研究，经过云南省科学技术厅组织的专家评审，2006 年 11 月，云南省财政厅和云南省科学技术厅以云政教〔2006〕320 号文《关于下达云南省科技计划 2006 年第四批实施项目及其科技三项费用的通知》正式批准立项。

该项研究成果获得 2010 年度中国水电工程顾问集团公司科技进步一等奖，2011 年荣获云南省科学技术进步奖一等奖。

10.1.2 鱼类增殖放流站工程

糯扎渡水电站所处的澜沧江中下游河段，鱼类生物多样性较为丰富，共有鱼类 122 种，以鲤科鱼类为主，下游主要支流补远江和南腊河的鱼类种类也较多，共有 40 种。但调查资料显示干支流鱼类资源包括种类和数量均在逐渐下降，已有相当一部分珍稀特有鱼类处于濒危或灭绝的边缘。无论是糯扎渡水电站的上游或下游，均未见到长距离洄游性的鲑科鱼类或类似鲑类的洄游性鱼类，说明下游原来有鲑类分布的地方，鲑类数量在减少。少数外来鱼类已在澜沧江定居，对土著鱼类繁衍的不利影响将逐步凸显出来。同时部分河段水体水质受到污染，对鱼类也有明显的影响。

糯扎渡水电站所在河段没有国家级保护鱼类，但其下游有大鳍鱼、双孔鱼、长丝鲑 3 种云南省重点保护鱼类。同时，库区有红鳍方口鲃和魾 2 种被列入《中国濒危动物红皮书》的鱼类。

在鱼类繁殖习性方面，澜沧江中下游和糯扎渡库区的鱼类基本上以短距离洄游的鱼类为主，有四种确认的长距离洄游鱼类均为𩷶科鱼类，其繁殖期与澜沧江—湄公河的洪水期相对应，一般在江水暴涨的时节（每年 7—8 月），从泰国湄公河江段上溯至澜沧江勐松一带，然后沿着补远江上溯到勐仑或勐纳伞附近产卵。但由于捕捞过度和其他各种原因，𩷶类数量急剧下降，已处于高度濒危的状态。

大坝建成后，库区环境发生一系列的重大变化，库内许多土著鱼类将适应不了变化的环境，各种鱼类为寻找适合于自身的生活环境而逐渐迁移。大坝导致河流生境的片段化，形成生态系统脆弱的生境岛屿，使坝上坝下鱼类种群的基因交流受到阻碍。同时，糯扎渡水库水温将呈现稳定的分层分布，下泄水温在鱼类产卵期低于天然河道水温，将导致产卵期的延迟。

为减缓糯扎渡水电站建设对澜沧江中下游河段鱼类的不利影响，工程设计中结合该河段鱼类生物学及生态学特性，提出包括过鱼设施、栖息地保护、增殖放流、分层取水、科学研究、渔政管理等的保护措施体系，其中鱼类人工增殖放流站建设是一项旨在实现目标种类资源量迅速恢复和增殖的重要手段，其增殖放流对象主要包括红鳍方口鲃、中国结鱼、后背鲈鲤、叉尾鲇、巨𩽾和中华刀鲇 6 种，年增殖放流数量总计 6 万尾。设计综合考虑地形条件、水源条件、天气条件、交通条件和管理条件等因素的情况下，在三处备选场址中确定鱼类增殖站建在大中河右岸的业主营地内。

珍稀鱼类人工增殖放流站工艺设计内容包括鱼种选择与数量确定、亲本捕捞、驯养、催产、受精孵化、苗种培育、标志放流、监测、效果评价。土建及配套设施规划设计内容包括亲鱼驯养池、鱼类仔幼鱼培育池、产卵场、孵化场、实验及办公楼等。

糯扎渡水电站增殖站根据鱼类不同阶段的生物学需求提出具体设计，同时从电站运行管理特点提出可行的管理模式，使增殖站的建设及运行实效性、经济性最优。尤其是创造性地在催产孵化车间设计了一套养殖维生系统，既节水，又净化水质和控制水温，能有效地提高催产孵化率。总之，糯扎渡水电站鱼类增殖放流站是云南省第一个水利水电鱼类增殖站建设项目，属省内领先、国内先进，具有较强的创新性，在探索鱼类保护工程设计方面做了有益的尝试。2012 年，糯扎渡水电站鱼类增殖放流站设计荣获云南省 2011 年度优秀工程设计二等奖。后期云南省内牛栏江—滇池补水工程等大型水利水电项目的建设人员都曾亲临该站进行过观摩学习。

10.1.3 珍稀植物园工程

糯扎渡水电站及周边区域是以森林生态系统为主要类型的陆生生态系统，其中原生的植物群落如季风常绿阔叶林、河谷季雨林（含季节雨林）、思茅松林、热性竹林和稀树灌木草丛等有一定的面积，具有对外界不稳定因素的抵抗能力，较为稳定。

区内植物物种多样性较为丰富，有维管束植物 1090 种，其中水库淹没区分布有宽叶苏铁等国家Ⅰ级保护植物 2 种，金毛狗等国家Ⅱ级保护植物 9 种。

电站建设在施工期因占地而破坏工区内地表植被，造成森林生态系统面积减少且破碎化，水库蓄水后，河谷区域生态系统将发生较大变化，将淹没一定量的河谷季雨林（含季节雨林）等自然植被，大坝下游径流的改变，也将对河漫滩植被及沿岸植被造成一定影响，对植被影响的结果，将导致生存于其中的部分植物种群数量减少，其中也包括一些珍稀濒危保护植物。

糯扎渡珍稀植物园建设的目的主要是对受水库淹没和工程征占地影响的珍稀保护陆生野生植物植株以及珍稀植被类型进行迁地保护，或对其种子进行采种繁育，以保持或扩充其种群数量。

设计对三个候选园址进行了技术经济比选，最终选择在大中河左岸的业主营地内建设珍稀植物园的园址方案。

珍稀植物园工艺设计包括水库淹没区及施工占地区珍稀植物挖取、移栽、管理；种子采集、幼苗培育、栽培等，部分植物基因异地保存等。主要土建及配套设施设计内容有各类专类植物园、观赏园、种子苗圃地、实验及办公楼等。

糯扎渡水电站是国内较早提出建设珍稀植物园的水电工程之一。珍稀植物园的实施有效减缓了区域生态系统和植物资源所受到的影响，效果良好。其主要创新点和亮点如下：

（1）从植物迁地保护理论出发，创新性地提出“保护植物群落才是保护珍稀植物的有效方式”，并予以实现。

稀有植被迁地保护群落建设在糯扎渡水电站珍稀植物园之前还没有先例可循，是我国水电工程稀有植被迁地保护的首创。

多年的迁地保护实践证明，仅仅在个体或种群水平上的迁地保护并不是真正意义上的保护，仅可称为“物种保存”。这种保存方式在长期内并不具有持续性。糯扎渡水电站将受影响的澜沧栎林群落、榆绿木群落和江边刺葵群落三种群落类型，按照生态学上的“种数—面积”理论，提出合适的群落迁地保护面积；群落主要物种数量根据“最小可存活种群”理论，确定移栽数量；并根据群落演替规律，拟定了初期群落的种类组成和空间结构。

糯扎渡水电站稀有植被迁地保护的成功，可为我国植被迁地保护提供一定理论和实践经验。

（2）创新性地提出采用种子库（基因保护）保护现阶段难于移栽或栽植的珍稀保护物种。

糯扎渡水电站工程建设影响区有着丰富的野生植物资源，保存着丰富的遗传资源和基因多样性，是人类生存和社会可持续发展的重要战略资源。为尽可能保存住植物基因，糯扎渡水电站委托普洱市林业科学研究所对工程施工和水库淹没区植物进行种子采集和保存，可有效减少因物种受损而造成的基因散失。

10.1.4 动物救护站工程

糯扎渡水电站工程影响区内以森林生态系统为主，陆生动物（含两栖类动物）资源丰富，共记录哺乳类、鸟类及两栖爬行类陆生动物 431 种，糯扎渡水电站陆生生态评价区内主要分布的国家重点保护野生动物共 58 种，其中包括国家Ⅰ级保护动物 11 种，国家Ⅱ级保护动物 47 种。

糯扎渡水电站工程建设将对陆生野生动物栖息地及种群数量产生直接或间接的影响，在施工期，工程占地将彻底破坏施工区的原有植被，使生存在这一区域的陆生动物生境缩小并将被迫迁至新的生境。在运行期，由于水库移民、植被淹没和破坏、局地气候变化、人口增长等原因，动物组成和数量在电站建设成前后将有不同程度的变化，其中水库淹没将直接导致生存于淹没区及周边的动物生境缩小，甚至有个体的损失，大多数动物将迁徙别处，但不会造成重大损失。同时水库形成后湿地面积的增加，将会吸引一定数量的水禽和湿地鸟类迁到该地。

珍稀动物救护站建设的主要目的是搜救、暂养受电站水库淹没、工程征占地和清库过程中不能及时避让的陆生珍稀保护野生动物的老、弱、病、残、卵和幼体等，使其得以保护，待其恢复健康后野化放养，避免其种群数量的损失。

珍稀动物救护站的工艺设计内容包括在水库淹没区清库和水库蓄水过程中搜救病、残及非法捕猎的野生珍稀濒危动物，并实施医护、暂养，最终于库区邻近的自然保护区等适生环境放养，并实施跟踪监测等。土建及配套设施规划设计内容包括暂养场、实验及办公楼等。

糯扎渡动物救护站设计的创新点和亮点如下：

（1）是国内首个在水电站业主营地内自行建设的动物救护站工程。糯扎渡水电站周边分布有糯扎渡、澜沧江、威远江三个省级自然保护区，具有较好的在保护区内建设动物救护站的生境条件。但糯扎渡水电站环境影响评价和环境保护批复中大胆明确提出将动物救护站等“两站一园”建设在业主营地内，由业主自行开展运营管理的理念和要求，提高了国内大中型水电环境保护的要求和目标，强化了水电站建设单位的环境保护责任，进一步推动了我国水电水利工程中生态环境保护措施的升级和发展。

（2）开启了水电站企业与科研机构、地方政府合力研究救护野生动物的新模式。糯扎渡动物救护站创新了一直以来由地方政府主导动物救护的理念，实践了企业自主投资合法运营管理动物救护的新模式。同时，电站也积极探索与政府和科研院所合力研究保护和救护野生动物的救护机制，通过引入专业的运营管理队伍和科研试验队伍，开启了云南省乃至国内第一个企业自主投资建设和运行管理的动物救护站。这是国内水电建设中陆生野生动物保护体系中的一个重大创新，为国内大中型企业自行合法建设及运行动物救护站提供了更多的经验和示范引领。

（3）是对小型的、临时性的野生动物救护站建设运行模式的有效探索。糯扎渡动物救护站的设计以就近、及时、经济、科学为原则，有效借鉴国内外专业动物园、专业动物救护繁育中心站等的设计理念，针对电站施工和运行过程中救护对象不确定、救护时间短、经费投入有限等问题，提出了笼舍、隔离等设施设计方案，满足专业救护和经济技术合理的双重要求，有效解决了小型临时性动物救护站建设和运行中存在的诸多难题，在一定程度上减缓了电站施工期生产生活及人员活动、电站蓄水及运行对动物栖息地、动物种群数量的不利影响。

10.1.5 水土保持工程

糯扎渡水电站工程建设征地及水库淹没涉及云南省普洱、临沧2市的9个县（区），工程区位于高温湿润的亚热带低纬高原季风气候区，区内具有光热充足、雨量充沛、旱、雨季分明等气候特点，工程区域土壤以砖红壤、赤红壤、红壤和黄壤居多，有机质和总氮含量高。糯扎渡水电站工程涉及区域森林资源丰富，受水库淹没影响各县森林覆盖率为

53.23%，林灌覆盖率为60.73%。

糯扎渡水电站为特大型水电站，工程规模巨大，施工项目多，施工工期长，其建设过程中，工程征占地影响范围内地表将遭受不同程度的人为破坏，局部地貌发生较大改变，如不采取水土保持措施，可能对区域土地生产力、区域生态环境、河道水质及行洪安全、糯扎渡等水电站运行安全，以及周边群众的生产生活等造成不同程度的危害。必须采取强有力的水土保持工程措施和植物措施以减轻工程施工造成的水土流失危害。其中工程措施主要包括拦挡、边坡防护及截排水等措施。水土保持植物措施应充分考虑各防治分区的施工特点、地形等立地条件，选择水土保持效益较好、速生、适宜当地生长的树草种进行施工迹地植被恢复。

糯扎渡水电站根据水土保持相关政策法规要求，结合生态保护和修复需要，系统地编制了水土保持方案并进行专项设计，糯扎渡水电站工程水土保持方案的编制及水土保持措施的有效实施，可最大限度地恢复项目建设区遭破坏的植被，有利于控制因工程建设造成的新增水土流失，使防治区域水土保持状况满足当地政府水土保持规划的目标。对有效利用当地有限的水土资源，保障工程安全运行，减轻工程建设对周边生态环境破坏程度，改善当地人文景观，提高水库的旅游开发价值有着积极的意义。

为解决因工程建设造成的水土流失问题，该方案提出了水土保持分区防治措施，重点对项目施工区进行了水土保持措施设计：存弃渣场挡渣墙、拦渣坝、排水、护坡工程、植树种草措施；土石料场排水、拦沙坝、场地平整及土地复垦措施；施工场地整治及植被恢复措施；场内施工公路护路林营造及厂坝区园林绿化措施等。

另外，该方案还针对移民安置区和库岸失稳区提出了水土保持要求，以及水库运行管理要求，供地方政府和业主处理移民安置区和库岸失稳区水土流失问题时参考。

同时，为尽快恢复施工临时占地的生态环境，业主还委托专业部门进行了景观绿化设计，与水土保持植物措施协同，对工区生态系统进行了有效的修复。

糯扎渡水电站工程水土保持设计工作的创新点和亮点主要表现在以下几个方面：

(1) 糯扎渡水电站主体工程始终将“预防为主”的水土流失防治方针和设计理念贯穿于整个设计过程之中，最大限度地保护现状水土资源和植被不受破坏，符合当前水土保持规范对主体工程的约束性规定。

(2) 糯扎渡水电工程量巨大，存弃渣规模巨大，处置稍有不妥，可能造成堆渣体失稳，危害较大。水土保持设计高度重视渣场的安全及稳定，在当时水土保持设计规范不足的背景下，借鉴水电水利工程主体设计经验，认真细致地提出渣场的水土保持综合防治措施体系和安全分析方法，确保渣场稳定可靠。

(3) 糯扎渡水电站位于西南土石山区，工程施工过程中，对扰动地表区域内的表土资源进行剥离并保存，是保护水土资源的重要措施，也是保障施工迹地植被得以恢复的关键因素之一。1998年的水土保持方案编制技术规范中，尚未对表土的剥离和存储提出明确要求。而糯扎渡水土保持方案已前瞻性地明确提出水土流失防治区复耕、绿化所需土料的数量、来源、存储去向及堆存要求等设计内容，为施工迹地生态修复创造条件，同时减少因获取表土对其他区域的扰动破坏。

(4) 糯扎渡水电站工程水土保持方案编制较早，水土流失预测方法尚不成熟。该工程水土流失预测在调查和计算出项目建设过程中可能损坏、扰动地表植被面积，弃土、弃渣的来源、数量、堆放方式、地点及占地面积的基础上，根据水土流失发生机理，结合电站工程施工扰动特点和水土流失来源，分区、分时段、分流失强度预测施工过程中可能产生的新增水土流失量。糯扎渡水电站水土保持方案所采用的预测方法与当前规范推荐方法是一致的，长江流域水土保持监测中心站实际监测到的水土流失重点区域与当初水土保持方案预测的结果一致，表明水土保持方案所采用的水土流失预测方法合理可行，在当时具有先进性。

(5) 糯扎渡水电站工程施工期间，针对枢纽施工区不同的部分，分别开展了农场土料场、电站尾水出口马道及边坡、火烧寨沟存弃渣场、移民安置区等不同区域的水土保持工程专项设计工作。

10.1.6 移民安置环境保护工程

糯扎渡水电站水库淹没区涉及云南省普洱、临沧2市，9个县（区），30个乡（镇），113个村民委员会，共600个村民小组。需要生产安置48571人，搬迁安置23925人。其中，有18285人需要采取集中建设安置点方式安置，其余5640人则分散安置。

糯扎渡水电站水库淹没和工程征占地规模较大，移民安置和专项设施改复建工程较多，移民安置工程将加大库周土地资源的开发利用程度，使移民安置区域土地承载人口负荷增大，不利于区域水土保持和生态环境保护；移民搬迁将影响波及区域的经济结构、社会关系、收入分配、生活方式、民族文化、传统习俗和人群心理因素等诸多方面。

昆明院高度重视项目的移民安置工程环境保护问题，不仅在项目环评和水保方案中作为重点进行设计，同时在移民安置实施阶段，还对迁建集镇（街场）和农村移民安置点逐个进行单项环影响评价和水土保持方案编制，并结合国家对社会主义新农村和美丽乡村的建设要求，开展了后续的环境保护设计和水土保持设计工作。糯扎渡水电站移民安置点环保水保工程的设计内容主要包括：移民安置点生活污水与垃圾处理（处置）工程和安置点具有水土保持功能的景观园林绿化工程。

其中集中移民安置点按新建集镇或村庄实施雨污分流，安置点农户生活污水采用化粪池（或沼气池）收集处理，然后排入污水管网。安置点公共建筑物等设施设置公共厕所，其污水经化粪池处理后排入污水管网。集镇污水选择小型污水处理厂生物接触氧化处理工艺进行处理；集中安置点则多选择微曝气氧化塘＋表流人工湿地工艺进行处理。

移民安置生活垃圾处理方面，迁建集镇或多个集中移民安置点采用共建垃圾简易填埋场模式，分散移民安置点选择分类收集＋堆（沤）肥＋坑填模式。

糯扎渡水电站集中移民安置点环保水保工程初步设计，是大型水电工程在移民安置工程实施阶段的后续环境保护、水土保持工程设计工作，该工作内容以县为单位分别编制、报审，在全国范围的大型水电站工程移民安置环境保护工作方面也是较为超前的。其主要技术创新点和亮点如下：

(1) 在糯扎渡水电站集中移民安置点生活污水处理工程设计中，昆明院根据《农村生活污染防治技术政策》，考虑了大中型水电工程地处山区，移民安置点之间距离较远，居民生活污水难以统一收集后再集中处理的特点，参照国内农村分散污水处理的先进经验，制定了一套以集中安置点为单元，以分流制污水管网收集住户、公厕等生活污水，然后再统一由污水处理站（以湿地为主的小型化污水处理设施）集中处理的污水处理技术路线。

（2）在集中移民安置点生活垃圾处置设施设计方面，严格按照《农村生活污染控制技术规范》（HJ 574—2010），参照国内农村生活垃圾处置的典型案例，制定了农村生活垃圾简易填埋模式和堆肥处理模式，以及小型山区移民安置点生活垃圾“分类收集＋堆（沤）肥＋坑填”模式。模式克服了山区农村由于运输距离远，难以实现“乡转运”“县填埋”的困难。并根据昆明院观音岩水电站移民安置点环保工程总承包工作经验，根据项目所在地区当地的地形地貌、村庄布局等实际情况，结合气候特点开展了生活垃圾防臭除臭等技术研究、处置措施的设计。

（3）尽管农村生活污水与垃圾的处理技术并不复杂，但在我国广大农村，特别是水电站工程建设涉及的山区农村，由于经济欠发达、生态环境保护意识相对落后，以居民点为单元收集并集中处理生活污水处置生活垃圾任重道远。昆明院在大型水电工程移民安置点农村生活污染治理方面积累的技术经验，不仅对于水电站所在地区贯彻落实《中共中央国务院关于加快推进生态文明建设的意见》和《水污染防治行动计划》具有示范带动作用，对于昆明院开展高原湖泊及小流域农村面源污染治理也积累了宝贵经验。

10.1.7 高浓度砂石废水处理工程

澜沧江在糯扎渡水电站工区河段天然水质较好，糯扎渡水电站工程规模巨大，人工砂石加工过程中将产生大量的废水，仅左岸上游人工砂石加工系统、勘界河人工砂石加工系统、火烧寨沟人工砂石加工系统和右岸反滤料加工系统4座砂石加工系统的生产废水排放量强度可达$2114m^3/h$，施工期排放总量为1927万m^3，占施工区总废水排放的90%以上。如果不进行处理，势必会对澜沧江水质造成明显影响。

从环保和水资源利用以及节能（施工场地与水源地地势高差较大，高扬程抽水耗能大）等角度综合考虑，昆明院设计人员在人工砂石加工系统的设计中，对4座人工砂石加工系统均设计了废水处理系统及废水循环利用系统，避免废水随意排放导致澜沧江河流水环境质量的降低。

针对糯扎渡砂石加工系统废水的水量水质特点，该工程采用DH高效污水净化器＋真空带式过滤机处理工艺对生产废水进行处理，共设置5套DH-SSQ-150型高效污水净化器。废水处理后回用于砂石加工工艺，从而大大降低了施工废水排放对澜沧江水质产生的影响。该工程工艺先进，处理效果经环境监测部门检测能满足回用要求，且基本做到废水零排放，为大型水电工程生产废水处理的典范。

糯扎渡水电站砂石加工系统及混凝土生产系统废水处理工程在设计阶段进行了充分的调研，充分考虑废水水质水量特点拟定合理可靠的工艺方案，并在结构和土建设计中对已有设施进行了再利用，设计成果满足业主的要求并取得了良好的效果。其创新点和亮点如下：

（1）技术改造：对原处理工艺进行技术改造，结合原有地形及设施充分布置构筑物及设备，采用二层钢结构布置污泥脱水设备，有效解决了场地空间不足的问题。

（2）工艺先进：采用DH高效污水净化器和真空带式过滤机的设备组合工艺，工艺路线短，运行稳定可靠，自动化程度高，管理操作简单，维护工作量较少，占地面积小。出水水质标准高，满足回用要求，实现污染“零排放”。

（3）工艺适用范围广：可处理高浓度SS废水，加入前端细砂回收预处理系统，是国内为数不多的能够处理SS浓度不小于10万mg/L高浓度悬浮物废水的一体化工艺设备。该工程中DH高效污水净化器的进水SS浓度介于6万～8万mg/L，出水SS浓度不大于70mg/L。

（4）处理效率高：废水净化时间根据SS浓度不同，一般只需20～30min。

（5）废水回用率高：除去脱水污泥带走的极少的废水，净化水可全部回用。

（6）污泥浓缩效果好：从设备底流排出的污泥易脱水、干化快，脱水污泥经车辆直接外运，提高了处理效率。

（7）主体设备均可重复使用，使用寿命长，方便异地重建，节省投资。

（8）结合性好：考虑到配套的混凝土生产系统距离砂石加工系统较近，且混凝土生产冲洗废水水量较小的特点，将混凝土生产系统废水进行预处理后，利用管道输送至砂石加工废水处理系统一并处理。

10.1.8 生活垃圾处理工程

糯扎渡水电站施工工期长达14.5年（含筹建期），施工高峰人数超过1.4万人。在整个工程施工期间，按每人每天垃圾产生量为1kg计算，将产生的生活垃圾总量为39216t。如不进行适当处置，将对施工区人群健康及澜沧江水质带来不利影响。

目前西南地区大中型河流水电工程生活垃圾主要采用外运法、单独电站自建垃圾处理场（厂）、梯级联合建设垃圾处理场（厂）等模式进行处理，垃圾处理场（厂）的处理方式则以焚烧、填埋两种方式为主。糯扎渡水电站工程施工生活垃圾排放呈现出产生部位和时段较为集中、垃圾成分较为简单的特点，经方案比选，采用单独在糯扎渡工程区内新建垃圾处理场（厂）的方式进行生活垃圾处理处置。

环保设计根据国家相关技术规范要求，通过多方案的工艺和场址比选，最终推荐在白莫箐石料场1号冲沟进行分区分期卫生填埋方案，根据不同施工阶段的垃圾产生量，共分三期进行设计，设计垃圾净库容6.13万m^3以上，设计使用年限15年以上。填埋场设计内容主要包括以下几个方面：

（1）填埋库区主要进行垃圾坝工程、防渗系统、雨洪导排系统、渗滤液导流系统、导气系统、填埋作业及机械、封场及生态恢复系统、环境监测及安全管理设计。

（2）进场道路和库区作业道路设计。

（3）管理用房设计。

同时规划设计了工区的生活垃圾收运系统。

生活垃圾填埋工程的实施，有效地解决了糯扎渡水电站从筹建期至运行期的生活垃圾处理处置问题，最大限度地降低了生活垃圾入江并对澜沧江水质产生不良影响的风险。

糯扎渡白莫箐生活垃圾填埋场是云南省内首次为水电站专建的生活垃圾卫生填埋工程，针对处理量偏小、处理标准高、地形有限、渗滤液难单独处理等特点提出切合实际的设计方案并得以有效实施。其创新点和亮点如下：

水电站工程生活垃圾的处理在2004年以前受到的关注较少，多数电站采用外运或简易填埋等方式进行处理。白莫箐生活垃圾填埋场是当时云南省水电站首例由建设单位自行建设并运行管理的生活垃圾处置工程，也是昆明院在生活垃圾处置环境保护设计方面的首次尝试。

糯扎渡白莫箐垃圾填埋场具有设计规模小但设计标准高的特点，设计规模预测及分期分区设计的理念与糯扎渡水电站生活垃圾产生特点高度吻合，设计技术可行、经济合理、环境效益显著。

10.1.9 结语

总体上，通过糯扎渡水电站环境保护工程设计的大量创新实践，在取得较好环境保护效益的同时，也为水电开发环境保护理论和技术的发展提供了许多宝贵的经验借鉴，树立起了良好的典范，值得人们进行系统总结和提升，并在此领域不断进步。

10.2 展望

糯扎渡水电站于2001年2月正式启动可行性研究工作，同步开展环境影响评价、水土保持方案编制及环境保护水土保持设计工作，2004年1月电站开始筹建，2007年11月顺利实现大江截流，2012年8月第一台机组通过试运行并正式并网发电。自可研设计至首台机组发电，再至电站运行至2019年共历时18年之久，这一期间我国的生态环境保护政策法规发生了较大的变化。

在电站可行性研究期间，正值国家西部大开发战略全面实施阶段，当时国家的能源政策是“大力开发水电，合理配置火电，建立合理的西电东送电价机制，对水电的实际税赋进行合理调整，支持西部地区水电发展。”但在支持西部发展水电的同时也提出“西部开发建设活动中的环境保护管理工作必须坚持预防为主、保护优先、防治结合的原则。”并针对西南水电开发提出“在西南山地地区的梯级电站开发中，应进行流域环境影响评价，注重珍稀动、植物保护，避开水生生物洄游、产卵场所及珍稀动、植物分布密集区域，严格控制阻断生物洄游通道的项目，必须建设的项目如阻断天然洄游通道时，应设置人工洄游通道或建设人工繁殖放养场所；影响到国家保护动、植物物种的建设项目，环境影响评价中应提出受影响物种的种群数量和分布范围，制定保护、防范和补救措施；……”。

因此，糯扎渡水电站从设计到建设都严格按照国家当时的环境保护法规规定执行，形成了叠梁门分层取水、珍稀鱼类人工增殖放流、珍稀动物救护站、珍稀植物园、水土保持和生态修复工程、高浓度砂石系统废水处理及生活垃圾处理工程等一系列的生态环境保护和创新工程体系，并取得了良好的保护效果。

“十一五”期间，国家提出社会主义新农村建设要求，要求积极稳妥推进新农村建设，加快改善人居环境，党的十八大以后又进一步提出美丽乡村建设要求。因此，糯扎渡水电站在移民安置规划设计特别是环境保护水土保持设计中，始终贯彻这一政策要求，使之有机结合，这一点特别体现在开展农村垃圾专项治理、加大农村污水处理力度上。

2012年11月，党的十八大从新的历史起点出发，做出“大力推进生态文明建设”的战略决策；2015年5月，《中共中央 国务院关于加快推进生态文明建设的意见》发布。其中提出“严守资源环境生态红线。树立底线思维，设定并严守资源消耗上限、环境质量底线、生态保护红线，将各类开发活动限制在资源环境承载能力之内。”这一要求对包括水电开发在内的开发活动作出了明确的管控规定。因此糯扎渡水电站的后期运营管理，都将围绕生态文明建设这一大政方针进行。可以通过电站运行一段时期后的环境影响后评价以及长期持续的流域生态环境监测工作，适时调整和完善已有的环境保护措施。欧美发达国家的水电开发生态环境保护经验表明，人们对于生态环境保护的认识往往受限于基础研究的深度，总是滞后于水电科学技术的发展，因此在其水电站投运后的很长时间内，生态环境保护工作一直在延续和提升，不断完善和优化，永无止境。

为此，建议国家相关部门加大澜沧江流域生态环境领域的基础研究力度，除了传统的生物学、生态学和环境科学领域的研究外，根据水电开发生态环境保护工作的特点，可重点加强以下四个领域的研究工作：

（1）主要鱼类对径流特性（流量、水位、流速、洪水、泥沙、水文节律等）变化的响应机制、对水温变化和总溶解气体过饱和的适应性；水环境变化导致的鱼类组成、分布及资源变化特点；水库自然渔业的发展和土著物种保护（如何有效防治外来物种入侵）；大坝阻隔对鱼类种群数量及遗传多样性影响及减缓技术；其他相关鱼类或其他重要水生生物保护技术等的研究。

（2）澜沧江梯级水库形成后的流域植被演变规律；主要动植物的生境及种群变化特点；生态修复及其他相关保护技术等的研究。

（3）水库污染物迁移转化规律、富营养化形成机理及控制技术、水温与水质变化的耦合机制、大坝上游泥沙（含营养盐）沉积及下游河床冲刷对生态环境的影响、生态调度的可操作性及效果；相关保护技术等的研究。

（4）流域生态安全保障、生态风险规避、生态环境保护协同监控和管理等宏观尺度的研究。

随着糯扎渡水电站所在澜沧江河段的基础研究进一步加深，将来可以考虑采取生态调度等先进、创新的生态环境保护技术，兼顾水资源综合利用、发电和生态环境保护的最新要求，使糯扎渡水电站对环境、经济、社会可持续发展的贡献稳步提高。同时建议进一步加强与下游湄公河国家在跨境河流开发与保护方面的密切合作，将澜沧江—湄公河始终作为一个完整的河流生态系统，在更宏观的时空尺度研究更为有效的、使开发与保护和谐共存的方式方法，共同造福于这一流域的人民。

总体说来，糯扎渡水电站的设计和建设严格按照当时的国家和地方环境政策法规的规定执行，在今后的运营管理中，还将继续响应国家的最新要求，不断完善该流域的生态文明建设工作，在澜沧江流域可持续发展方面做出新的贡献。

参 考 文 献

[1] 张荣，李英，尹涛，等. 糯扎渡水电站的环境影响评价 [J]. 水力发电，2005，31 (5)：23-25.

[2] 韩敬，张荣，邓灿. 糯扎渡水电站的环境保护设计与水土保持设计 [J]. 水力发电，2012，38 (9)：86-89.

[3] 马腾，刘文洪，宋策，等. 基于 MIKE3 的水库水温结构模拟研究 [J]. 电网与清洁能源，2009，25 (2)：68-71.

[4] 张少雄. 大型水库分层取水下泄水温研究 [D]. 天津：天津大学，2012.

[5] 尹凤英. 论我国野生动物栖息地法律保护的现状与对策 [J]. 黑龙江畜牧兽医，2017，532 (16)：268-270.

[6] 张湘隆，刘洁，董小双. 水电站施工区生活垃圾无害化处理方案探讨与实践 [J]. 水电能源科学，2013，31 (2)：157-160.

[7] 韩智勇，刘丹，李启彬，等. 长江流域水电站施工区生活垃圾特性及处理处置决策模型研究 [J]. 环境污染与防治，2012，34 (6)：61-70.

[8] 中国水力发电工程学会，中国水电工程顾问集团公司，中国水利水电建设集团公司. 中国水力发电科技技术发展报告（2012 年版）[M]. 北京：中国电力出版社，2013.

[9] 中华人民共和国住房和城乡建设部. 西南地区农村生活污水处理技术指南（试行）[S]. 2011.

[10] 中华人民共和国环境保护部. 农村生活污染控制技术规范：HJ 574—2010 [S]. 北京：中国环境科学出版社，2011.

[11] 广西壮族自治区住房和城乡建设厅. 广西农村生活垃圾处理技术指引（试行）[S]. 2013.

[12] 中国水利水电科学研究院. 澜沧江糯扎渡水电站三维水温数值模拟预测研究报告 [R]. 2009.

[13] 天津大学水力学所，等. 大型水电站分层取水进水口水温数值分析及模型试验研究 [R]. 2008.

[14] 中国水电顾问集团昆明勘测设计研究院. 澜沧江糯扎渡水电站环境保护总体设计报告 [R]. 2006.

[15] 中国水电顾问集团昆明勘测设计研究院有限公司. 云南省澜沧江糯扎渡水电站分层取水运行管理规程研究 [R]. 2014.

[16] 中国电建集团昆明勘测设计研究院有限公司. 糯扎渡水电站普洱市景谷县益智乡集镇迁建基础设施建项目环保水工程初步设计报告 [R]. 2014.

[17] 中国电建集团昆明勘测设计研究院有限公司. 糯扎渡水电站普洱市澜沧县移民安置点环保水保工程初步设计报告 [R]. 2014.

[18] 环境保护部环境工程评估中心. 云南省澜沧江糯扎渡水电站竣工环境保护验收调查报告 [R]. 2017.

[19] 长江水利委员会长江流域水土保持监测中心站. 云南省澜沧江糯扎渡水电站水土保持监测总结报告 [R]. 2015.

[20] 山合林（北京）水土保持技术有限公司. 云南省澜沧江糯扎渡水电站水土保持设施验收技术评估报告 [R]. 2015.

[21] 国家电力公司中南勘测设计研究院. 金沙江向家坝水电站环境影响报告书 [R]. 2006.

[22] 国家电力公司昆明勘测设计研究院. 金沙江中游河段阿海水电站环境影响报告书 [R]. 2009.

[23] 国家电力公司成都勘测设计研究院．金沙江溪洛渡水电站环境影响报告书［R］. 2004.
[24] 国家电力公司昆明勘测设计研究院．云南省澜沧江糯扎渡水电站环境影响报告书［R］. 2005.
[25] 国家电力公司昆明勘测设计研究院．云南省澜沧江糯扎渡水电站水土保持方案报告书［R］. 2004.
[26] 中国水电顾问集团昆明勘测设计研究院．云南省澜沧江糯扎渡水电站建设征地及移民安置规划报告——实物指标及移民安置规划（审定本）［R］. 2007.

索　　引

《大国重器　中国超级水电工程·糯扎渡卷》编辑出版人员名单

总 责 任 编 辑：营幼峰

副总责任编辑：黄会明　王志媛　王照瑜

项 目 负 责 人：王照瑜　刘向杰　李忠良　范冬阳

项 目 执 行 人：冯红春　宋　晓

项 目 组 成 员：王海琴　刘　巍　任书杰　张　晓　邹　静

李丽辉　夏　爽　郝　英　李　哲

《生态环境工程创新技术》

责任编辑：王照瑜　刘向杰

文字编辑：王照瑜

审稿编辑：黄会明　柯尊斌　刘向杰

索引制作：张　荣

封面设计：芦　博

版式设计：吴建军　孙　静　郭会东

责任校对：梁晓静　黄　梅

责任印制：崔志强　焦　岩　冯　强

排　　版：吴建军　孙　静　郭会东　丁英玲　聂彦环

Contents

strongly supported and assisted by the eco-environment authorities at all levels, China Renewable Energy Engineering Institute, and the construction party of power station—Huaneng Hydropower Co., Ltd. (hereafter referred to "Lancang River Company"). We would like to express our sincere gratitude to them all!

The book has received strong support and help from leaders and colleagues of PowerChina Kunming Engineering Corporation Limited. Meanwhile, China Water & Power Press have done many hard work. We are greatly appreciated.

Due to the limitation of the author's level, mistakes and shortcomings are inevitable. Please criticize and correct.

Editor

May, 2020

struction and all sectors of society.

The environment impact assessment, plan preparation of soil and water conservation, overall design of environmental protection, special designs and special research achievements of "two stations and one park" of Nuozhadu Hydropower Station have been carried out dating from feasibility study and environment impact assessment in 2000 to acceptance of environment protection in 2017, combining with project features and implementation, several important special design results and their innovations of eco-environmental protection of Nuozhadu Hydropower Station have been summarized in this book which include projects of water-taking at different levels of stoplog gate, fish breeding and releasing, relocation conservation of rare plants, animal rescuing, soil and water conservation, resettlement environment protection, high concentration aggregate wastewater treatment and domestic waste treatment. Meanwhile, based on change of eco-environment protection requirement, technical progress and assessment of implementation effect, deficiencies of previous design of environment protection have been analyzed, and future optimization and efforts have been put forward, which provide useful references for research of green hydropower and sustainable development, enhancement of environment protection design in hydropower and water conservancy industry.

Chapters 1 and 10 of this bookwere prepared by Zhang Rong, Chapter 2 to 4 by Xu Tianbao, Zhang Xin and Hou Yongping successively, Chapters 5 and 9 by Zhang Yanchun, and Chapter 6 by Yin Tao and Geng Xiangguo. Chapter 7 was accomplished by Li Ying, Zhang Yanchun, Gao Sheng, and Li Danting together, Chapter 8 was finished by Han Jing and Deng Can. Furthermore, Zhang Rong and Zhang Yanchun were both responsible for final editing, and Li Danting was mainly in charge of the charts of the book and English translation.

The results quoted in this book were mainly derived from the feasibility study of Nuozhadu Hydropower Station, various design and special research results completed during the design stage of the bidding construction drawings, which include cooperation achievement from China Institute of Water & Resources and Hydropower Research, Kunming Institute of Zoology, Chinese Academy of Sciences, Yunnan University, Yunnan Research Academy of Eco-environmental Sciences, Tianjin University, etc. The achievements had been

Foreword

As a renewable and clean energy, hydropower resources is abundant in China and hydropower development being given priority is a significant policy in national energy development. However, the environmental impact led by hydropower development has always been concerned by all sectors of society. "By coordinating hydropower development and ecological environment and insisting ecology first, hydropower resource in southwest shall be scientifically developed, focusing on the key hydropower plants of important catchment" is presented in national *The 13th Five-Year Plan for National Economic and Social Development of China*, emphasizing the importance of sustainable development of hydropower of ecological protection. It is an important guideline that ecological environment protection of hydropower development is a vital work in later period of time, which shall be followed. Since the 18th National Congress of the Communist Party of China, the construction of ecological civilization has been attached unprecedented importance.

Nuozhadu Hydropower Station, where the Dachaoshan Hydropower Station is in its upstream and with which Jinghong Hydropower Station in downstream is connected, is the second reservoir, the fifth cascade in the development plan of "two reservoirs and eight cascades" of hydropower planning in the middle and lower reaches of Lancang River. The storage capacity, installed capacity and annual power generation capacity of Nuozhadu Hydropower Station are the largest among the eight cascade hydropower stations. As same as Xiaowan Hydropower Station, Nuozhadu is also an important control project in the middle and lower reaches of Lancang River. Due to the sensitive and complex environmental issues , the eco-environmental protection of Nuozhadu Hydropower Station has drawn a great deal of attention from ecological environment departments of all levels, industry authorities, participants in conkey technologies for real-time monitoring of construction quality of high core rockfill dams, such as the real-time monitoring technology of the transportation process for dam-filling materials to the dam and the real-time monitoring technology of dam filling and rolling, and research and develop the information monitoring system, realize the fine control of quality and safety for the high embankment dams; the achievements won the second prize of National Science and Technology Progress Award, representing the technological innovations in the construction of water conservancy and hydropower engineering in China. The dam is the first digital dam in China, and the technology has been successfully applied in a number of 300m-high extra high embankment dams such as Changhe Dam, Lianghekou Dam and Shuangjiangkou Dam.

I made a number of visits to the site during the construction of the Nuozhadu Hydropower Project, and it is still vivid in my mind. The project has kept precious wealth for hydropower development in China, including practicing the concept of green development, implementing the measures for environmental protection and soil and water conservation, effectively protecting local fish and rare plants, generating remarkable benefits of significant energy saving and emission reduction, significant benefits of drought resistance, flood control and navigation, and promoting the notable results of regional economic development. Nuozhadu Project will surely be a milestone project in the hydropower technology development of China!

This book is a systematic summary of the research and practice of the Nuozhadu HPP Project by the author and his team, and a high-level scientific research monograph, with complete system and strong professionalism, featured by integration of theory with practice, and full contents. I believe that this book can provide technical reference for the professionals who participate in the water conservancy and hydropower engineering, and provide innovative ideas for relevant scientific researchers. Finally the book is of high academic values.

Zhong Denghua, Academician of Chinese Academy of Engineering

Jan, 2021

construction technology to a new step and won the Gold Award of Investigation and Silver Award of Design of National Excellent Project. These projects represent the highest construction level of the of embankment dams in China and play a key role in promoting the development of technology of embankment dams in China.

The Nuozhadu Hydropower Project represents the highest construction level of embankment dams in China. Before the completion of the Project, China had built few core wall rockfill dams with a height of more than 100m, and the highest one is Xiaolangdi Dam (160m) . The height of Nuozhadu Dam is more than 100m, which exceeds the scope of China's applicable specifications in force. The existing dam filling technology and experience can no longer meet the demands for extra-high core wall rockfill dam. Under the conditions of high head, large volume, and large deformation, the extra-high core wall rockfill dam faced great challenges in terms of seepage stability, deformation stability, dam slope stability and seismic safety, for which systematic and in-depth studies are required. An Industry-University-Research Collaboration Team, led by Zhang Zongliang, the chief engineer of POWERCHINA Kunming Engineering Corporation Limited and National Engineering Design Master, has carried out more than ten years of research and development and engineering practice. The team has achieved a lot of innovations in such technological fields as impermeable soils mixed with artificially crushed rocks and gravels, application of soft rock for the dam shell on the upstream face, static and dynamic constitutive models for soil and rock materials, hydraulic fracturing mechanism of the core wall, calculation and analysis method of cracks, a set of design criteria, and the comprehensive safety evaluation system, which have reached the international leading level and ensured the safe construction of the dam. The dam is operating well, and the seepage flow and settlement of the dam are both far smaller than those of similar projects built at home and abroad, and it is evaluated as a *Faultless Project* by the Academician Tan Jingyi.

In terms of dam construction technology, I am also honored to lead the Tianjin University team to participate in the research and development work and put forward the concept of controlling the construction quality of high embankment dams based on information technology, and research and solve the

Preface Ⅱ

Learning that the book *Pillars of a Great Powers-Super Hydropower Project of China Nuozhadu Volume* will soon be published, I am delighted to prepare a preface.

Embankment dams have been widely used and developed rapidly in hydropower development due to their strong adaptability to geological conditions, availability of material sources from local areas, full utilization of excavated materials, less consumption of cement and favorable economic benefits. For highland and gorge areas of southwest China in particular, the advantages of embankment dams are particularly obvious due to the constraints of access, topographical and geological conditions. Over the past three decades, with the completion of a number of landmark projects of high embankment dams, the development of embankment dams has made remarkable achievements in China.

As a pioneer in the field of hydropower investigation and design in China, POWERCHINA Kunming Engineering Corporation Limited has the traditional technical advantages in the design of the embankment dams. Since 1950s, POWERCHINA Kunming has successfully implemented the core wall dam of the Maojiacun Reservoir (with a maximum dam height of 82.5m), known as "the first earth dam in Asia" at that time and has forged an indissoluble bond with the embankment dams. In the 1980s, the core wall rockfill dam of Lubuge Hydropower Project (with a maximum dam height of 103.8m) was featured by a number of indicators up to the leading level in China and approaching the international advanced level in the same period. The project won the Gold Awards both for Investigation and Design of National Excellent Project; in the 1990s, the concrete faced rockfill dam (CFRD) of the Tianshengqiao 1 Hydropower Project (with a maximum dam height of 178m) ranked first in Asia and second in the world in terms of similar dam types, and pushed China's CFRD

cation of this book is of important theoretical significance and practical value to promote the development of ultra-high embankment dams and hydropower engineering in China. In addition, it will also provide useful experiences and references for the practitioners of design, construction and management in hydropower engineering. As the technical director of the Employer of Nuozhadu Hydropower Project, I am very delighted to witness the compilation and publication of this book, and I am willing to recommend this book to readers.

Ma Hongqi, Academician of Chinese Academy of Engineering

Nov, 2020

technical achievements have greatly improved design and construction of earth rock dam in China, and have been applied in following ultra-high earth rock dams, like Changhe on Dadu River (with a dam height of 240m), Shuangjiangkou (with a dam height of 314m), Lianghekou on Yalong River (with a dam height of 295m), etc.

The scientific and technical achievements of Nuozhadu Hydropower Projects won six Second Prizes of National Science and Technology Progress Award, and more than ten provincial and ministerial science and technology progress awards. The project won a number of grand prizes both at home and abroad such as the International Rockfill Dam Milestone Award, FIDIC Engineering Excellence Award, Tien-yow Jeme Civil Engineering Prize, and Gold Award of National Excellent Investigation and Design for Water Conservancy and Hydropower Engineering. The Nuozhadu Hydropower Project is a landmark project for high core rockfill dams in China from synchronization to taking the lead in the world!

The Nuozhadu Hydropower Project is not only featured by innovations in the complex works, but also a large number of technological innovations and applications in mechanical and electrical engineering, reservoir engineering, and ecological engineering. Through regulation and storage, it has played a major role in mitigating droughts and controlling flood in downstream areas and guaranteeing navigation channels. By taking a series of environmental protection measures, it has realized the hydropower development and eco-environmental protection in a harmonious manner; with an annual energy production of 23,900 GW • h green and clean energy, the Nuozhadu Hydropower Project is one of major strategic projects of China to implement *West-to-East Power Transmission* and to form a new economic development zone in the Lancang River Basin which converts the resource advantages in the western region into economic advantages. Therefore, the Nuozhadu Hydropower Project is a veritable great power of China in all aspects!

This book systematically summarizes the scientific research and technical achievements of the complex works, electro-mechanics, reservoir resettlement, ecology and safety of Nuozhadu Hydropower Project. The book is full of detailed cases and content, with the high academic value. I believe that the publi-

search, all parties participating in the construction achieved many innovative achievements with China's independent intellectual property rights in fields of the investigation, testing and modification of dam construction materials for ultra-high core rockfill dams, design criteria and safety evaluation standards of core rockfill dam, digital monitoring on construction quality and rapid detection technology. Among them, there are two most prominent technology innovations. Firstly, the law that earth material of ultra-high core rockfill dam needs modification has been revealed for the first time. And complete technology that earth material needs modification by combining artificial crushed stones has been systematically presented. Since there are more clay particles, less gravels and high moisture content in natural earth materials of Nuozhadu Hydropower Project, it can meet the requirement of anti-seepage, but it fails to meet the requirements of strength and deformation of ultra-high core rockfill dam. Therefore, the natural earth material has been modified by combining 35% artificial crushed stones. Finally the strength and deformation modulus of core earth material increased, and deformation coordination between core and rockfill material achieved. Secondly, quality control technology of digitalized damming of high earth and rock dam has been studied, which is a pioneering work in the field of water resource and hydropower engineering in the aspect of national digitalized and intelligentized construction. The quality control in the past was conducted by supervisors. But heavy workload and low efficiency may lead to omissions. During Nuozhadu Hydropower Project construction, the technology of "digitalized dam" has realized the whole-day, fine and online real-time monitoring onto the process of dam of filling and rolling. Thus it has ensured the good construction of dam with a total volume of $34\times10^6 m^3$, and it was known as the great innovation of quality control technology in the world dam construction.

Key technologies such as core earth material modification of high earth rock dam and "digitalized dam" proposed by Nuozhadu Hydropower Project have fundamentally ensured the dam deformation stability, seepage stability, slope stability and seismic safety. The operation of impoundment is good till now, and the seepage amount is only 15L/s which is the smallest among the same type constructions at home and abroad. In addition, scientific and

Preface Ⅰ

Embankment dams, one of the oldest dam types in history, are most widely used and fastest-growing. According to statistics, embankment dams account for more than 76% of the high dams built with a height of over 100m in the world. Since the founding of the People's Republic of China 70 years ago, about 98,000 dams have been built, of which embankment dams account for 95%.

In the 1950s, China successively built such earth dams as Guanting Dam and Miyun Dam; in the 1960s, Maojiacun Earth Dam, the highest in Asia at that time, was built; since the 1980s, such embankment dams as Bikou Dam (with a dam height of 101.8m), Lubuge (with a dam height of 103.8m), Xiaolangdi (with a dam height of 160m), and Tianshengqiao 1 (with a dam height of 178m) were built. Since the 21st century, the construction technology of embankment dams in China has made a qualitative leap. Such high embankment dams as Hongjiadu (with a dam height of 179.5m), Sanbanxi (with a dam height of 185m), Shuibuya (with a dam height of 233m), and Changhe Dam (with a dam height of 240m) have been successively built, indicating that the construction technology of high embankment dams in China has stepped into the advanced rank in the world!

The core rockfill dam of Nuozhadu Hydropower Project with a total installed capacity of 5,850 MW is undoubtedly an international milestone project in the field of high embankment dams in China. It is with a reservoir volume of 23,700 million cube meters and a dam height of 261.5m. It is the highest embankment dam in China (the third in the world). It is 100m higher than Xiaolangdi Core Rockfill Dam which was the highest one. The maximum flood release of the open spillway is 31,318m^3/s, and the release power is 66,940 MW, which ranks the top in the world side spillway. Through joint efforts and re-

Informative Abstract

This book is a sub volume of *Eco-environmental Engineering Innovation Technology*, whichs is a national publishing fund funded project "*Great Powers China Super Hydropower Project* (*Nuozhadu Volume*)." There are 10 chapters in total, which respectively introduce eight eco-environmental projects with distinctive engineering characteristics, such as layered water intake project at stoplog gate, fish breeding and releasing project, rare botanical park project, animal rescue project, soil and water conservation project, resettlement environmental protection project, high concentration aggregate wastewater treatment project and domestic waste treatment project, which have been designed and implemented in Nuozhadu Hydropower Station. At the same time, according to the current technical development and policy requirements, the existing problems due to historical limitations in original design have been given a serious thought and summary, and following work is expected.

Since this book is characterized with technical practicability, technicians and management staff from fields of hydropower and water conservancy engineering, ecological engineering, environmental engineering and others should consult it in the process of planning, design, implementation and management.

Meanwhile, the book can also be used as a reference for teachers and students in institutions.

Great Powers -China Super Hydropower Project

(*Nuozhadu Volume*)

Eco-Environmental Engineering Innovation Technology

Zhang Rong　Li Ying　Yin Tao　Zhang Yanchun　et al.

中国水利水电出版社
China Water & Power Press
· Beijing ·